高等学校数字媒体专业规划

虚拟现实技术基础教程

（第2版）

喻晓和　编著

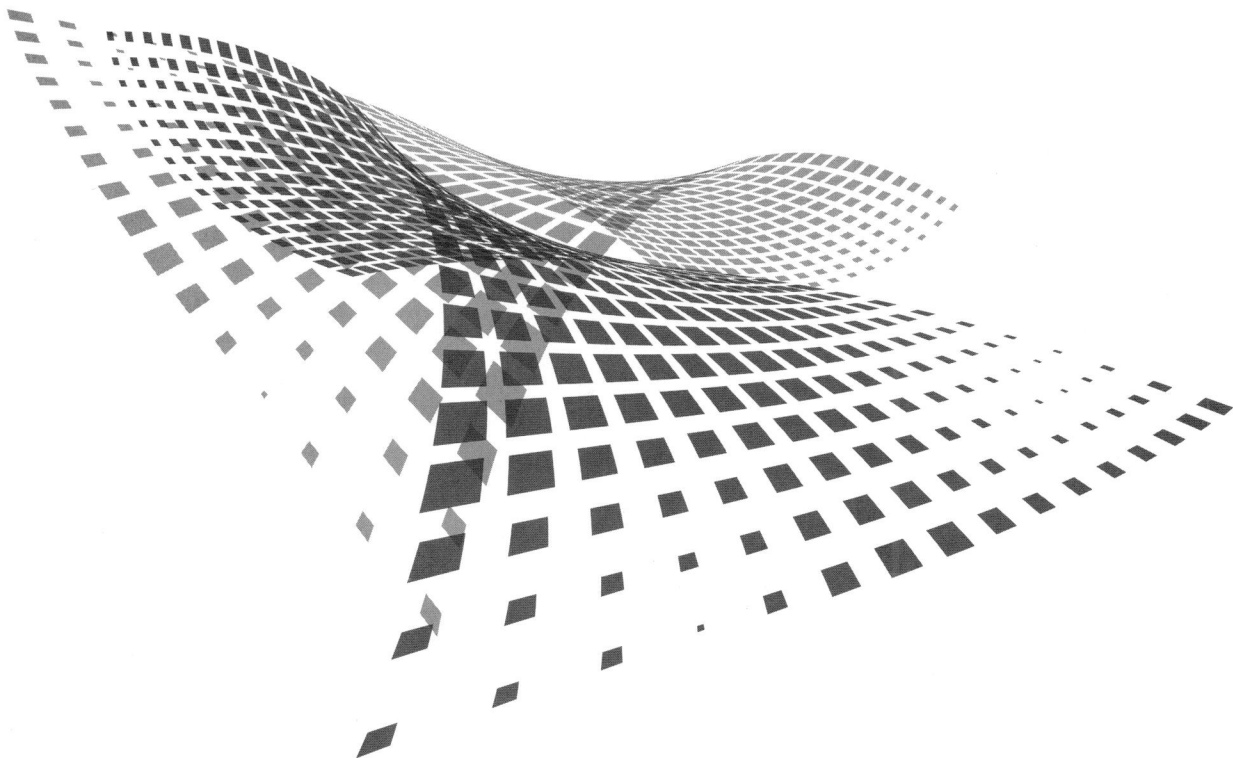

清华大学出版社

北京

内 容 简 介

近年来，虚拟现实技术飞速发展，大量新技术、新的人机交互设备不断涌现，给传统的观念和认知带来了冲击，也给虚拟现实技术提供了许多新思维、新方法和新例证。因而本书出版第2版，就是要力求与时俱进，将最新、最有代表性的知识表现出来，并从实践与应用的角度出发，在阐述虚拟现实技术特点、理论的基础上，通过大量实例介绍虚拟现实相关软件的使用方法，使读者能够在较短时间里认识和掌握虚拟现实的相关技术，具备运用VR技术开发制作具有三维交互、效果逼真的虚拟现实场景的能力。

本书共分8章，内容包括虚拟现实技术概述、虚拟现实系统的人机交互设备、虚拟现实的相关技术、虚拟现实建模语言（VRML）、三维全景技术、三维建模软件3ds Max 2010、虚拟现实制作工具Cult3D以及VR-PlatForm 12基础等。

本书可作为高等院校信息、媒体类专业的教材，也可作为从事虚拟现实技术行业的工程技术人员以及虚拟现实爱好者的参考书籍。

图书在版编目（CIP）数据

虚拟现实技术基础教程/喻晓和编著.—2版.—北京：清华大学出版社，2017（2021.8重印）
（高等学校数字媒体专业规划教材）
ISBN 978-7-302-46791-5

Ⅰ.①虚…　Ⅱ.①喻…　Ⅲ.①虚拟现实－高等学校－教材　Ⅳ.①TP391.98

中国版本图书馆CIP数据核字（2017）第044341号

责任编辑：张　玥
封面设计：何凤霞
责任校对：白　蕾
责任印制：杨　艳

出版发行：清华大学出版社
　　　　　网　　　址：http://www.tup.com.cn　http://www.wqbook.com
　　　　　地　　　址：北京清华大学学研大厦A座　　　邮　　编：100084
　　　　　社 总 机：010-62770175　　　　　　　　　　邮　　购：010-83470235
　　　　　投稿与读者服务：010-62776969，c-service@tup.tsinghua.edu.cn
　　　　　质量反馈：010-62772015，zhiliang@tup.tsinghua.edu.cn
　　　　　课件下载：http://www.tup.com.cn,010-83470236
印 装 者：三河市铭诚印务有限公司
经　　销：全国新华书店
开　　本：185mm×260mm　　　印　　张：20.5　　　字　　数：486千字
版　　次：2015年6月第1版　2017年5月第2版　　　印　　次：2021年8月第7次印刷
定　　价：45.00元

产品编号：073042-01

第 2 版
前言

　　科技发展一日千里。作为全世界新科技革命的先锋,现代虚拟现实技术领域不断涌现出令人眼花缭乱的新概念产品、新思维装备,冲击着人们原有的社会工作和生活方式,改变着人们的认知方法和传统观念。放眼虚拟现实技术领域,昨天的许多概念还是梦想,今天也许就成为了现实,明天则快速地走向了市场。如此快速的变化节奏,给我们每一个人都带来了新的挑战,更带来了新的机遇。

　　科技发展,教育先行。如果没有源源不断的广大后继研发人才,没有强有力的教育理论和技术作支撑,科技的发展就会后劲乏力。面对虚拟现实技术的强大发展势头,我们深感第 1 版《虚拟现实技术基础教程》中早期成熟的技术理论需要进一步发展,新技术带来的新思维、新方法、新理论观念又时时召唤着我们每个人的责任感。我们要与时俱进,把虚拟现实技术的最新成果都记录下来,介绍给每一个学习者,并从理论到技术实践方面进行探究,促使学习者能够更好地了解虚拟现实技术的发展现状、技术原理,以便更深入地掌握其技术要点和问题重点。

　　考虑到原书接地气、通俗性的特色,第 2 版仍然保留了原书的框架结构体系,并力求做到以下几点:

　　新:以最新的虚拟现实技术发展的成果为实例,进行分析和探究。

　　前:虚拟现实技术本身是一门正在快速发展的新科技,许多技术并不成熟,但人们不放弃,仍不断努力,有些技术的概念也是刚刚起步研究。为此,我们依然介绍技术的研究情况。

　　全:三维逼真的环境与人机自然交互是虚拟现实技术的两大研究方向,本教程做了重要的讲解并弥补了第 1 版教程的不足。例如,在人机交互技术方面,对脑机接口技术、嗅觉交互技术以及多通道交互技术等都进行了有效介绍。

　　简:通俗易懂,无须高深的其他学科的专业知识,阅读该教程就能够较好地了解虚拟现实技术的基本概念、基本特征、系统组成以及对社会生活的影响现状、软硬件技术的发展方向等。

作为一门形式多样、内容综合和快速成长的课程,本教程的内容体系体现了虚拟现实技术的基础性,并具有技术发展的前沿性和现代技术的时代性。可见,虚拟现实技术的"教"与"学"在强调内容与时俱进的同时,也更应该强调虚拟现实技术知识内容的实践操作和实战应用,更加注重虚拟现实技术思维观念和实战技能的训练。

在本书第2版的修订编写过程中,我们参阅了国内多位专家、学者的虚拟现实技术方面的著作或译著,也参考了同行的相关教材和课件案例资料,在此表示崇高的敬意和衷心的感谢! 由于作者的水平有限,加上时间仓促,书中错漏和不妥之处仍在所难免,恳请专家、同行和读者批评指正。如果各位读者有对本书内容改进的建议,可直接发邮件至 *yuxh6061@163.com*。

作　者

2017 年 1 月于武汉

第1版
前言

　　虚拟现实(Virtual Reality,VR)技术,是 20 世纪末发展起来的一门综合性的信息技术。它提供了一种基于可计算信息的、沉浸式交互环境,具体地说,就是采用了以计算机技术为核心的、现代多种高科技设备协同生成的,具有逼真效果的视、听、触觉一体化的并在特定范围内的一个模拟的虚拟环境。在该虚拟环境中,用户借助必要的辅助设备就能够以自然的方式与虚拟环境内的其他各种对象进行交互作用、相互影响,从而使用户产生身临其境的感受和体验。

　　虚拟现实技术又是一门非常接地气的新技术,随着多种软、硬件技术的突破,虚拟现实技术的应用出现了飞速发展的局面,它突破了传统的军事和空间开发等方面研究时的障碍,并在科学计算可视化、建筑设计漫游、产品设计以及教育、培训、工业、医疗和娱乐等方面都起着越来越广泛的重要作用。充分展示了虚拟现实技术在物体造型性、现实世界模拟性、系统可操作性、通信及娱乐性等方面所拥有的优势与特点,可以预测,虚拟现实技术未来必将给人们的生活、学习和工作带来更多的新概念、新内容、新方式和新方法。

　　本书内容在介绍虚拟现实技术相关知识的基础上,着重从应用技术的角度出发,主要介绍在虚拟现实的开发和应用中常用的 5 种工具软件的使用方法,全书共 8 章。

　　第 1 章　介绍虚拟现实的基本概念、基本特征、系统组成、分类以及应用领域的现状等。

　　第 2 章　对虚拟现实应用中常用的各种硬件设备进行了简单的介绍,包括它们的种类和发展情况,主要内容有立体显示设备、跟踪定位设备、虚拟声音输出设备、人机交互设备和 3D 建模设备等。

　　第 3 章　介绍目前软硬件构建的虚拟现实系统中所采用的一些高科技原理、技术和发展情况,特别是人机自然交互技术、虚拟现实引擎等。

第 4 章　主要介绍基于互联网的 VRML 的发展、功能、语法概念以及开发三维交互建模的基本方法。

第 5 章　介绍三维全景图技术的概念、特点、分类以及应用范围、制作全景图所需的常用软硬件设备和制作过程等。

第 6 章　主要介绍目前应用最为广泛的三维建模工具软件 3ds Max，通过多个实例较完整地表述了 3ds Max 的建模、材质与贴图、动画设计和灯光、reacter 动画等。

第 7 章　着重介绍 Cult3D 的组成，给 3D 模型添加交互元素的过程，使读者可以体会到 Cult3D 软件的性能和使用方法。

第 8 章　以中视典数字科技有限公司开发的 VR-Platform 12 为对象进行介绍，较完整地介绍该 VR 集成平台的应用方法，包括界面、功能模块、材质设置、角色与锚点设置以及脚本的函数应用等。

本书编写过程中，参阅了大量书籍、文献资料和网络资源，在此向所有资源的作者表示感谢，同时，本书的出版也得到了清华大学出版社的大力支持。在此也表示衷心感谢。由于现代社会虚拟现实技术发展速度非常快，尽管编者尽了努力，但限于编者的水平，不当之处在所难免，恳请读者批评指正。

编　者

2015 年于武汉

目录

第 1 章　虚拟现实技术概述

虚拟现实(Virtual Reality,VR)又称灵境技术,其概念最早是由美国 VPL 公司的创建人拉尼尔(Jaron Lanier)于 20 世纪 80 年代提出的。作为一项综合性的信息技术,虚拟现实融合了数字图像处理、计算机图形学、多媒体技术、计算机仿真技术、传感器技术、显示技术和网络并行处理等多个信息技术分支,其技术目的是由计算机模拟生成一个三维虚拟环境,用户可以通过一些专业传感设备感触和融入该虚拟环境。在虚拟现实环境中,用户看到的视觉环境是三维的、听到的音效是立体的、人机交互是自然的,从而产生身临其境的虚幻感。该技术改变了人与计算机之间枯燥、生硬和被动地通过鼠标、键盘进行交互的现状,大大促进了计算机科技的发展。因此,目前虚拟现实技术已经成为计算机相关领域中继多媒体技术、网络技术及人工智能之后备受人们关注及研究、开发与应用的热点,也是目前发展最快的一项多学科综合技术。

1.1　虚拟现实的基本概念

1.1.1　虚拟现实的概念

虚拟,有假的、构造的内涵。现实,有真实的、存在的意义。两个概念基本对立的词汇联合起来,则表达了这样一种技术,即如何从真实存在的现实社会环境中采集必要的数据,经过计算机的计算处理,模拟生成符合人们心智认知的,具有逼真性的、新的现实环境。这种从现实到现实的一个周期性的变化,使得第二个现实具有超越自然的属性,它可能是真实现实的改变,也可能是并不存在的、纯构想的现实环境。在这样一个从现实到现实的演变中,系统还通过先进的传感器技术等辅助手段,让用户置身于虚拟空间中时具有身临其境之感,人能够与虚拟世界的对象进行相互作用且得到自然的反馈,使人产生联想。概括地说,虚拟现实是人们使用计算机对复杂数据进行可视化操作与交互的一种全新的方式。与传统的人机界面以及流行的视图操作相比,虚拟现实在技术思想上有了质的飞跃。

虚拟现实中的"现实",可以理解为自然社会物质构成的任何事物和环境,物质对象符合物理动力学的原理。而该"现实"又具有不确定性,即现实可能是真实世界的反映,也可能是世界上根本不存在的,而是由技术手段来"虚拟"的。虚拟现实中的"虚拟"就是指由计算机技术来生成一个特殊的仿真环境,人们处在这个特殊的虚拟环境里,可以通过多种特殊装置将自己"融入"这个环境中，并操作、控制环境，实现人们的某种特殊目的，在这里，人总是这种环境的主宰。

从本质上说，虚拟现实就是一种先进的计算机用户接口，它通过给用户同时提供诸如视觉、听觉、触觉等各种直观而又自然的实时交互手段，最大限度地方便用户的操作。根据虚拟现实技术所应用的对象不同、目的不同，其作用可表现为不同的形式，或者是侧重点不同。例如，将宇航员在航天过程的行为概念设计或构思成可视化和可操作化的环境模式，实现逼真的遥控现场效果，达到任意复杂环境下的廉价模拟训练的目的。

虚拟现实中的应用模拟形式主要有以下3种。

（1）对真实世界的模拟与仿真，如小区环境、建筑物等。

（2）人类主观构想的环境世界，如美国大片《2012世界末日》中构想的未来世界上某一天可能发生的恐怖景象。

（3）表现真实世界中客观存在但人眼无法直接观看的环境对象，如物质世界中微观的细菌、分子结构等。例如，图1.1-1就展示了水分子的模拟结构。

图1.1-1　水分子模拟结构

通过以上对虚拟现实的论述，如果对虚拟现实的概念和意义作个简单概括，应该按照不同的视角来分析和归纳它。

科学方面的意义：由人主导，计算机管控下的一种模拟环境、感知，并提供人与物质世界进行自然交互的系统。

工程与应用方面的意义：一种用于教育培训、环境模拟、系统仿真的高级人机接口。

1.1.2　虚拟现实的基本特征

在虚拟现实系统中，人永远是起主导作用的，从技术的角度看，该系统具有以下特征：由过去人只能从计算机系统的外部去观测结果，到人能够沉浸到计算机系统所创造的环境中；由过去人只能通过键盘、鼠标与计算机环境中的一维数字信息发生作用，到人能够用多种传感器与多维信息的环境发生交互作用；由过去人只能以定量计算为主的结果中受到启发，从而加深对客观事物的认知，到人有可能从定性和定量的综合环境中得到感性和理性的认识，从而深化概念和萌发新意。概括地表示，虚拟现实系统的基本特性如下所述。

1. 多感知性

多感知性（Multi-Sensory）是指除了一般计算机技术所具有的视觉感知之外，还有听觉感知、力觉感知、触觉感知、运动感知，甚至还包括味觉感知、嗅觉感知等。理想的虚拟现实技术应该能模拟一切人所具有的感知功能。由于相关技术，特别是传感器技术的限制，目前虚拟现实技术所具有的感知功能还仅限于视觉、听觉、力觉、触觉、运动等，其余的仍有待继续研究和完善。

2. 沉浸感

沉浸感（Immersion）又称临场感，是虚拟现实最重要的技术特征，是指用户借助交互设备和自身感知系统，置身于虚拟环境中的真实程度。理想的虚拟环境应该使用户难以分辨真假，使用户全身心投入到计算机创建的三维虚拟环境中，该环境中的一切看上去是真的，听上去是真的，动起来是真的，甚至闻起来、尝起来等一切感觉都是真的，如同在现实世界中一样。

在现实世界中，人们通过眼睛、耳朵、手指等器官来感知外部世界。所以，在理想状态下，虚拟现实技术应该具有一切人所具有的感知功能。即虚拟的沉浸感不仅通过人的视觉和听觉感知，还可以通过嗅觉和触觉等多维地去感受。相应地提出了视觉沉浸、听觉沉浸、触觉沉浸和嗅觉沉浸等，也就对相关设备提出了更高的要求。例如，视觉显示设备需具备分辨力高、画面刷新频率快的特点，并提供具有双目视差，覆盖人眼可视的整个视场的立体图像；听觉设备能够模拟自然声、碰撞声，并能根据人耳的机理提供判别声音方位的立体声；触觉设备能够让用户体验抓、握等操作的感觉，并能够提供力反馈，让用户感受到力的大小、方向等。

3. 交互性

交互性（Interactivity）是指用户通过使用专门的输入和输出设备，使人类自然感知对虚拟环境内物体的可操作程度和从环境得到反馈的自然程度。虚拟现实系统强调人与虚拟世界之间以近乎自然的方式进行交互，即用户不仅通过传统设备（键盘和鼠标等）和传感设备（特殊头盔、数据手套等），使用自身的语言、身体的运动等自然技能也能对虚拟环境中的对象进行操作，而且计算机能够根据用户的头、手、眼、语言及身体的运动来调整系统呈现的图像及声音。例如，用户可以用手去直接抓取虚拟环境中虚拟的物体，不仅有握着东西的感觉，还能感觉物体的重量，视场中被抓的物体也能立刻随着手的移动而移动。

4. 构想性

构想性（Imagination）又称创造性，是虚拟世界的起点。想象力使设计者构思和设计虚拟世界，并体现出设计者的创造思想。所以，虚拟现实系统是设计者借助虚拟现实技术，发挥其想象力和创造性而设计的。例如，建造一座现代化的桥梁之前，设计师要对其结构做细致的构思。传统的方法是极少数内行人花费大量的时间和精力去设计许多量化的图纸。而现在采用虚拟现实技术进行仿真，设计者的思想以完整的桥梁呈现出来，简明生动，一目了然。所以有些学者称虚拟现实为放大或夸大人们心灵的工具，或人工现实（Artificial Reality），即虚拟现实的想象性。

由于沉浸感、交互性、构想性这3个特性的英文单词均以I开头，所以这3个特性也被习惯称为虚拟现实的3I特征。

一般说来，一个理想的虚拟现实系统由虚拟环境、高性能计算机为核心的虚拟环境处理器，以及以头盔显示器为核心的视觉系统，以语音识别、声音合成与声音定位为核心的听觉系统，以方位跟踪器、数据手套和数据衣服为主体的身体方位姿态跟踪设备，以及味觉、嗅觉、触觉与力觉反馈系统等功能单元所构成。

1.1.3 虚拟现实系统的组成

根据虚拟现实的基本概念及相关特征可知，虚拟现实技术是融合计算机图形学、智能接口技术、传感器技术和网络技术等综合性的技术。虚拟现实系统应具备与用户交互、实时反映所交互的结果等功能。所以，一般的虚拟现实系统主要由专业图形处理计算机、应用软件系统、输入输出设备和数据库组成，如图 1.1-2 所示。

图 1.1-2　虚拟现实系统的组成框图

1. 专业图形处理计算机

计算机在虚拟现实系统中处于核心地位，是系统的心脏，是 VR 的引擎，主要负责从输入设备中读取数据、访问与任务相关的数据库，执行任务要求的实时计算，从而实时更新虚拟世界的状态，并把结果反馈给输出显示设备。由于虚拟世界是一个复杂的场景，系统很难预测所有用户的动作，也就很难在内存中存储所有相应的状态，因此虚拟世界需要实时绘制和删除，以至于大大增加了计算量，这对计算机的配置提出了极高要求。

2. 应用软件系统

虚拟现实的应用软件系统是实现 VR 技术应用的关键，提供了工具包和场景图，主要进行虚拟世界中对象的几何模型、物理模型、行为模型的建立和管理；三维立体声的生成、三维场景的实时绘制；虚拟世界数据库的建立与管理等。目前国外软件在这方面较成熟，如 MultiGen Creator、VEGA、EON Studio 和 Virtool 等。国内软件中比较有名的当属中视典公司的 VRP 软件等。

3. 数据库

数据库用来存放整个虚拟世界中所有对象模型的相关信息。在虚拟世界中，场景需要实时绘制，大量的虚拟对象需要保存、调用和更新，所以需要数据库对对象模型进行分类管理。

4. 输入设备

输入设备是虚拟现实系统的输入接口，其功能是检测用户的输入信号，并通过传感器输入计算机。基于不同的功能和目的，输入设备除了传统的鼠标、键盘外，还包括用于手姿输入的数据手套、身体姿态的数据衣、语音交互的麦克风等，以解决多个感觉通道的交互。

5. 输出设备

输出设备是虚拟现实系统的输出接口,是对输入的反馈,其功能是将由计算机生成的信息通过传感器传给输出设备,输出设备以不同的感觉通道(视觉、听觉、触觉)反馈给用户。除了屏幕外,输出设备还包括声音反馈的立体声耳机、力反馈的数据手套以及大屏幕立体显示系统等。

1.2 虚拟现实的分类

虚拟现实系统的目标就是要达到真实体验和自然的人机交互。因此,以系统能够达到或部分达到这样目标的系统就可以被认为是 VR 系统。根据交互性和沉浸感的程度,以及体验环境范围的大小,VR 系统可分成四大类,即桌面虚拟现实系统、沉浸式虚拟现实系统、增强虚拟现实系统和分布式虚拟现实系统。

1.2.1 桌面虚拟现实系统

桌面虚拟现实系统(Desktop VR)是一套基于普通 PC 平台的小型虚拟现实系统。它利用中低端的图形工作站及立体显示器,产生虚拟场景。用户使用位置跟踪器、数据手套、力反馈器、三维鼠标或其他手控输入设备,实现虚拟现实技术的重要技术特征,如多感知性、沉浸感、交互性、真实性的体验。

在桌面虚拟现实系统中,计算机的屏幕是用户观察虚拟境界的一个窗口,在一些专业软件的帮助下,参与者可以在仿真过程中设计各种环境。立体显示器用来观看计算机虚拟三维场景的立体效果,它带来的立体视觉能使用户产生一定程度的沉浸感。交互设备用来驾驭虚拟境界。有时,为了增强桌面虚拟现实系统的投入效果,还可以根据需要在桌面虚拟现实系统中借助于专业单通道立体投影显示系统,达到增大屏幕范围和团体观看的目的。桌面虚拟现实系统体验过程如图 1.2-1 所示。桌面虚拟现实系统的体系结构如图 1.2-2 所示。

图 1.2-1　桌面 VR 系统体验

图 1.2-2　桌面 VR 系统体系结构

桌面虚拟现实系统虽然缺乏完全沉浸式效果，但是其应用仍然比较普遍，因为它的成本要低得多，而且也具备了投入型虚拟现实系统的技术要求。作为开发者来说，从经费使用最小化的角度考虑，桌面虚拟现实往往被认为是初级的、刚刚从事虚拟现实研究工作的必经阶段。所以该系统比较适合刚刚从事虚拟现实研究的单位和个人。

　　系统主要包括 VR 软、硬件两部分。其中硬件部分可分为 VR 立体图形显示、效果观察、人机交互等几部分；软件部分可分为 VR 环境开发平台（Virtools）、建模平台（3D Max等）和行业应用程序实例（源代码及 SDK 开发包）等。

　　桌面虚拟现实系统的主要特点为全面、小型、经济、实用，非常适合于 VR 工作者的教学、研发和实际应用。

1.2.2　沉浸式虚拟现实系统

　　沉浸式虚拟现实（Immersive VR）提供参与者完全沉浸的体验，使用户有一种置身于虚拟世界之中的感觉，其明显的特点是：利用头盔显示器把用户的视觉、听觉封闭起来，产生虚拟视觉，同时，它利用数据手套把用户的手感通道封闭起来，产生虚拟触动感。系统采用语音识别器让参与者对系统主机下达操作命令，与此同时，头、手、眼均有相应的头部跟踪器、手部跟踪器、眼睛视向跟踪器的追踪，使系统达到尽可能高的实时性。临境系统是真实环境替代的理想模型，它具有最新交互手段的虚拟环境。常见的沉浸式系统有基于头盔式显示器的系统、投影式虚拟现实系统，如图 1.2-3 所示。

图 1.2-3　沉浸式虚拟现实

　　当人们被头盔显示器把自己的视觉、听觉和其他感觉封闭起来时，就会产生一种身在虚拟环境中的错觉，这就是沉浸式虚拟现实系统的主要特点。

　　（1）虚拟环境可以是任意虚构的、实际上不存在的空间世界。

　　（2）任何操作不对外界产生直接作用，而是与设备交互。

　　（3）一般用于娱乐或验证某一猜想假设、训练、模拟、预演、检验、体验等。

　　如果将桌面虚拟现实系统和沉浸式虚拟现实系统进行比较，可看出它们有以下不同点。

　　① 沉浸度差异。

　　桌面虚拟现实系统采用智能显示器和三维立体眼镜增加身临其境的感觉，而沉浸式虚拟现实系统则采用头盔显示器（HMD）增强身临其境的感觉。

② 交互装置差异。

桌面虚拟现实系统采用的交互装置是六自由度鼠标器或三维操纵杆,而沉浸式虚拟现实系统采用的是数据手套和头盔。

③ 显示效果不同。

桌面虚拟现实系统一般是采用 PC 显示器,而沉浸式虚拟现实系统常采用全封闭的投影,使人自然感觉身在其中。

目前,人们喜闻乐见的电影也在不断从技术上追求沉浸感效果,并充分利用虚拟现实技术的成果。电影从传统的 2D 进入了 3D,由于有了物体对象的深度感,给人们留下了深刻印象,然而技术并没有止步,现在又有了 4D、5D 甚至 7D 电影。

4D 电影又称四维电影,是由三维立体电影和周围的环境模拟组成的四维空间。它是在 3D 立体电影的基础上加环境特效、模拟仿真而组成的新型影视产品,通过给观众以电影内容联动的物理刺激来增强临境感的效果。观众在看立体电影时,顺着影视内容的变化,可实时感受到风暴、雷电、下雨、撞击、喷洒水雾、拍腿等身边所发生与立体影像对应的事件。4D 电影院的座椅具有喷水、喷气、振动等功能,它是以气动为动力的。影院内安装有下雪、下雨、闪电、烟雾等特效设备,营造一种与影片内容一致的环境。更有甚者,影院建造为球形,放映屏幕以半球面的光影效果包围住观众,临境感非常强,如图 1.2-4 所示。

图 1.2-4 球形 4D 电影

在 4D 的基础上,5D 电影又增加了座椅摇摆、刮风、气味等效果,而 7D 电影则更是增加了互动效果,也就是"一边看电影一边还可以打怪兽",可以说完全就是沉浸式虚拟现实的最佳实例。

1.2.3 增强现实系统

增强现实系统(Augmented Reality,AR)是一种将真实世界信息和虚拟世界信息"无缝"集成的新技术,它源于虚拟现实技术,又是虚拟现实技术的升级版。增强现实技术把原本在现实世界一定时间、空间范围内很难体验到的实体信息(如视觉信息、声音、味道、触觉等),通过计算机的信息处理后,将虚拟的信息叠加、投射到真实世界中,提供给人类的感官所感知,从而达到超越现实的感官体验。

传统的虚拟现实技术常常为了追求沉浸感而把用户与真实世界隔离开来,这时用户是无法观看到现实世界的面貌的,而 AR 则是一种全新的人机交互技术,利用摄像头、传感器、实时计算和匹配技术,将真实的环境和虚拟的物体对象实时地叠加到同一个画面或空间中,使用户看到一个重叠的二维世界。也就是说,AR 是使用信息技术对现实世界的一种补充和增强,而不是用虚拟化技术制造出一个完全虚拟的世界来取代现实世界。因此,AR 更多地强调逼真性和交互性。

　　由于增强现实技术具有虚实互补、真实感强、互动效果好的特点,因而成为近年来国内外众多知名学府和研究机构开发、研究的一大热点,并广泛地应用于人们社会生活的各个方面。图 1.2-5 展示了增强现实技术的应用。

图 1.2-5　增强现实技术的应用

增强现实技术有 3 个要素。

(1) 真实世界和虚拟世界的信息集成。

(2) 具有实时交互性。

(3) 在三维尺度空间中增添和定位虚拟物体。

　　基于增强现实技术的 3 个要素可以看到,与虚拟现实技术相比,增强现实技术的方法、应用模式、发展方向已经有了很大的不同和改变。

1. 增强现实系统的总体结构

　　一个完整的增强现实系统通常由场景采集系统、跟踪注册系统、虚拟图形绘制系统、虚实合成系统、显示系统和人机交互界面等多个子系统构成。其中,场景采集系统负责获取真实环境中的数据信息,如外界环境图像或视频;跟踪注册系统用于跟踪观察用户的头部方位和视线方向等;虚拟图形绘制系统负责生成要加入的虚拟图形对象;虚实合成系统是指虚拟场景与真实场景对准的定位设备和算法。图 1.2-6 为 AR 系统基本功能结构。

　　在增强现实系统中,当输入的图像经过计算机处理、组织,建立起实景空间,并生成虚拟对象,依几何一致性嵌入实景空间中时,就形成了虚实融合的增强现实环境;这个环境再输入到显示系统,呈现给用户;最后用户可通过交互设备与场景环境进行互动。在该过程中,保证虚实准确结合的注册步骤尤为关键,最后由显示输出端输出,从而可使用户得到可以最终感知的环境效果。

2. 增强现实系统的关键技术

　　增强现实技术作为一门新兴领域,结合了计算机图形学(Computer Graphics)、图像

图 1.2-6 增强现实系统基本功能结构

处理(Image Processing)、机器视觉(Machine Vision)、人工智能(Artificial Intelligence)等诸多学科的技术成就。同时它也依赖于多种人机交互设备的发展,如显示设备、图形加速设备、传感器(Sensor)、跟踪器(Tracker)及其他交互工具等。

增强现实系统在融合虚拟对象与现实环境的过程中,有 4 项基本关键技术做支撑,分别是显示技术、注册跟踪技术、虚实融合技术和用户交互技术等。

1) 显示技术

显示技术主要采用视频透视式或光学透视式以及投影成像模式,具体的显示设备主要有 3 类,即可穿戴式、手持、空间展示类。

(1) 可穿戴式。头盔显示器、谷歌眼镜。该类设备将虚拟光线直接投射到用户的视网膜上,从而达到以假乱真的效果。优点在于视角广、亮度高、画面好及沉浸感强等。

(2) 手持式。手机、平板电脑。该类设备携带轻便、移动自由,可直接投射显示,也可以透视 3D 模型,效果好,场面不大。

(3) 空间展示类。投影式设备、台式显示器等。该类设备可制作大场景的效果,可多人共享,使用性能稳定、寿命较长,并免除了使用者由于佩戴头盔显示设备而造成的不适与疲劳感。

2) 注册跟踪技术

增强现实系统需要建立虚拟空间坐标系与真实空间坐标系的转换关系,使得虚拟物体能够合并到真实世界的正确位置上,这个过程就是注册(Registration)。由于观察者的位置会不断变化,系统要实时地根据观察者的视场重建坐标系的关系,这个过程就是注册跟踪(Tracking)。

在增强现实系统中,跟踪注册包含了使用者头部(摄像机)的空间定位跟踪和虚拟物体在真实空间中的定位两个方面的内容。该技术关系到虚拟和真实对象的配准、排列。对用户头部相对位置和视线方向的获取一般分为两种:一种是采用跟踪传感器进行注册,简称跟踪器法;另一种是采用计算机视觉系统结合特定算法来实时得到,简称视觉

9

法。在实际应用中，由于这两种方法各有其优、缺点，为了得到更广泛的适应性和更好的性能，许多系统采用将两者相结合的复合方法。此外，还有基于认知（Knowledge Based）的方法，该方法通过在用户头部和相关对象关键部位安装三维跟踪器来实现。

（1）基于跟踪器的注册。该注册方法普遍采用惯性、超声波、电磁、光学、无线电波或机械装置等进行跟踪。值得注意的是，对于一个实际的增强现实系统，仅仅根据头部跟踪系统提供的信息，系统获取的反馈数据难以取得最佳匹配；而且跟踪器法的精度和使用范围也不能完全满足增强现实的需要，且容易受到外界干扰，因而很少单独使用，通常与其他注册方法结合起来实现稳定的跟踪。

（2）视觉跟踪注册。视觉跟踪注册主要有基准点法、模板匹配法、仿射变换法和基于运动图像序列的方法等。基于视觉的跟踪注册可使测量误差局限在以像素为单位的图像空间范围内，因而它是解决增强现实中三维注册问题最有前途的方法。但有研究表明，在室内环境中有精确外部参考点的情况下，视觉跟踪注册可以快速、准确地定位，但在复杂的户外真实世界情况下，则需要使用结合基于跟踪器方法的复合注册法。

（3）复合注册法。结合视觉法和基于跟踪器的方法，可以取长补短。通常是先由跟踪传感器估计大概位置姿态，再通过视觉法来精确调整定位。一般采用的复合法有视觉与电磁跟踪结合、视觉与惯导跟踪结合、视觉与GPS跟踪结合等。

3）虚实融合技术

在增强现实系统中，为了能够构建有机融合的虚实场景，增强现实系统还需要保证增强现实环境中的视觉一致性，主要包括以下内容。

（1）几何一致性。指无论在虚拟环境中静止还是漫游，实体对象都应与集成的图像保持透视关系一致性。

（2）运动一致性。指当虚拟环境中的对象做出如平移或旋转等运动时，3D模型的尺寸和视角都应随时与静止图像建立的虚拟环境保持一致。

（3）光学效果一致性。指虚拟对象的阴影、高光等光学效果应与环境保持一致，也就是首先计算出真实场景的光照模型，然后再计算出光照对虚拟对象的影响，如明暗、阴影、反射等。

（4）渲染细节的分配。指图像间、模型对象间以及图像与模型对象之间渲染精度的合理分配，或者说是动态规划时绘制细节水平的问题。在实际的AR系统中，该需求并非要求很高。

4）用户交互技术

增强现实系统需要实现用户与真实环境中虚拟物体自然直观的三维交互，这就需要系统设计针对增强现实系统的交互工具，并能够跟踪定位到交互工具的位置信息，执行用户对空间物体实施的指令。增强现实系统的交互方式主要两种：一是基于硬件设备的方式，如数据手套；二是基于视频处理的方式，如在标识物上生成按钮、菜单、笔等，也有采用手势识别的方式输入命令。

据媒体报道，隶属于日本产业技术综合研究所的Miraisens公司在筑波市举办的一场媒体预展中公布了一款能"摸"到的虚拟3D成像产品。该技术使人们能够亲手"触摸"到计算机中本不存在的虚拟物品。其基本方法是，用户通过头戴的原型显示设备及其他配套设备，系统通过视觉图像和外戴于指尖的振动装置协同作用，"欺骗"人脑的感觉系统,使人产生切实触摸到虚拟物体的错觉。例如,当用户看到的是一块布料时,手指触摸该对象时会有光滑、柔软的感觉。而看到的是石块时,手指触摸到的则是粗糙、冷硬的感觉,该技术改变了3D虚拟物体对象可视不可摸的现状。

3. 增强现实系统的应用

增强现实系统在虚拟对象与真实环境之间架起了一座桥梁,它既允许用户看到真实世界,也可以看到叠加在真实世界上的虚拟对象。这种系统既可减少对构成复杂真实环境的计算,又可对虚拟物体对象进行操作,因此应用潜力相当巨大,如AR教育、AR娱乐、AR建筑、AR医疗、AR艺术等。

1) AR教育

教育或学习给人们的印象总是抽象、问题不解或复杂多变,为了实时地将难以理解的概念、公式、计算结果可视化,AR技术提供了最有效的手段和方法。例如,当学生翻开书籍,学习化学分子式的结构时,借助移动显示设备就可透视看到漂浮的3D分子模型,如图1.2-7所示。

2) AR娱乐

游戏和娱乐是AR技术最早的应用领域,产品众多,技术表现日益成熟。其中代表产品有"二次元"类型的AR闪卡、教育卡片类的《魔法百科》等AR早教卡。目前最常见的是针对一张普通的图片应用AR技术,该图片立刻就变得魔幻起来。表现

图1.2-7　AR 3D分子模型

瞬间立体化了,文字变得详细具体,人物形象生动了,内容不再受限于静态模式,同时有伴音和动画效果。无疑,AR技术在类似这些场景中应用,将有巨大的市场空间,有待进一步挖掘和拓展。

3) AR建筑

在建筑领域,建筑师可以使用特定的眼镜,在一张特定的白纸上观看虚拟的要建楼房以及楼房和周围楼群虚拟图像,并可以对将要建造的楼房进行移动、旋转、放大、缩小,改变楼层高度和形状等一系列操作,并可以从远处观察建好的楼房与周边环境的整体效果,然后用计算机将要建的楼房数据处理转换成实体的3D模型。

4) AR广告

增强现实技术为广告商带来了更多的增值服务。在一次广告技术研讨会上,平面广告商邀请参会代表使用手机拍摄,然后根据画面特征联网检索并下载相应的3D虚拟模型,从而展现出栩栩如生的动画效果,使人们对产品性能有更深的印象。

5) AR医疗

医生可以利用增强现实技术,通过眼前的直观虚拟成像,协助其在可视化环境下精确完成手术。利用"透视功能",医生可以清晰地看到患者病灶位置的全景情况,从而保证手术时可以精确地确定位置。

6) AR艺术

魔术大师、表演艺术家均可以利用亦真亦幻的视觉效果营造出出神入化、美轮美奂的艺术创新,图1.2-8为李宇春春晚艺术表演图。

图 1.2-8　李宇春艺术表演图

1.2.4　分布式虚拟现实系统

分布式虚拟现实(DVR)系统是一个基于网络的可供异地多用户同时参与的分布式虚拟环境。在这个环境中，位于不同物理环境位置的多个用户或多个虚拟环境通过网络相连，或者多个用户同时参加一个虚拟现实环境，通过计算机与其他用户进行交互，并共享信息。在 DVR 中，多个用户可通过网络对同一虚拟世界进行观察和操作，以达到协同工作的目的。

1．分布式虚拟现实系统的特征

（1）具有共享的虚拟工作空间。

（2）具有伪实体的行为真实感。

（3）可支持实时交互，共享时钟。

（4）多个用户可以多种方式相互通信。

（5）可资源信息共享以及允许用户拥有自然操作虚拟环境中的共同对象。

2．分布式虚拟现实系统的组成

分布式虚拟现实系统有 4 个基本组成部件，即图形显示器、通信和控制设备、处理系统和数据网络。

3．分布式虚拟现实系统的模型结构

根据分布式系统环境下所运行的共享应用系统的个数，可把 DVR 系统分为集中式结构和复制式结构。集中式结构是只在中心服务器上运行一份共享应用系统，该系统可以是会议代理或对话管理进程。中心服务器的作用是对多个参加者的输入输出操作进行管理，允许多个参加者信息共享。它的特点是结构简单、容易实现，但对网络通信带宽有较高要求，并且高度依赖于中心服务器。

复制式结构是在每个参加者所在的机器上复制中心服务器，这样每个参加者进程都有一份共享应用系统。服务器接收来自其他工作站的输入信息，并把信息传送到运行在本地机上的应用系统中，由应用系统进行所需的计算，并产生必要的输出。它的优点是所需网络带宽较小。另外，由于每个参加者只与应用系统的局部备份进行交互，所以交互式响应效果好。但它比集中式结构复杂，在维护共享应用系统中的多个备份信息或状态一致性方面比较困难。

4. 分布式虚拟现实系统的应用

分布式虚拟现实系统在远程教育、工程技术、建筑、电子商务、交互式娱乐、远程医疗、大规模军事训练等领域都有着极其广泛的应用前景。利用它可以创建多媒体通信、设计协作系统、实境式电子商务、网络游戏、虚拟社区全新的应用系统。

典型的应用领域有以下几个。

（1）教育应用。分布式虚拟现实系统用于建造人体模型、电脑太空旅游、化合物分子结构显示等领域，由于数据更加逼真，大大提高了人们的想象力，激发学习兴趣，学习效果十分显著。同时，随着计算机技术、心理学、教育学等多种学科的相互结合、促进和发展，系统因此能够提供更加协调的人机对话方式。

（2）工程应用。当前的工程很大程度上依赖于图形工具，以便直观地显示各种产品。目前，CAD/CAM已经成为机械、建筑等领域必不可少的软件工具。分布式虚拟现实系统的应用将使工程人员通过全球网或局域网按协作方式开展三维模型的设计、交流和发布，从而进一步提高生产效率，削减成本。

（3）商业应用。对于那些期望与顾客建立直接联系的公司，尤其是那些在主页上发送电子广告的公司来说，Internet具有特别的吸引力。分布式虚拟系统的应用有可能大幅度改善顾客购买商品的经历。例如，顾客可以访问虚拟世界中的商店，在那里挑选商品，然后通过Internet办理付款手续，商店则及时把商品送到顾客手中。

（4）娱乐应用。娱乐领域是分布式虚拟现实系统的一个重要应用领域。它能够提供更逼真的虚拟环境，从而使人们能够享受其中的乐趣。

1.3 虚拟现实的应用领域

虚拟现实技术给人们提供了一种特殊的自然交互环境，它几乎可以支持人类的任何社会活动，适用于任何领域。由于虚拟现实技术具有成本低、安全性能高、形象逼真、可重复使用等特点，使其在人类社会活动方面迅速普及，目前已广泛深入到航空航天、军事训练、指挥系统、医疗卫生、教育培训、文化娱乐、城市建筑、商业展示、广告宣传等领域。预计虚拟现实技术21世纪将进入家庭，直接与人们的生活、学习、工作密切相关。

1.3.1 航空航天领域

在航空航天领域，虚拟现实技术发挥着决定性作用。仅从航天员的培养方面看，由于太空环境极为复杂，普通人很难直接到达太空游览，因此必须借助虚拟现实技术培养宇航员。因为在航空航天过程中，宇航员需要在地面上进行适应性训练，模拟失重过程下操控宇宙飞船的方法，以及宇宙飞船与太空站的对接，宇航员乘坐太空车登陆月球等。由于这些操作训练具有极大的风险，并且又无法直接在太空中进行训练，所以只能在地面上依靠虚拟现实技术来模拟。所以，没有好的虚拟现实太空模拟系统，就没有好的宇航员，宇航事业必然难以取得成功。归纳虚拟现实技术在航天方面的应用，主要有以下几点。

（1）可以以最低的成本模拟太空环境和宇宙飞船太空舱的三维布局，人可融入环境系统，并可自由交互操控设备，具有身临其境的感知。

（2）继承了现有计算机仿真技术的优点，具有高度灵活性。因为它仅需通过修改软件中视景图像的有关参数就可模拟现实世界中一些突发事件产生后的环境改变情况，因此可以更好地训练人员应对意外事故的处理能力。

（3）突破环境限制，现有人员的培训都是在地面进行的，人们不能直接体验到太空的失重感受，而通过虚拟现实系统，借助一定的辅助设备，可使系统中的人员体验失重感。

（4）虚拟现实系统可重复使用，当实体技术更新换代了，虚拟系统可以进行软件的升级，以较低的成本同步更新。

1.3.2　军事领域

军事领域研究是推动虚拟现实技术发展的原动力，目前依然是主要的应用领域。虚拟现实技术主要应用在辅助军事指挥决策、军事训练和演习、军事武器的研究开发等方面。

1. 军事指挥决策

军事指挥决策一般是指由军事高级将领在了解环境、分析敌我基本情况后做出的具有影响战争胜负的指导性决定。在中国古代，军事指挥者采用石子辅助分析发明了围棋，近现代战争指挥官则通过实体的沙盘进行推演研究，而随着信息化时代的来临，虚拟现实技术不仅可以非常清晰地表现战场的地形地貌，还可以有精确的经纬坐标显示，甚至可以和计算机的军事辅助决策系统相连，提供多种方案建议，指挥员可以依据战场的具体情况合理分配兵员，布局火力，还可以结合通信技术，将决策快速传送到前线作战人员的手持式设备上，最终可以以最小的代价获得战争胜利。

2. 军事训练和演习

在传统的军事实战演习中，特别是大规模的军事演习，不但耗资巨大，安全性较差，而且很难在实战演习条件下改变战斗状况来反复进行各种战场势态下的战术和决策研究。现在，应用 VR 技术进行现代化的实验室作战模拟，能够像物理学、化学等学科一样，在实验室里模拟实际战斗过程和战斗过程中出现的各种现象，增加人们对战斗的认识和理解，为有关决策部门提供定量的信息。在实验室中进行战斗模拟，首先要确定目的，然后设计各种试验方案和各种控制因素的变化，最后士兵再选择不同的角色控制进行各种样式的作战模拟试验。例如，研究导弹舰艇和航空兵攻击敌方时，如何排演机动作战舰艇编队的最佳攻击顺序、兵力数量和编队时，有时实兵演习不可能得到多种环境下的结果，但可以通过方案和各种因素的变化建立数学模型，在计算机上模拟各种作战方案和对抗过程，研究对比不同的攻击顺序，以及双方兵力编队和数量，可以迅速得到双方损失情况、武器作战效果、弹药消耗等一系列有用的数据。

虚拟军事训练和演习不仅不动用实际装备而使受训人员具有身临其境之感，而且可以任意设置战斗环境背景，对作战人员进行不同作战环境、不同作战预案的多次重复训练，使作战人员迅速积累丰富的作战经验，同时不担任何风险，极大地提高了部队训练效率。

3. 高端设备研制

目前高端的装备制造在国外(特别是美国)早就采用了虚拟现实技术,在我国的运20大飞机制造过程中,也首次采用了虚拟现实技术,今后会更多地采用该技术来研发各种高端设备。

武器设计研制的成本越来越高,虚拟现实技术可提供具有先进设计思想的设计方案,并使用计算机仿真武器来进行性能评价。得到最佳性价比的仿真武器后,再投入武器的大批量生产。此过程缩短武器研制的制作周期,节约不必要的开支,降低成本,大幅提高武器的性价比。简单概括有以下优点。

(1)模拟大装备的外形设计。

例如,隐身飞机对外形的要求十分讲究。通过设计不同外形的飞机虚拟模型可以比较隐身效果,从而选中一款最佳隐身效果的飞机。

(2)模拟产品的受力结构。

武器装备常常在非常极端恶劣的环境下使用,因此对性能要求非常高,如耐高温、严寒;质量轻、强度大。因此,对材料选择和不同的结构受力分析变得非常重要,采用虚拟现实技术可以低成本地完成受力分析到结构布局的测试。

(3)模拟武器装备的性能。

武器装备能否在实战中经受住考验,通常需要事前进行性能测试,而采用虚拟模拟测试比实际性能测试节省更多的经费。如用飞机发射先进导弹,可以降低实体导弹的发射成本。

(4)模拟武器装备的加工和装配。

武器装备的生产包括产品设计的合理性、可加工性、加工方法和加工设备的选用以及加工者的技术等多个方面,加工过程中的微小差异都有可能造成武器装备的缺陷和质量问题,一般情况下生产流程都要经过计算机仿真分析后实施,通过虚拟现实技术,可以快速解决上述难题,从而确保武器装备的制造和应用质量。

1.3.3 医学领域

VR 在医学领域的应用具有十分重要的现实意义。虚拟环境中可以建立虚拟的人体模型,借助跟踪球、感觉手套,学生可以很容易了解人体内部各器官的结构,这比现行的教科书方式要有效得多。Pieper 及 Satara 等研究者在 20 世纪 90 年代初基于两个 SGI工作站建立了两个虚拟外科手术训练器,用于腿部及腹部外科手术模拟。这个虚拟的环境包括虚拟的手术台与手术灯,虚拟的外科工具(如手术刀、注射器、手术钳等),虚拟的人体模型与器官等。但该系统有待进一步改进,如需提高环境的真实感、增加网络功能使其能同时培训多个使用者,或可在外地专家指导下工作等。

由于虚拟人可逼真地重现人体解剖画面,并可选择任意器官结构,将其从虚拟人体中独立出来,进行更细致的观察和分析,更关键的是可以任意使用,因而不用担心医学、经济和伦理方面的问题。所以各国对虚拟人的研究都非常重视。德国汉堡 Eppendorf大学医学院医用数学和计算机研究所就建立了一个名为 VOXEL-MAN 的虚拟人体系统,它包括人体每一种解剖结构的三维模型,肌肉、骨骼、血管及神经等任一部分都是三维可视的,使用者戴上头盔显示器就可以模拟解剖过程。该系统的主要功能如下。

(1)任意选择观察视点,可以做内窥镜观察,也可以做立体观察。

(2)任意模拟解剖、手术和穿刺。

(3)模拟放射成像。

(4)可以得到任意器官和组织的名称、类型、描述及结构等解剖信息。

(5)可以测量器官或组织间的距离。

另外,VR技术在医学培训方面更具有非常大的优越性,对传统的教学模式、教学手段和教学方法都产生了深刻的影响。例如,虚拟医学实验室的建立彻底打破了空间、时间的限制,提供了生动、逼真的试验学习环境,学生成为虚拟环境的一名参与者,极大地提高学习积极性,突破试验教学的重点、难点,在提高实际操作技能方面发挥积极的作用。通过在虚拟实验室的学习,学生可以了解到医学发展中的一些最新内容。

此外,在远距离遥控外科手术、复杂手术的计划安排、手术过程的信息指导、手术后果预测及改善残疾人生活状况乃至新型药物的研制等方面,VR技术都有十分重要的意义。

图1.3-1所示为人身体的胸部结构,包括肋骨、肺和心脏三部分。这3张图显示了3个器官的拆分过程。学生可以通过鼠标操作,对胸部结构进行拆分和组装,并可以360°旋转立体图形,详细浏览和了解每一部分内容。此外,学生可以在虚拟的病人身上反复操作,提高技能,以加强对复杂人体三维结构的理解。

(a) 肋骨　　　　　　　(b) 肺　　　　　　　(c) 心脏

图1.3-1　虚拟的人体胸部结构

1.3.4　城市规划

城市规划一直是对全新的可视化技术需求最为迫切的领域之一,虚拟现实技术可以广泛地应用在城市规划的各个方面,并带来切实且可观的利益;采用虚拟现实系统展现城市的规划方案,利用VR系统的沉浸感和互动性,不但能够给用户带来强烈、逼真的感官冲击,获得身临其境的体验,还可以通过数据接口随时获取项目的数据资料,方便大型复杂工程项目的规划、设计、投标、报批、管理,有利于设计与管理人员对各种规划设计方案进行修正、补充设计以及对多方案评审,规避设计风险。虚拟现实所建立的虚拟环境是由基于真实数据建立的数字模型组合而成的,严格遵循工程项目设计的标准,要求建立逼真的三维场景,对规划项目进行真实的"再现"。用户在三维场景中任意漫游,进行人机交互,这样很多不易察觉的设计缺陷能够轻易地被发现,减少由于事先规划不周全而造成的无可挽回的损失与遗憾,大大提高了项目评估质量,加快设计速度。运用虚拟现实系统,人们可以轻松随意地变更修改,如改变建筑高度,改变建筑外立面的材质、颜色,改变绿化密度,全过程只要修改系统中的参数即可,从而大大加快了设计的速度,提高了效率和质量,节省了资金,并提供了有效的合作平台。

虚拟现实技术能够使政府规划部门、项目开发商、工程人员及公众从任意角度实时、互动、真实地看到规划效果,更好地掌握城市的形态并理解规划师的设计意图。有效的合作是保证城市规划最终成功的前提,虚拟现实技术为这种合作提供了理想的桥梁,这是传统手段如平面图、效果图、沙盘乃至动画等所不能达到的。在项目方案设计过程中,虚拟现实系统可以将现有的方案导出为视频文件,制作多媒体资料,进行一定程度的公示,让公众真正地参与到项目中来。当项目方案最终确定后,还可以通过视频输出制作多媒体宣传片,进一步改善项目的宣传展示效果,如图1.3-2所示。

图 1.3-2 虚拟城市规划

1.3.5 文化、艺术、娱乐领域

虚拟现实是一种以最逼真的效果传播艺术家思想的新媒介,其沉浸与交互功能可以将静态的艺术转变为观察者可以探索的动态艺术,在文化艺术领域中扮演着重要角色。虚拟博物馆、虚拟文化遗产、虚拟画廊、虚拟演员和虚拟电影等都是当前的虚拟现实成果。虚拟现实在文化艺术领域的应用主要包括名胜古迹、虚拟游戏以及影视3个方面。

1. 名胜古迹

名胜古迹在保护、修缮、对外教育、开放旅游及文化延续方面具有较大技术难度和要求。因为名胜古迹具有稀缺性,同时又有非常强的文化历史教育意义,既要保护它的完整性,又要对外展示宣传。而采用虚拟现实技术就可以解决这一现实难题。通过虚拟的古迹模型展现名胜古迹的景观,不仅形象逼真,还可以结合网络技术,将艺术创作、文物展示和保护提高到一个崭新的高度,使得那些由于身体条件限制的人不必长途跋涉就可以在家中舒适地选择任意路径遨游各个景点,其乐无穷。例如,人们可以通过网络浏览虚拟的故宫、长城及其他著名的名胜古迹,极大地增强爱国精神,加深对历史文化的了解。

2010 年在上海举行的世博会的亮点之一就是网上世博会。它运用三维虚拟现实、多媒体等技术设计世博会的虚拟平台,将上海世博会园区以及园区内的展馆空间数字化,用三维方式再现到因特网上,全球网民足不出户就可以获得前所未有的 360°空间游历和 3D 互动体验。这不仅向全球亿万观众展示各国的生活与文化,也展现了上海世博会的创新理念。例如,网上世博中的法国馆将"感性城市"的主题在虚拟空间中展现无余,参观者只需单击鼠标就能在虚拟展馆中 360°漫游参观。沿着华丽的法国馆走廊行进,既可以欣赏奥赛博物馆的经典名画和馆中美丽的法式园林,还能享受到不可思议的 3D 互动体验,甚至"走近"高更的《餐点》等名家画作,穿梭其中并聆听作品介绍。由此,上海世博会也被称为"永不落幕"的世博会。

2. 影视

三维立体电影对人的视觉产生了巨大冲击,是电影界划时代的进步。在 2010 年年初上映的电影《阿凡达》,场景气势恢弘,波澜壮阔,展现了一个原始生态星球上的美妙仙境,到处是绿树、鲜花,流水潺潺,欣赏之后使人久久难以忘怀。它充分展现了美国大片创新使用的虚拟现实技术,不仅完美地表现了自然界的生态美,还将电影艺术再一次从平面推向了立体,整个拍摄过程使用新一代 3D 摄影机,拍出了立体感。图 1.3-3 展示了《阿凡达》的场景。

图 1.3-3　《阿凡达》场景

三维立体电影是虚拟现实技术的应用之一,是结合虚拟现实技术拍摄的电影。拍摄前期,立体摄影师结合故事情节创作一个"深度脚本"。深度脚本是立体电影创作意图的展示手段,是拍摄的依据,它决定了每个场景的立体景深,对于制作舒适、清晰的立体画面、镜头和帧序列起到了很重要的作用。拍摄时,通常使用拍摄立体图像的 3D 摄像机和用于虚实结合的虚拟摄像机,不仅实现了动作和表情实时捕捉,为场景增加整体动感,而且降低了拍摄成本。其拍摄普遍采用偏光眼镜法,以人眼观察景物的方法为基础,利用两台并列安装的电影摄影机,分别代表人的左、右眼,同步拍摄出两条略带水平视差的电影画面。放映时,将两条电影影片分别装入左、右电影放映机,并在放映镜头前分别装置两个偏振轴互成 90°的偏振镜。两台放映机须同步运转,同时将画面投放在金属银幕上,形成双影图像。当观众戴上特制的偏光眼镜时,左眼只能看到左像,右眼只能看到右像。通过双眼会聚功能将左、右像叠合在视网膜上,由大脑神经产生三维立体的视觉效果。一幅幅连贯的立体画面呈现出来,使观众感到景物扑面而来,产生强烈的"身临其境"之感。虚拟现实在三维立体电影中的应用主要是制造栩栩如生的人物、引人入胜的宏大场景以及添加各种撼人心魄的特技效果。

3. 虚拟游戏

三维游戏既是虚拟现实技术最先应用的领域，也是重要的发展方向之一，为虚拟现实技术的快速发展起到了巨大的需求牵引作用。计算机游戏从最初的文字 MUD 游戏，到二维游戏、三维游戏，再到网络三维游戏，在保持实时性和交互性的同时，逼真度和沉浸感正在一步步地提高和加强。所以，虚拟现实技术已经成为三维游戏工作者的崇高追求。例如，当前极为火爆的网络三维游戏《魔兽世界》是著名的游戏公司暴雪娱乐(Blizzard Entertainment)制作的一款大型多人在线角色扮演游戏(MMORPG)。它具有上百个场景、豪华的大场面制作、写实风格的地形地貌。游戏的整个画面精致，玩游戏的同时还可以欣赏到瑰丽的景色，景色会随着时间而变化，玩家可以在不同的时间欣赏到不同的景色。此外，制作人员非常注重细节的雕琢，如牛头人静止不动时会自己瘙痒；路边的怪物狼见到旁边的兔子会奔过去猎食等，完美的设计让游戏者完全沉浸于游戏的乐趣之中。《魔兽世界》除了精致的画面外，也注重丰富的感觉能力与 3D 显示，因此 VR 的硬件设备也成为理想的视频游戏工具。例如，英国开发的称为 Virtuality 的 VR 游戏系统配有 HMD，极大地增强了真实感等。目前，迪士尼、LucasArts 和 General Electric 等大企业都纷纷投入大量资金，力求在未来的计算机游戏项目中获得丰厚的回报。

1.3.6　教育培训

虚拟现实应用于教育是教育技术发展的一个飞跃。它实现了建构主义、情景学习的思想，营造了"自主学习"的环境，由传统的"以教促学"的学习方式向学习者通过自身与信息环境的相互作用来得到知识、技能的新型学习方式的转变。

真实、互动的特点是虚拟现实技术独特的魅力。虚拟现实技术可提供基于教学、教务、校园生活的三维可视化的生动、逼真的学习环境，增强学生的学习动力。

在诸多课程中，实验是最重要的一个环节。利用虚拟现实技术，可以按照课程需要建立不同的虚拟实验室，它无须昂贵的实验设备器材，也无须专门的实验室建筑和实验管理人员，就可以低成本地引导学生参观、模仿，自己进行实验。例如，学习法学专业的学生，可以通过虚拟漫游参观法院的工作环境，模拟开庭过程。过去学习法医学课程，学生学习犯罪现场勘验时，往往不能做到现场实习；而借助虚拟现实技术，就能体验各种逼真的现场环境，针对虚拟受害者的不同情况分析犯罪发生的时间、犯罪分子所用的犯罪工具等，通过亲身感受提高学习效果。

另外，随着网络的发展和远程教学的兴起，虚拟现实技术与网络技术相结合，可提供给远方学生一种更自然的体验方式，包括交互性、动态效果、连续感以及参与探索性等。学生通过远程网络虚拟教学环境可以实现虚拟远程学习体验、虚拟实验，既可以满足不同层次学生的需求，也可以使缺少专业教师以及昂贵实验仪器的偏远地区学生获得好的学习效果。

1.3.7 商务领域

虚拟现实技术采用三维显示技术构建具有逼真效果的虚拟商场，使用户在购物过程中拥有逛实体商场一样的温馨感觉，在这里没有实体商场的喧嚣、众人的拥挤，可以尽情浏览各种商品，如图 1.3-4 所示。

图 1.3-4　虚拟商场

采用虚拟现实技术构建的三维商品模型，具有逼真度高的特点，人们可以全方位地观看商品对象，不仅是商品的外观，还有商品的内部结构。同时还可以通过动画效果表现商品的性能、功能和质量情况。

网上试衣更是一种虚拟现实技术应用的例子。用户只要输入自己的身高、肩宽、胸围、腰围等数据，就可以找到一个身材完全和自己一样的虚拟模特，在网上代替自己试穿新时装。模特的身材可以在网上交互式修改，在挑选到色泽和式样满意的时装之后，不仅可以让虚拟模特一件接着一件地试穿，还可以让虚拟模特前后左右转动身体，行走一段距离，仔细地从多个侧面审视，以选择称心如意的时装。

1.4 虚拟现实的发展

1.4.1 虚拟现实的发展历程

与大多数新技术一样，虚拟现实也不是突然出现的，它是经过社会各界需求以及学术实验室相当长时间的研究后，逐步开发应用并进入公众视野的。同时，虚拟现实技术的发展也与其他技术的成熟密切相关，如三维跟踪定位、图像显示、语音交互及触觉反馈等，而计算机技术的快速进展更成为虚拟现实不断进步的直接动力。

虚拟现实技术的发展历史最早可以追溯到 18 世纪人们有意识地对图画画面逼真程度的探索。1788 年，荷兰画家罗伯特·巴克尔（Robert Barker）画了一幅爱丁堡（Edinburgh）城市的 360°全方位图，并将其挂在一个直径为 60ft（1ft＝0.3048m）的圆形展室中。结果发现与普通图画相比，这种称为全景图的图画给人提供了一种强烈的逼真感。

19世纪初,人们发明了照相技术,1833年又发明了立体显示技术,使得人们借助一个简单的装置就可以看到实际场景的立体图像。1895年,世界上第一台无声电影放映机出现,1923年又出现了有声电影,之后,1932年又出现了彩色电影,1941年出现了电视技术。与电影相比,电视可以使观众看到实时现场情景,因此显得更加生动。同时,电视的出现引出了遥现(Telepresence)概念,即通过摄像机获得人同时在另一个地方的感觉。这些萌芽的概念为后来人们追求更加逼真的环境效果提供了一种非常直接的原动力。

然而,虚拟现实技术的发展进入快车道还是在计算机出现以后,加之其他技术的进展,以及社会市场需求的提高,人们追求逼真、交互等概念效果,于是经历了漫长的技术积累后,虚拟现实技术逐步成长起来,并日益显露出强大的社会效果。总结虚拟现实的发展过程,主要可分为以下3个阶段。

(1) 20世纪50—70年代,虚拟现实技术的探索阶段。

1956年,在全息电影技术的启发下,美国电影摄影师 Morton Heiling 开发了Sensorama。Sensorama 是一个多通道体验的显示系统,用户可以感知到事先录制好的体验,包括景观、声音和气味等,如图1.4-1所示。

1960年,Morton Heiling 研制的 Sensorama 立体电影系统获得了美国专利,此设备与20世纪90年代的 HMD(头盔显示器)非常相似,只能供一个人观看,是具有多种感官刺激的立体显示设备。

1965年,计算机图形学的奠基者美国科学家 Ivan Sutherland 博士在国际信息处理联合会大会上提出了"The Ultimate Display(终极显示)"概念,首次提出了全新的、富有挑战性的图形显示技术,即不通过计算机屏幕这个窗口来观看计算机生成的虚拟世界,而是使观察者直接沉浸在计算机生成的虚拟世界中,就像生活在客观世界中。随着观察者随意转动头部与身体,其所看到的场景就会随之发生变化,也可以用手、脚等部位,以自然的方式与虚拟世界进行交互,虚拟世界会产生相应的反应,使观察者有一种身临其境的感觉。

1968年,Ivan Sutherland 使用两个可以戴在眼睛上的阴极射线管研制出了第一个头盔式显示器,如图1.4-2所示。

图1.4-1 Sensorama 系统

图1.4-2 头盔式显示器

20 世纪 70 年代,Ivan Sutherland 在原来的基础上把模拟力量和触觉的力反馈装置加入到系统中,研制出一个功能较齐全的头盔式显示器系统。该显示器使用类似电视机显像管的微型阴极射线管(CRT)和光学器件,为每只眼睛显示独立的图像,并提供与机械或超声波跟踪器的接口。

1976 年,Myron Kruger 完成了 Videoplace 原型,它使用摄像机和其他输入设备,创建了一个由参与者动作控制的虚拟世界。

(2) 20 世纪 80 年代初期至中期,虚拟现实技术系统化,从实验室走向实用阶段。

20 世纪 80 年代,美国的 VPL 公司创始人 Jaron Lanier 正式提出了 Virtual Reality 一词。当时研究此项技术的目的是提供一种比传统计算机模拟更好的方法。

1984 年,美国宇航局(NASA)研究中心虚拟行星探测实验室开发了用于火星探测的虚拟世界视觉显示器,将火星探测器发回的数据输入计算机,为地面研究人员构造火星表面的三维虚拟世界。

(3) 20 世纪 80 年代末期至今,虚拟现实技术高速发展的阶段。

1996 年 10 月 31 日,世界上第一个虚拟现实技术博览会在伦敦开幕。全世界的人们可以通过因特网参观这个没有场地,没有工作人员,没有真实展品的虚拟博览会。

1996 年 12 月,世界上第一个虚拟现实环球网在英国投入运行。这样,因特网用户便可以在一个由立体虚拟现实世界组成的网络中遨游,身临其境般地欣赏各地风光、参观博览会和在大学课堂听讲座等。目前,迅速发展的计算机硬件技术与不断改进的计算机软件系统极大地推动了虚拟现实技术的发展,使基于大型数据集合的声音和图像的实时动画制作成为可能。人机交互系统的设计不断创新,很多新颖、实用的输入输出设备不断出现在市场上,为虚拟现实系统的发展打下良好的基础。

1.4.2　虚拟现实技术的发展趋势

虚拟现实技术是高度集成的技术,涵盖计算机软硬件、传感器技术、立体显示技术等。虚拟现实技术的研究内容大体上可分为 VR 技术本身的研究和 VR 技术应用的研究两大类。根据虚拟现实所倾向的特征不同,目前虚拟现实系统主要划分为 4 个层次,即桌面式、增强式、沉浸式和网络分布式虚拟现实。VR 技术的实质是构建一种人能够与之进行自由交互的"世界",在这个"世界"中,参与者可以实时地探索或移动其中的对象。沉浸式虚拟现实是最理想的追求目标,实现方式主要是戴上特制的头盔显示器、数据手套以及身体部位跟踪器,通过听觉、触觉和视觉在虚拟场景中进行体验。桌面式虚拟现实系统被称为"窗口仿真",尽管有一定的局限性,但由于成本低廉而仍然得到了广泛应用。增强式虚拟现实系统主要用来为一群戴上立体眼镜的人观察虚拟环境,性能介于以上两者之间,也成为开发的热点之一。总体上看,纵观多年来的发展历程,VR 技术的未来研究仍将遵循"低成本、高性能"这一原则,从软件、硬件上展开,并将在以下主要方向发展。

1. 动态环境建模技术

虚拟环境的建立是 VR 技术的核心内容,动态环境建模技术的目的是获取实际环境的三维数据,并根据需要建立相应的虚拟环境模型。

2. 实时三维图形生成和显示技术

三维图形的生成技术已比较成熟,而关键是如何"实时生成",在不降低图形质量和复杂程度的前提下提高刷新频率将是今后重要的研究内容。此外,VR 还依赖于立体显示和传感器技术的发展,现有的虚拟设备还不能满足系统的需要,有必要开发新的三维图形生成和显示技术。

3. 新型交互设备的研制

虚拟现实使人能够自由地与虚拟世界中的对象进行交互,犹如身临其境,借助的输入输出设备主要有头盔显示器、数据手套、数据衣服、三维位置传感器和三维声音产生器等。因此,新型、便宜、鲁棒性优良的数据手套和数据服装将成为未来研究的重要方向。

4. 智能化语音虚拟现实建模

虚拟现实建模是一个比较繁复的过程,需要大量的时间和精力。如果将 VR 技术与智能技术、语音识别技术结合起来,可以很好地解决这个问题。人们对模型的属性、方法和一般特点的描述通过语音识别技术转化成建模所需的数据,然后利用计算机的图形处理技术和人工智能技术进行设计、导航和评价,将基本模型用对象表示出来,并逻辑地将各种基本模型静态或动态地连接起来,最后形成系统模型。在各种模型形成后进行评价并给出结果,并由人直接通过语言来进行编辑和确认。

5. 网络分布式虚拟现实的应用

网络分布式虚拟现实(Distributed Virtual Reality,DVR)是将分散的虚拟现实系统或仿真器通过网络连接起来,采用协调一致的结构、标准、协议和数据库,形成一个在时间和空间上互相耦合的虚拟合成环境,参与者可自由地进行交互。目前,分布式虚拟交互仿真已成为国际上的研究热点,相继有 DIS、mA 等相关标准。网络分布式 VR 在航天中极具应用价值。例如,国际空间站的参与国分布在世界不同区域,分布式 VR 训练环境不需要在各国重建仿真系统,这样不仅减少了研制费、设备费,也减少了人员出差的费用和异地生活的不适。

1.4.3 国内外虚拟现实技术研究现状

虚拟现实的诸多技术和应用的快速发展,向人们展示了诱人的美好前景,因此世界各国特别是发达国家纷纷投入人力、物力进行了广泛有效的深度研究。从研究架构上看,研究方向主要涉及 3 个领域:通过计算图形方式建立实时的三维视觉效果;建立对虚拟世界的观察界面;使用虚拟现实技术加强诸如科学计算技术等方面的应用。

1. 美国的虚拟现实技术研究现状

美国是虚拟现实技术研究的发源地,虚拟现实技术可以追溯到 20 世纪 40 年代。最初的研究应用主要集中在美国军方对飞行驾驶员与宇航员的模拟训练中。然而,随着冷战后美国军费的削减,这些技术逐步转为民用。目前,美国在该领域的基础研究主要集中在感知、用户界面、后台软件和硬件 4 个方面。

20 世纪 80 年代,美国宇航局(NASA)及美国国防部组织了一系列有关虚拟现实技术的研究,并取得了令人瞩目的成果,如美国宇航局 Ames 实验室致力于"虚拟行星探索"(VPE)的实验计划。现 NASA 已经建立了航空、卫星维护 VR 训练系统,空间站 VR

训练系统，并建立了可供全国使用的 VR 教育系统。北卡罗来纳大学的计算机系是进行 VR 研究最早、最著名的大学。他们主要研究分子建模、航空驾驶、外科手术仿真、建筑仿真等。乔治梅森大学研制出一套在动态虚拟环境中的流体实时仿真系统。波音公司的波音 777 运输机采用全无纸化设计，利用所开发的虚拟现实系统，将虚拟环境叠加于真实环境之上，把虚拟的模板显示在正在加工的工件上，工人根据此模板控制待加工工件尺寸，从而简化加工过程。

图形图像处理技术和传感器技术是以上 VR 项目的主要技术。就目前看，空间的动态性和时间的实时性是这项技术的最主要焦点。

2．VR 技术在欧洲的研究现状

在欧洲，英国在 VR 开发特别是分布并行处理、辅助设备（包括触觉反馈）设计和应用研究方面是领先的。英国 Bristol 公司发现，VR 应用的焦点应集中在整体综合技术上，他们在软件和硬件的某些领域处于领先地位。英国 ARRL 公司关于远地呈现的研究实验主要包括 VR 重构问题，还包括建筑和科学可视化计算等产品。欧洲其他一些较发达的国家，如荷兰、德国、瑞典等国也积极进行了 VR 的研究与应用。瑞典的 DIVE 分布式虚拟交互环境是一个基于 UNIX 的、不同结点上的多个进程可以在同一世界中工作的异质分布式系统。荷兰海牙 TNO 研究所的物理电子实验室（TNO-PEL）开发的训练和模拟系统，通过改进人机界面来改善现有模拟系统，以使用户完全介入模拟环境。德国在 VR 的应用方面取得了出人意料的成果，在改造传统产业方面，一是用于产品设计、降低成本，避免新产品开发的风险；二是产品演示，吸引客户争取定单；三是用于培训，在新生产设备投入使用前用虚拟工厂提高工人的操作水平。2008 年 10 月 27—29 日在法国举行的 ACMSymposium on Virtual Reality Software and Technology 大会整体上促进了虚拟现实技术的深入发展。

3．日本 VR 技术研究现状

日本虚拟现实技术的发展在世界范围内同样具有举足轻重的地位，它在建立大规模 VR 知识库和虚拟现实的游戏方面取得了很大的成就。东京技术学院精密和智能实验室研究了一个用于建立三维模型的人性化界面，称为 SPmAR；NEC 公司开发了一种虚拟现实系统，用代用手来处理 CAD 中的三维形体模型，通过数据手套把对模型的处理结果与操作者的手联系起来；日本国际工业和商业部产品科学研究院开发了一种采用 XY 记录器的受力反馈装置；东京大学高级科学研究中心的研究重点主要集中在远程控制方面，他们最近的研究项目是可以使用户控制远程摄像系统和一个模拟人手的随动机械人手臂的主从系统；东京大学广濑研究室重点研究虚拟现实的可视化问题，他们正在开发一种虚拟全息系统，用于克服当前显示和交互作用技术的局限性；日本奈良尖端技术研究生院大学教授千原国宏领导的研究小组于 2004 年开发出一种嗅觉模拟器，只要把虚拟空间里的水果放到鼻尖上闻，装置就会在鼻尖处放出水果的香味，这是虚拟现实技术在嗅觉研究领域的一项突破。

4．国内 VR 技术研究现状

我国虚拟现实技术的研究和一些发达国家相比还有很大差距，随着计算机图形学、计算机系统工程等技术的高速发展，虚拟现实技术已经得到了足够重视，引起国内各界人士的兴趣和关注，研究与应用 VR、建立虚拟环境、虚拟场景模型以及分布式 VR 系统的开发正朝着深度和广度发展。国家科委国防科工委部已将虚拟现实技术的研究列为重点攻关项目,国内许多研究机构和高校也都在进行虚拟现实的研究和应用,并取得了一些不错的研究成果。北京航空航天大学计算机系也是国内最早进行 VR 研究、最有权威的单位之一,其虚拟实现与可视化新技术研究室集成了分布式虚拟环境,可以提供实时三维动态数据库、虚拟现实演示环境、用于飞行员训练的虚拟现实系统、虚拟现实应用系统的开发平台等,并在以下方面取得进展:着重研究了虚拟环境中物体物理特性的表示与处理;在虚拟现实中的视觉接口方面开发出部分硬件,并提出有关算法及实现方法。清华大学国家光盘工程研究中心制作的"布达拉宫"采用了 Quick Time 技术,实现大全景 VR 制作;浙江大学 CAD&CG 国家重点实验室开发出了一套桌面型虚拟建筑环境实时漫游系统,采用了层面叠加绘制技术和预消隐技术,实现了立体视觉,同时还提供了方便的交互工具,使整个系统的实时性和画面的真实感都达到了较高的水平。另外,他们还研制出了虚拟环境中一种新的快速漫游算法和一种递进网格的快速生成算法。

哈尔滨工业大学已经成功研究出人的高级行为中特定人脸图像合成、表情合成和唇动合成等成果,并正在研究人说话时的头势和手势动作、话音和语调的同步等。

清华大学计算机科学和技术系在虚拟现实和临场感方面进行了研究,如球面屏幕显示和图像随动、克服立体图闪烁的措施和深度感实验等方面都具有不少独特的方法。他们还针对室内环境水平特征丰富的特点,提出借助图像变换,使立体视觉图像中对应水平特征呈现形状一致性,以利于实现特征匹配,并获取物体三维结构的新颖算法。

西安交通大学信息工程研究所对虚拟现实中的关键技术之一——立体显示技术进行了研究,他们在借鉴人类视觉特性的基础上提出了一种基于 JPEG 标准压缩编码的新方案,并获得了较高的压缩比、信噪比以及解压速度,实验结果证明了这种方案的优越性。

中国科技开发院威海分院主要研究虚拟现实中的视觉接口技术,完成了虚拟现实中的体视图像对算法回显及软件接口。他们在硬件开发上已经制成了 LCD 红外立体眼镜,并且已经实现了商品化。

北方工业大学 CAD 研究中心是我国最早开展计算机动画研究的单位之一,中国第一部完全用计算机动画技术制作的科教片《相似》就出自该中心。

上述内容表明,我国高校和研究机构同样瞄准世界前沿领域,奋发图强、勇为人先、敢于创新的精神值得所有中华民众尊重。

1.5　虚拟现实的 Web3D 技术

1.5.1　Web3D 技术简介

虚拟现实技术与计算机网络技术的结合,产生了新的网络三维技术。而网络三维技术的出现最早可追溯到 VRML。虚拟现实建模语言(Virtual Reality Modeling Language,VRML)始于 20 世纪 90 年代初期。

1994 年 3 月,第一届 WWW 大会在日内瓦召开,首次正式提出了 VRML 这个名字。

1994年10月，第二届WWW大会在芝加哥召开，会上公布了规范的VRML 1.0草案。

1996年8月，新奥尔良召开的优秀3D图形技术会议——Siggraph'96上公布通过了规范的VRML 2.0第一版。它在VRML 1.0的基础上进行了很大的补充和完善。它是以SGI公司的动态境界Moving Worlds提案为基础的。

1997年12月，VRML作为国际标准正式发布，1998年1月正式获得国际标准化组织ISO批准，简称VRML 97。VRML 97只是在VRML 2.0的基础上进行了少量的修正。

VRML规范支持纹理映射、全景背景、雾、视频、音频、对象运动和碰撞检测——一切用于建立虚拟世界所具有的东西。但是VRML并没有得到预期的推广运用，主要原因是由于当时网络传输速度的制约。

1998年，VRML组织更名为Web3D组织，同时制定了一个新的标准——Extensible 3D(X3D)，到2000年春天，Web3D组织完成了VRML到X3D的转换。X3D整合正在发展的XML、Java、流技术等先进技术，包括更强大、更高效的3D计算能力、渲染质量和传输速度。

与此同时，一场Web3D格式的竞争正在进行着。Adobe Atmosphere创建网络虚拟三维环境的专业开发解决方案，还有Macromedia Director 8.5、Shockwave Studio等多种软件的推出，呈现了百花齐放的现象，但问题也随之而至。首先是没有统一的标准，每种方案都使用不同的格式和方法。Flash能够在今天大行其道，因为它是唯一的，Java在各平台得到运用，也因为它是唯一的。因为没有标准，3D在Web上的实现过程还将继续下去。另外，插件的问题也是一个困扰，几乎每个厂商开发的标准都需要自己插件的支持，这些插件从几百千字节到几兆字节不等，在带宽不理想的条件下必然会限制一部分人的使用热情。

1.5.2 Web3D 的核心技术及其特征

目前，走向实用化阶段的Web3D的核心技术有基于VRML、Java、XML、动画脚本以及流式传输技术，为网络教学资源和有效的学习环境设计和开发、组织不同形式的网络教学活动提供了更为灵活的选择空间。由于技术内核不同，实现技术也就有不同的原理、技术特征和应用特点，具体见表1.5-1。

表 1.5-1 Web3D 的核心技术及特征对比

Web3D 的核心技术	实现原理	技术特征	应用特点
基于 VRML 技术	服务器端提供的是VRML文件和支持资源，浏览器通过插件将描述性的文本解析为对应的类属，并在显示器上呈现出来	通过编程、三维建模工具和VRML可视化软件实现；在虚拟三维场景展示时，文件数据量很大	高版本浏览器预装插件；文件传输慢，下载时间长；呈现的图像质量不高；与其他多技术集成能力及兼容性弱。适合三维对象和场景展示

Web3D的 核心技术	实 现 原 理	技 术 特 征	应 用 特 点
基于XML技术	将用户自定义的三维数据集成到XML文档中，通过浏览器解析后实时展现给用户	通过三维建模工具和可视化软件实现；在三维对象和三维场景展示时，文件数据量小	需要安装插件；文件传输快，可被快速下载；呈现的图像质量较好；与其他多技术集成能力强，兼容性好。适合三维对象和场景展示
基于Java技术	通过浏览器执行程序，直接将三维模型渲染后实时展现三维实体	通过编程和三维建模工具来实现；在三维对象和三维场景展示时，文件数据量小	不需要安装插件；文件传输快，可被快速下载；呈现的图像质量非常高；兼容性好。适合三维对象和场景展示
基于动画脚本语言	在网络动画中加入脚本描述，脚本通过控制各幅图像来实现三维对象	通过脚本语言编程来实现；在三维对象和三维场景展示时，文件数据量较小	需要插件；文件传输快，可被快速下载；呈现的图像质量随压缩率可调；兼容性好。适合三维对象和场景展示
基于流式传输技术	直接将交互的虚拟场景嵌入到视频中去	通过实景照片和场景集成（缝合）软件来实现；在场景模拟时，文件数据量较小	需要下载插件；用户可快速浏览文件；三维场景的质量高；兼容性好。实现360°全景虚拟环境

1.5.3　Web3D的实现技术

1. 基于编程的实现技术

开发Web3D最直接的方法是通过编程实现，编程语言主要有虚拟现实建模语言（VRML）、网络编程语言Java和Java3D，并且需要基层软件或者驱动库的支持，如ActiveX、COM和DCOM等。目前应用最为广泛的是VRML和Java3D。

VRML就是采用其提供的节点、字段和事件来直接编程，但工作量大，开发效率低，直接表现很复杂的场景很困难，必须借助其他可视化编程工具，才能实现对复杂场景的构建。另外，VRML所提供的API远不能满足应用程序开发的要求，且复杂、不易使用。

Java3D是在OpenGL、DirectX等三维图形标准的基础上发展起来的，它的编程模型是基于图像场景的，这就消除了以前的API强加给编程人员的繁琐细节，允许编程人员更多地考虑场景及其组织，而非底层渲染代码。因此，Java3D为Web3D提供了很好的功能支持。

基于编程的Web3D实现技术有编程工作量大且较难掌握的共同缺点，特别是对于不熟悉计算机编程的学科老师，通过编程将Web3D技术引入教学中较难。

2. 基于开发工具的实现技术

为了提高Web3D技术的实用性，近年来，一些公司开发了专门针对Web3D对象建构的可视化开发工具，如Cult3D、Viewpoint、Pulse3D、Shout3D和Blaxunn3D等，从而为不熟悉编程的人员开发 Web3D 对象提供了方便的实现途径。这些专门的开发工具,尽管用法和功能各异,但开发过程一般都包括以下内容。

(1) 建立或编辑三维场景模型。

(2) 增强图形质量。

(3) 设置场景中的交互。

(4) 优化场景模型文件。

(5) 加密等。

其中三维建模是 Web3D 图形制作的关键,许多软件厂商都把 3ds Max 作为三维建模的工具。对于特别复杂的场景,也可以采用照片建模技术来建立三维网格模型。近年推出的商品化软件有 Canoma、Photo3D、ImageModeler 等。

通过开发工具实现 Web3D 的开发,其流程简单并容易掌握。

3. 基于多媒体工具软件的实现技术

利用 Flash、TVR 等多媒体工具软件,不通过编程就能很方便地进行 Web3D 的开发。

在交互式矢量动画软件 Flash 中,对导入的序列图像或已拼接的 360°全景图像,通过 ActionScript 设置交互而形成的 3D 对象或全景虚拟环境,能实现 360°视角可见的图像控制。由于该技术具有矢量性,所以,具有画面清晰度不因缩放而降低、文件小等优点。另外,由于采用 Micromedia 的 Shockwave 技术,从服务器端向浏览器端传输的只是一些绘图指令,所以能够实现在低带宽上的高质量浏览,但需要安装 ShockwaveFlash 的 Plugin 才可观看。

Apple 公司的 QTVR(QuickTime)AuthorStudio 是基于图像缝合技术实现全景图像空间构建,再将全景图像制作成 QTVR 文件,实现网上浏览。QTVR 在真实感、速度和文件大小等方面非常吸引用户。Apple 公司近年推出的基于 Windows 操作系统的开发工具 VR ToolBox,使开发用于网络教学的 QTVR 更为便捷和高效。

4. 基于 Web 开发平台的 SDK 的实现技术

通过 Web 的 SDK 实现 Web3D 的技术近来受到关注,其中 WildTangent 和 EON 技术成熟,应用广泛。

WildTangent 将 Java 和 Javascript 与 DirectX 进行封装,提供了简化而且强大的程序开发环境。用户只要使用 WildTangent 网络驱动配合脚本语言或者所选择的程序语言,就能创造出动态、炫目的 3D 效果(可以包含二维平面图形、声音及三维模型)。而且,WildTangent 网络驱动通过下载的控件能够实现与 IE 和 Netscape 浏览器兼容。由于 Wildtangent 技术具有很强的交互性,使得 WildTangent 的应用范围非常广泛,但要用 WildTangent 创造出交互效果,用户必须具备一定的脚本语言基础。

EON Studio 是一套多用途的 3D/VR 内容整合制作套件,开发者不需撰写复杂的程序,就能轻松、快速地建构互动虚拟内容。具有功能强、易学易用、表现逼真、安全性好、制作的档案很小等特点。

5. 几种常用 Web3D 技术介绍

1) Java3D 和 GL4Java(OpenGL For Java)

Java3D 可用在三维动画、三维游戏、机械 CAD 等领域。

它的功能特点如下。

（1）可以直接用来编写三维形体，但和 VRML 不同，Java3D 没有基本形体，但是可以利用 Java3D 所带的 Utility3D 生成一些基本形体，如立方体、球、圆锥等，或者直接调用一些软件，如 Alias、Lightwave、3ds Max Rhino 等生成的形体，或者调用 VRML 2.0 生成的形体。

（2）与 VRML 一样，使形体带有颜色、贴图。

（3）可以产生形体的运动、变化，动态地改变观测点的位置及视角。

（4）可以具有交互作用，如单击形体时会使程序发出一个信号，从而产生一定的变化。

（5）可以充分利用 Java 语言的强大功能，编写出复杂的三维应用程序。

（6）Java3D 具有 VRML 所没有的形体碰撞检查功能。

（7）作为一个高级的三维图形编程 API，Java3D 给人们带来了极大的方便，它包含了 VRML 2.0 所提供的所有功能。

2）Fluid3D

由于 Fluid3D 并不是一个 Web 编写工具，它主要着眼于强化 3D 制作平台的性能。直到最近才公之于世的 Fluid3D 插件填补了市场的一个空白，尽管到目前为止它的应用范围还相当有限。它的主要功能是可以用来传输高度压缩的 3D 图像，而这种图像的下载通常是耗时的。它的运用有助于使 Web 的 3D 技术更实用，使之对桌面用户而言更有帮助。

3）Superscape（VRT）

Superscape VRT 是 Superscape 公司基于 Direct3D 开发的一个虚拟现实环境编程平台。它最重要的特点是引入了面向对象技术，结合当前流行的可视化编程界面，另外，它还具有很好的可扩展性。用户通过 VRT 可以创建真正的交互式 3D 世界，并通过浏览器在本地或 Internet 上浏览。

4）Vecta3D

它是 3ds Max 的一款插件，可生成输出 Flash 的文件与 Adobe 公司的 Illustrator 的 AI 文件。

5）Cult3D

位于瑞典的 Cycore 原是一家为 Adobe After Effect 和其他视频编辑软件开发效果插件的公司。为了开发一个运用于电子商务的软件，Cycore 动用了 50 多名工程师来开发他的流式三维技术。现在，Cycore 的 Cult3D 技术在电子商务领域已经得到了广泛的推广和运用。

Cult3D 的内核是基于 Java，它可以嵌入 Java 类，利用 Java 来增强交互和扩展，开发效率比较高。

6）Viewpoint（Metastream）

Viewpoint Experience Technology（VET），前身是由 Intel 公司和 Metacreation 开发的 Metastream 技术。它生成的文件格式非常小，三维多边形网格结构具有 Scaleable（可伸缩）和 Steaming（流传输）特性，使得它非常适合在网络上传输。

VET（即 mts 3.0）继承了 Metastream 的以上特点，并实现了许多新的功能和突破。

曾几何时,Viewpoint 被 PC-Magzine 评为"Top100 计算机产品",可谓风光一时。在结构上它分为两部分,一部分是储存三维数据和贴图数据的 mts 文件,另一部分是对场景参数和交互进行描述的基于 XML 的 mtx 文件。它具有一个纯软件的高质量实时渲染引擎,渲染效果接近真实而不需要任何硬件加速设备。VET 可以和用户发生交互操作,通过鼠标或浏览器事件引发一段动画或一个状态的改变,从而动态地演示一个交互过程。VET 除了展示三维对象外,还像一个能容纳各种技术的包容器。可以把全景图像作为场景的背景,把 Flash 动画作为贴图使用。

Viewpoint 的主要应用市场是作为物品展示的产品宣传和电子商务领域。许多著名的公司与电子商务网站使用了此技术作为产品展示。虽然不如 Cult3D 那样普及,但凭借其强大的功能,还是赢得了不少用户的青睐。

7)Shockwave3D

Macromedia 公司的 Shockwave 技术为网络带来了互动的多媒体世界。Shockwave 在全球拥有过亿的用户。早在 2000 年 8 月的 Siggraph 大会上,Intel 和 Macromedia 就联合声称将把 Intel 的网上三维图形技术带给 Macromedia Shockwave 播放器。现在拥有强大功能的 Macromedia Director Shockwave Studio 8.5 已经推出,其中最重大的改变就是加入了 Shockwave3D 引擎。

其实在此之前已经有 Director 的插件生产商为之开发过 3D 插件,如 3D Groove,主要是用于开发网上三维游戏,其作品也在 www.shockwave.com 出现,智能和交互性已经具有很高的水准。3D Dreams 也提供了完整的三维场景建造和控制功能,但在速度上感觉较吃力。

Director 为 Shockwave 3D 加入了几百条控制 lingo,结合 Director 本身功能,无疑在交互能力上 Shockwave 3D 具有强大的优势。鉴于 Intel 和 Macromedia 在业界的地位,Shockwave 3D 自然得到了众多软硬件厂商的支持。从画面生成质量上看,Shockwave 3D 还无法和 Viewpoint、Cult 3D 相抗衡,因此对于需要高质量画面生成的产品展示领域,它不具备该优势。而对于需要复杂交互性控制能力的娱乐游戏教育领域,Shockwave 3D 则能够有所作为。

8)Blaxxun3D 和 Shout3D

Blaxxun3D 和 Shout3D 都是基于 Java Applet 的渲染引擎,它渲染特定的 VRML 节点而不需要安装插件,它们都遵循 VRML、X3D 规范。

(1) Shout3D 支持的特征。

使用插件可直接从 3ds Max 中输出 3D 内容和动画。

支持直接光、凹凸、环境、Alpha、高光贴图模式以及它们之间的结合。

支持光滑组和多重次物体贴图。

使用 6 张图像作为全景背景。

骨骼变形,支持 Character Studio。

支持多个目标对象之间的变形动画。

(2) Blaxxun3D 是 Brilliant Digital 娱乐公司的产品。Brilliant 公司于 Siggraph 2000 大会上发布了他们给 3D Studio Max 提供的 B3D 技术。

Brilliant 的程序员开发了一个数据压缩和发布技术,使得在窄带下也能够实现 3D

数据流的传输。它引入了以对象为基础的数据库将数据流和所存储的数据连接起来。然后角色按情节指令进行动画制作。艺术家和动画师可以直接从 3D Studio Max 中输出动画到 B3D 授权环境下,在那里文件被压缩并可用 Brilliant 的数字播放技术发布到 Web 上。

B3D 的独特之处是可制作具有宽频效果的立体动画,并透过互联网传送至窄频用户。这些档案占用空间小、下载时间短及全屏幕显示互联网立体动画内容。凭着这项崭新的立体动画技术,客户可将既具互动性又富创意的内容传送给目标观众。Brilliant Digital 播放器提供对实时灯光及实时阴影的直接控制,并且不依赖点的颜色来模拟这些效果。这一切都给动画师提供了将同样的角色放置于不同场景、不同灯光条件下的非常大的灵活性。

思 考 题

1. 虚拟现实有哪些特征?可分为哪些类型?
2. 举例说明虚拟现实在教育、文化传媒方面的应用。
3. 举例说明自然交互比现在的人机交互的优势有哪些。
4. 简要说明虚拟现实的发展趋势。
5. 增强虚拟现实系统与虚拟现实系统的不同在什么地方?

第2章　虚拟现实系统的人机交互设备

　　虚拟现实系统的硬件构成有虚拟现实的环境生成设备、感知设备、跟踪设备和人机交互设备。

　　环境生成设备是由一台或多台带有图形加速器和多条图形输出流水线的高性能图形计算机所主导的系统;而感知设备则是将虚拟世界的各类感知模型转变为人能接受的多通道刺激信号的设备,但是就目前的技术发展现状而言,相对成熟的感知信息和生产与检测技术仅有视觉、听觉和力觉3种通道;跟踪设备用于跟踪并检测人体的位置和运动方向,使得虚拟现实设备可动态测知人体的信息;人机交互设备辅助人类自然地与虚拟现实系统中的各种对象进行人机交互操作。

　　为了达到虚拟现实系统的价值目标,人们开发了许多环境生成、感知、跟踪和人机交互的特种新设备。由于这些特殊设备投入使用,才使得参与者能够很好地体验到虚拟现实中的沉浸感、交互性和想象力。

　　据统计,人类的感知系统有65%以上的信息通过视觉获得,20%左右通过听觉获得,还有20%是通过触觉、嗅觉、味觉、手势以及面部表情获得,而虚拟现实硬件设备系统就是要实现和满足人们各种获取信息的渠道需求,实现自然交互模式的全覆盖(终极目标)。换句话说,当人们通过某种行为发出信息时,虚拟现实动态感知设备系统能够识别并转换信息数据的表示方式,交给计算机处理后,以某种恰当的方式反馈给参与者,从而完成人机之间的自然交互。

　　具体来看,目前虚拟现实动态交互感知设备主要包括 VR 显示设备和三维立体眼镜、3D 功能的头盔显示器(HMD)、数据手套(Data Glove)、数据衣(Data Suit)、跟踪设备(Track Equipment)、控制球(Sphere Controller)、三维立体声耳机(Three Dimensional Earphone)、三维立体扫描仪和三维立体投影设备等。由于虚拟现实硬件系统集成了高性能的计算机硬件、软件、跟踪器及先进的传感器等部件,因此这些设备复杂且价格昂贵。

2.1　立体显示设备

　　眼睛是人类接收外部信息最直接、最重要的感觉器官,特别是对周围环境的感知。因此,可以说人在虚拟世界中的沉浸感主要依赖于人类的视觉效应,而要产生和模拟现实世界的环境,专业的立体显示设备无疑可以直接增强用户在虚拟环境中视觉沉浸感的逼真程度。

为了构建视觉三维环境,VR硬件系统需要采用立体图像显示设备,作为立体显示设备,目前有固定式、头盔式和手持式3大类。此外,随着科技创新,全息投影技术也快速崭露头角,更是给人耳目一新的感觉。

2.1.1 固定式立体显示设备

固定式立体显示设备通常会被安装在某一位置,具有不可移动性或不必要移动的特点。

1. 台式VR显示设备

台式VR显示设备一般使用标准的计算机监视器,配合双目立体眼镜组成,这种立体显示器+辅助眼镜的组合模式属于一种低成本、单用户、非沉浸式的立体显示形式,一般不适合多用户的协同工作模式。根据监视器的数量多少,台式VR显示设备可以分为单屏式和多屏式两类。工作时,监视器屏幕以两倍于正常扫描的速度刷新频率,计算机交替显示左眼、右眼两幅视图,计算机传送的左眼、右眼两幅视图之间存有轻微偏差,如果用户裸眼观看,会有重影的感觉,而佩戴立体眼镜之后,左右眼只能看到屏幕上显示的对应视图,最终在人眼视觉系统中形成立体图像。此外,还可以使用放置在监视器上的视频摄像机或直接嵌入眼镜中的跟踪设备来跟踪用户的头部,通过图像处理确定其方位,由此改变绘制的场景进行显示。

台式VR显示设备是最简单也是最便宜的VR视觉显示模式,是一种早期的技术,用户只有面向视屏时才能看见三维世界,而周围的真实环境会不断影响用户的观察效果,因此缺乏沉浸感。另外,使用这类VR显示设备时,观看者需要佩戴特制的VR眼镜,如果观看时间过长,容易使眼睛产生疲劳。

2. 投影式VR显示设备

投影式VR显示设备使用的屏幕比台式VR显示设备大得多,一般可以通过并排放置多个显示器创建大型显示墙,或通过多台投影仪以背投的形式投影在环幕上,各屏幕同时显示从某一固定观察点看到的所有视像,由此提供一种全景式的环境。

典型的投影式VR显示设备包括墙式、响应工作台式和洞穴式(Cave)3种。

1) 墙式投影显示设备

要解决更多的人共享虚拟环境的难题,最简单的方法就是扩大屏幕,于是以墙为投影面的墙式投影显示设备应运而生,工作形式上类似于背投式的放映电影模式,可分为单通道立体投影系统和多通道立体投影系统。

(1) 单通道立体投影系统。以一台图形工作站为实时驱动平台,两台叠加的立体专业LCD投影仪作为投影主体。在显示屏上显示一幅高分辨率的立体投影影像。该系统具有低成本、操作简便、占用空间较小,是一种具有极好性价比的小型虚拟三维投影显示系统,其集成的显示系统使得安装、操作使用更加容易和方便,被广泛应用于高等院校和科研院所的虚拟现实实验室中。

(2) 多通道立体投影系统。用巨幅平面投影结构来增强沉浸感,配备了完善的多通道声响及多维感知性交互系统,充分满足虚拟显示技术的视、听、触等多感知应用需求,是理想的设计、协同和展示平台。它可根据场地的空间大小灵活地配置两个、3 个甚至上千个投影通道,无缝地拼接成一幅巨大的投影幅面、极高分辨率的二维或三维立体图像,形成一个更大的虚拟现实仿真系统环境。

在多通道立体投影技术支撑下,目前墙式投影拥有平面、柱面、球面的屏幕形式。其中,平面投影系统一般采用双通道、三通道甚至四通道等形式,柱面投影系统一般采用 120°三通道、180°四通道和 360°九通道等形式,而球幕投影系统则采用半球穹幕形式。图 2.1-1 所示为柱面墙式投影显示设备。

图 2.1-1　柱面墙式投影显示设备

2) 响应工作台式显示设备

响应工作台式显示设备(Rcsponsive Work Bench,RWB)最早是由德国 GMD 国家信息技术研究中心于 1993 年研发成功的。此类工作台一般由投影仪、反射镜和显示屏(一种特制玻璃)组成。投影仪将立体图像投射到反射镜面上,再由反射镜将图像反射到显示屏上。显示屏同时也用作桌面,可以将虚拟对象或各种控制工具(如控制菜单)成像在上面,用户通过佩戴立体眼镜和其他交互设备即可观看和控制立体感很强的虚拟对象,如图 2.1-2 所示。

图 2.1-2　响应工作台式显示设备

从技术特点看,该系统由计算机通过多传感器交互通道向用户提供视觉、听觉、触觉等多模态信息,具有非沉浸式、支持多用户协同工作,用户需要佩戴立体眼镜,站在显示器周围的多个用户可以同时在立体显示屏中看到三维对象悬浮在工作台上面,虚拟景象具有较强的立体感,特别适合于辅助教学、产品演示。

3)洞穴式投影显示设备

洞穴式虚拟现实展示系统,简称 CAVE(Cave Automatic Virtual Environment),最早在美国的伊利诺伊大学芝加哥分校的一项研究课题中提出,其后逐渐发展成沉浸式VR 系统中一种典型的立体显示技术。CAVE 作为一种先进的可视化系统,具有清晰度高、沉浸感强、立体感强的特性。使观看者有完全置身于虚幻环境中的视觉感受。当用户置身于洞穴中时,具有完全置身于虚幻环境中的视觉感受。

从技术上看,CAVE 就是由投影显示屏包围而成的一个立体空间(洞穴),分别有4 面式、5 面式甚至 6 面式 CAVE 系统,如图 2.1-3 所示。用户在洞穴空间中不仅感受到周围环境的影响,还可以获得高仿真的三维立体视听的声音,同时,更可以利用相应的跟踪器和交互设备实现 6 自由度的交互感受。

图 2.1-3 洞穴式投影显示设备

由于 CAVE 投影面几乎覆盖了用户的所有视野,CAVE 能提供给用户一种前所未有的极具震撼效果的、身临其境的沉浸感受,CAVE 也是全球第一款可允许多名用户同时体验虚拟环境的虚拟现实技术。

总体来说,投影式 VR 系统价格较昂贵,安装和维护成本较高,对跟踪器的跟踪范围要求较高,且屏幕的无缝拼接技术也是一个关键问题,并且同样需要佩戴特制眼镜辅助观看。但是它非常适合各种模拟与仿真、游戏等,更主要的还是可以满足科研方面的 VR实现。

3. 三维立体眼镜

三维立体眼镜作为 VR 系统中广泛使用的一种观察设备,主要利用液晶光阀高速切换左右眼的图像原理,分为主动(有源)和被动(无源)两类。可以增加沉浸感,支持逐行和隔行立体显示观察,是目前最为经济适用的 VR 观察设备。

有源立体眼镜的镜框上装有电池及液晶调制器控制的镜片,因立体监视器装有红外线发射器,立体眼镜的控制装置接收到红外线的信号后,液晶调制器调制左右镜片上的液晶的光阀通断状态,即控制左右镜片的透明和不透明状态,轮流高速切换镜片的显示与否,使左右眼睛分别只能看到监视器上显示的左右图像。有源立体眼镜的观看效果好，价格相对高，活动范围有限，如图 2.1-4 所示。

无源立体眼镜是在立体眼镜的左右镜片上，利用两片正交的偏振滤光片，分别只允许一个方向上的偏振光通过，而 VR 监视器前安装有一块与显示屏同样大小的液晶立体调制屏，监视器显示的左右眼图像经过前部的液晶立体调制屏调制后形成左偏振光和右偏振光，再通过无线立体眼镜的左右镜片实现左右眼分别观看，然后在人的大脑中合成立体图像的效果。无源立体眼镜价格非常低，适合大众消费使用，如图 2.1-5 所示。

图 2.1-4　有源立体眼镜　　　　　　　　图 2.1-5　无源立体眼镜

4. 三维显示器

三维显示器指的是直接显示虚拟三维影像的显示设备，用户无需佩戴立体眼镜等装置就可以看到立体影像，因此它又有"裸眼立体显示"或真 3D 技术的名称。实质上，它是建立在人眼立体视觉机制上的新一代自由立体显示设备。它能够出色地利用多通道自动立体显示技术，不需要借助任何助视设备（如 3D 眼镜、头盔等），即可获得具有较完整深度信息的图像。

人类天生的平行双眼观察世界时提供了两幅具有位差的图像，映入双眼后即形成了立体视觉所需的视差，这样经视神经中枢的融合反射以及视觉心理认同，便产生了三维立体感觉。利用这个原理，如果显示器将两幅具有位差的左图像和右图像分别呈现给左眼和右眼，就能获得 3D 的感觉。

为了突破早期的佩戴补色眼镜的传统模式，自由立体显示已经成为现代显示技术的发展方向。从技术研究和实现方法看，三维显示器中具有新技术代表性的分为以下几种。

1）视差照明技术

视差照明技术是美国 DTI（Dimension Technologies Inc.）公司的专利，它是自动立体显示技术中研究最早的一种技术。DTI 公司从 20 世纪 80 年代中期开始进行视差照明立体显示技术的研究，1997 年推出了第一款实用化的立体液晶显示器。从视差照明实现立体显示的实现原理看，它是在透射式的显示屏（如液晶显示屏）后形成离散的、极细的照明亮线，将这些亮线以一定的间距分开，这样人的左眼通过液晶显示屏的偶像素列能看到亮线，而右眼通过显示屏的偶像素列是看不到亮线的，反之亦然。因此，观察者的左眼只能看到显示屏偶像素列显示的图像，而右眼只能看到显示屏的奇像素列显示的图像。于是观察者就能接收到视差立体图像对，产生深度感知。

2）视差屏障（Barrier）技术

该技术也被称为光屏障式 3D 技术或视差障栅技术，其原理和偏振式 3D 较为类似，最早由日本夏普公司的欧洲实验室研究开发，属于一种可在三维/二维模式间转换的自动立体液晶显示器，并于 2002 年底成功推向市场。

从实现原理看，视差屏障技术的实现方法是使用一个开关液晶屏、一个偏振膜和一个高分子液晶层,利用一个液晶层和一层偏振膜制造出一系列旋光方向成 90°的垂直条纹。这些条纹宽几十微米,通过这些条纹的光就形成了垂直的细条栅模式,夏普公司称之为"视差障栅"。在立体显示模式时,视差障栅可控制显示的像素是给左眼看还是给右眼看。如果把液晶开关关掉,显示器就变成一个普通的二维显示器。

3) 微柱透镜投射(Lenticular Lens)技术

菲利普公司研发的立体显示技术,技术上采用了基于传统的微柱透镜方法。从实现原理看,该技术是在液晶显示屏的前面加上一层微柱透镜,使液晶屏的像平面位于透镜的焦平面上。在每个柱透镜下面的图像的像素被分成几个子像素,这样透镜就能以不同的方向投影每个子像素,双眼从不同的角度观看显示屏,就看到不同的子像素。该技术的另一个特点是柱透镜与像素列不是平行的,而是成一定的角度。如此可以使每一组的子像素重复投射视区,而不是只投射一组视差图像。

4) 微数字镜面投射技术

牛津大学和麻省理工学院两校联手研究了三维显示新技术,并取得一些突破性的进展。这种视顺序立体显示器允许观察者在不同的位置观察不同的图像,并能实现运动视差。该视顺序技术使用了时分多用的原理,可以在不牺牲分辨率情况下显示立体效果。但视顺序显示器的光路设计要求是长光路,因此难以实现小型化。

5) 其他技术

还有一些公司投入了较大的精力和资金也进行了三维显示器的研究,如 3M 公司研究的指向光源(Directional Backlight)技术,该 3D 技术搭配两组 LED,配合快速反应的 LCD 面板和驱动方法,让 3D 内容以排序(Sequential)方式进入观看者的左右眼互换影像从而产生视差,进而让人眼感受到三维效果。

美国 Pure Depth 公司于 2009 年 4 月宣布研发出改进后的裸眼三维显示器,采用了多层显示(Multi-Layer Display,MLD)技术,这种技术能够通过一定间隔重叠的两块液晶面板,实现在不使用专用眼镜的情况下观看文字及图像时呈现 3D 影像的效果。

6) 利用全息图像技术实现真正的三维显示

与前述利用人体视差原理制造三维显示器的方式不同,它不是创建多幅平面图像再通过大脑"组装"成立体图像的,而是在真实空间内创造出一个完整的立体影像,观察者甚至可以在其前后左右观看,是真正意义上的立体显示,因此,全息显示器是今后发展的大势所趋。图 2.1-6 所示为 Holocube 公司开发的一款桌面全息显示器。

图 2.1-6 全息显示器

2.1.2　头盔显示器

头盔显示器（Head Mounted Display，HMD）是沉浸式虚拟现实系统中最主要的硬件设备之一。通过头盔设备，用户可以很好地体验到三维视觉场景效果。同时，顾名思义，HMD 通常是固定于用户的头部，随着头部的运动而运动，并装有位置跟踪器，能够实时测出头部的位置和朝向，并输入到计算机中，计算机根据这些数据的反馈控制用两个 LCD 或 CRT 显示，分别向左右眼睛传送虚拟现实中的场景图像。因屏幕上的两幅图像存在视差，类似人类的双眼视差，大脑最终合成这两幅图像后获得三维立体效果。

自从 1968 年 Ivan Sutherland 率先提出了头盔显示器的概念以来，人们已经陆续开发出了一系列通用和专用产品。虽然在形状、大小、结构、显示方式、性能及用途等方面存在很大的不同，但其原理却是类似的，主要由显示屏和特殊的光学透镜这两部分组成，如图 2.1-7 所示。

安装在头盔上的显示屏可以包括阴极射线管（CRT）、液晶显示（LCD）、荧光管、等离子板、液晶开关显示器以及微机械硅显示器等多种器件。现阶段最常用的是 CRT 和 LCD 两种，CRT 具有较高的分辨率，LCD 具有较好的亮度，而微机械硅显示器则将成为今后新型 HMD 显示部件的发展主流。头盔显示器的显示屏距离人眼较近，很容易使眼睛产生疲劳感，因此需要专门的光学镜片，一是提供舒适的焦点，防止和缓解人眼长时间、近距离聚焦产生的疲劳现象；二是放大屏幕图像，使之尽可能地充满人的视野。

图 2.1-7　头盔显示器

此外，VR 系统的实时显示特性要求计算机根据用户头部的运动位置，相应地改变视野中的三维场景。因而，头部位置跟踪定位器也经常被安装在 HMD 上，其性能的好坏将直接影响到实时图像的生成。目前，在头盔中大多使用电磁波或超声波跟踪定位器。

与立体眼镜等显示设备相比，头盔显示器虽然价格昂贵，但却具有较好的沉浸感，而且用户的走动自由。当然，它也存在着诸如约束感较强、LCD 的分辨率偏低及失真较大等问题。

2.1.3　手持式立体显示设备

手持式 VR 立体显示设备通常因屏幕很小，只能展示小型的 3D 视频动画，目前常见的设备有智能手机、平板计算机等。它利用某种跟踪定位器和图像传输技术实现立体图像的显示和交互作用，可以将额外的数据添加到真实世界的视图中，用户可以选择观看这些信息，也可以忽略它们而直接观察真实世界，一般适用于增强式 VR 系统中。

手持式 VR 立体显示设备目前还在处于实验研究阶段，存在着许多实际的技术难题，但其应用价值非常高。据媒体报道，苹果公司日前曝光了它的一项专利技术，该技术是一种为 iPhone 和其他设备设计的"自动立体"显示屏，可实现无需特殊眼镜的裸眼 3D

效果。

据悉,这项专利描述了一种具备第二子像素阵列和镜头结构的像素阵列,可在不同的角度发光。而其中的核心部件是波束控制器,可将光线的发射角度朝向观看者,如图 2.1-8 所示。

图 2.1-8　苹果手机裸眼 3D 效果

想要判断光线的朝向,设备需要使用摄像头和加速度计,这也就意味着该专利主要侧重的是移动设备,尽管苹果今后也可能将其带到 MacBook 当中。

但到目前为止,其他厂商在裸眼 3D 方面的尝试大多都以失败告终,如亚马逊的 Fire Phone 智能手机等。

2.1.4　全息投影显示设备

全息摄像的概念早已有之,然而发展到数字全息投影则是最近的科技成果。全息投影展现的 3D 场景效果不同于 VR 投影墙技术,全息投影所营造的场景 3D 视觉更好,观众可以 360°环绕 3D 场景周围,从各个角度观看,同时,观众即使只用一只眼睛观看,也有很好的 3D 效果。2010 年,日本世嘉公司举办了一场名为“初音未来日的感谢祭”音乐会,首次采用了全息投影技术,演唱会座无虚席,盛况空前。图 2.1-9 为日本举办全息音乐演唱会场景图。

图 2.1-9　日本全息音乐演唱会

无独有偶的是,2014 年,在周杰伦与著名歌唱家邓丽君的同台巡回演唱会上,场上栩栩如生的邓丽君就是通过全息投影营造的。从全息投影的理论上讲，全息图像应该构建在空气中，即采用空气激光投影方式，但在实践中，激光直接投射到空气中无法构建质量稳定的视觉效果，因此大场景的布局都采用了透明度极高的特殊纳米材料薄膜，搭成特定形状后，再将激光投射到薄膜载体上，构建起以假乱真的场景效果，这也导致了目前的真伪全息投影技术之争。

全息投影技术最近几年间有了颠覆性的突破，典型的案例报道如下。

（1）在美国麻省一位叫 Chad Dyne 的 29 岁理工研究生发明了一种空气投影和交互技术，这是显示技术上的一个里程碑，它可以在气流形成的墙上投影出具有交互功能的图像。此技术来源于海市蜃楼的原理，将图像投射在水蒸气上，由于分子震动不均衡，可以形成层次和立体感很强的图像。

（2）日本 Science and Technology 公司发明了一种可以用激光束来投射实体的 3D 影像，这种技术是利用氮气和氧气在空气中散开时，混合成的气体变成灼热的浆状物质，并在空气中形成一个短暂的 3D 图像。这种方法主要是不断在空气中进行小型爆破来实现的。

（3）南加利福尼亚大学创新科技研究院的研究人员目前宣布他们成功研制出一种360°全息显示屏，这种技术是将图像投影在一种高速旋转的镜子上，从而实现三维图像，只不过好像有一定的危险性。

可以说，目前有许多国家正在研制多种多样的全息投影技术，由于该项技术包含了未来 3D 技术的发展方向，谁最先掌握这项技术，谁就可以弯道超车，在未来的竞争中一步跨入 VR 先进技术行列。

2.2　跟踪定位设备

跟踪定位设备是虚拟现实系统中人机交互的重要设备之一，它的主要作用就是及时、准确地获取人的动态位置和方向信息，并将该位置和方向信息发送到虚拟现实中的计算机控制系统中。目前用于跟踪用户的方式有两种：一种方式是跟踪人的头部位置与方向，来确定用户的视点与视线方向。因为视点与视线方向是判定虚拟现实场景显示的关键信息之一；另一种方式则是跟踪用户手的位置与方向，跟踪手的方法一般是通过带有跟踪系统的数据手套进行的，数据手套上装有多个传感器，能够及时地将手指手掌伸屈时的各种姿势信息转换为数字信号传送给计算机，然后被计算机所识别，并发出执行命令。

跟踪定位技术通常使用 6 自由度（6 Degree Of Freedom，6DOF）来表征跟踪对象在三维空间中的位置和朝向。这 6 种不同的运动方向包括沿 x、y、z 坐标轴的平移和沿 x、y、z 轴的旋转。6 自由度坐标系如图 2.2-1 所示。常用的跟踪定位技术主要有电磁波、超声波、机械、光学、惯性和图像提取等几种方法。它们典型的工作方式是由固定发射器发射出信号，该信号将被附在用户头部或身上的机动传感器截获，传感器接收到这些信号后进行解码，并送入计算部件处理，最后确定发射器与接收器之间的相对位置及方位，数据随后传输到时间运行系统，进而传给三维图形环境处理系统。

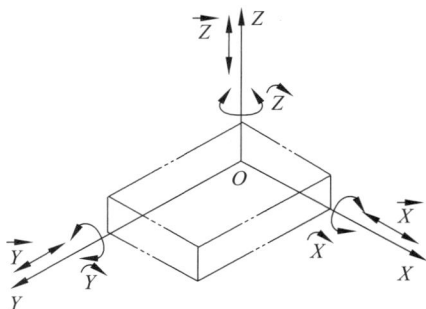

图 2.2-1 6 自由度坐标系

2.2.1 电磁波跟踪器

电磁波跟踪器是一种较常见的空间跟踪定位器,一般由一个控制部件、几个发射器和几个接收器组成。工作时,跟踪器按照发射器发出的电磁波磁场的强度变化量,由多个不同方位的接收器接收信号,并将该信号转换为电信号编码传送到控制部件,通过控制部件计算得到跟踪对象的三维坐标和方向。一般情况下,电磁波跟踪器采用交流电源。图 2.2-2 展示了交流电磁跟踪器的工作原理。

图 2.2-2 交流电磁跟踪器工作原理

电磁波跟踪器最突出的优点是其敏感性不依赖于跟踪方位,基本不受视线阻挡的限制,除了导电体或导磁体外,没有什么能挡住电磁波跟踪器的定位。此外,它还具有体积小、价格便宜、鲁棒性好等特点,因此对于手部的跟踪大都采用此类跟踪器。缺点是延迟较长,跟踪范围小,且容易受环境中大的金属物体或其他磁场的影响,从而导致信号发生畸变、跟踪精度降低。

2.2.2 超声波跟踪器

超声波跟踪器是利用声学原理进行跟踪物体对象的一种常用技术,其工作原理是:由 3 个超声波发射器阵列发出高频超声波脉冲(频率在 20kHz 以上),该声波人耳听不见,不会对人产生影响。同样也有 3 个超声波接收器和发射同步信号的控制器所组成。

接收器计算接收到信号的时间差、相位差或声压差等,即可确定跟踪对象的距离和方位,如图 2.2-3 所示。

图 2.2-3　超声波跟踪器

按照测量方法的不同,超声波跟踪定位技术通常可以分为飞行时间(Time Of Flight,TOF)测量法和相位相干(Phase Coherent,PC)测量法两种。

(1) TOF 系统同时使用多个发射器和接收器,通过测量超声波从发出到反射回来的飞行时间计算出准确的位置和方向。这种方法具有较好的精确度和响应性,但容易受到外界噪声脉冲的干扰,同时数据传输率还会随着监测范围的扩大而降低,因此比较适用于小范围的操作环境。

(2) 相位相干法的工作过程为:在测量相位差的方式中,各个发射器发出高频的超声波,测量到达各个接收点的相位差来得到点与点的距离,再由三角运算得到被测物体的位置,由于相位可以被连续测量,因而这种方法具有较高的数据传输率。同时,多次的滤波还可以保证系统监测的精度、响应性及耐久性等,不易受外界噪声的干扰。

超声波位置跟踪设备的优点是简单、经济、不受电磁干扰,不受邻近物体的影响,缺点是工作范围小。

2.2.3　光学跟踪器

光学式跟踪器使用光学感知来确定对象的实时位置和方向,光学跟踪器的测量与超声波跟踪器设备类似,基于三角测量。基于光学跟踪设备主要包括感光设备(接收器)、光源(发射器)以及用于信号处理的控制器。感光设备有多种形式,如光敏二极管、普通摄像机等。光源可以是环境光、结构光(如激光扫描)或脉冲光(如激光雷达)。为了防止可见光的干扰,通常采用红外线、激光作为光源。由于光的传播速度很快,因此光学式跟踪设备最显著的优点就是速度快。具有很高的更新率和较低的延迟。比较适合实时性要求高的场合,缺点是光源与接收器之间不能有任何阻挡。

光学跟踪器使用的系统主要有 3 种技术,分别是标志系统、模式识别系统和激光测距系统。

(1) 标志系统分为"由外向内"和"由内向外"两种方式。在"由外向内"方式中,通常是利用固定的传感器(如多台照相机或摄像机),对移动的发射器(如放置在被监测物体表面的红外线发光二极管)的位置进行追踪,并通过观察多个目标来计算它的方位。"由内向外"方式则与之恰恰相反,发射器是固定的,而传感器是可移动的,在跟踪多个目标时具有比前者更优秀的性能。

(2) 模式识别系统实际上是把发光器件(如发光二极管 LED)按某一阵列(即样本模式)排列,并将其固定在被跟踪对象身上,由摄像机记录运动阵列模式的变化,通过与已知的样本模式进行比较从而确定物体的位置。

(3) 激光测距系统是将激光通过衍射光栅发射到被测对象,然后接收经物体表面反射的二维衍射图的传感器记录。由于衍射圈带有一定畸变,根据这一畸变与距离的关系即可测量出距离。

2.2.4 其他类型跟踪器

1. 机械跟踪器

机械式跟踪器是一种比较早期的跟踪方式,由连杆装置组成。其工作原理是通过机械连杆上多个带有精密传感器的关节与被测物体相接触的方法来检测其位置的变化,对于一个 6 自由度的跟踪设备,机械连杆必须有 6 个独立的连接部件,分别对应 6 个自由度,可将任何一种复杂的运动用几个简单的平动和转动组合表示,如图 2.2-4 所示。

图 2.2-4 机械式跟踪设备的装置

通常情况下,机械跟踪器设备分为两类。一类是"安装在身上"的机械式位置跟踪器设备,因为它戴在人的身体上面,所以必须要求轻便、可移动。如果人体运动,就要求使用其他方法跟踪身体运动。

另一类为"安在地面上"的机械式位置跟踪设备。大自由度末端跟踪的机械部分,包括驱动器等安装在地面上。操作者牢固地抓住手操作器,或者头盔牢固地缚在头上就可以完成测量。

此类跟踪器的精度高、响应时间短,不受声、光、电磁场等干扰,价格便宜,且能够与力反馈装置组合在一起,但比较笨重,不灵活,活动范围十分有限,对用户有一定的机械束缚。

2. 惯性跟踪器

惯性跟踪器实际上也是采用了机械方法,该设备通过盲推(Deadreckoning)得出被跟踪物体的位置,也就是说,完全通过运动系统内部的推算,不涉及外部环境就可以得到位置信息。

目前,惯性位置跟踪设备由定向陀螺和加速计组成。定向陀螺是用来测量角速度的,将 3 个这样的陀螺仪安装在互相正交的轴上,可以测量出偏航角、俯仰角和滚动角速度,随时间的综合可以得到 3 个正交轴的方位角。加速计是用来测量 3 个方向上平移速度的变化,即 X、Y、Z 方向的加速度,它是通过弹性器件形变来实现的,加速计的输出需要积分两次,得到位置。角速度值需要积分一次,得到方位角。

惯性跟踪设备的优点是不存在发射源,不怕中间物体的阻挡,没有外界的干扰,有无限大的工作区间,缺点是快速累积误差,由于积分的缘故,陀螺仪的偏差会导致跟踪器误差随时间成平方关系增加。

3. 图像提取跟踪器

图像提取跟踪器是一种最易于使用但又最难开发的跟踪器,一般是由一组摄像机拍摄人及其动作,然后通过图像处理技术的运算和分析来确定人的位置及动作。作为一种高级的采样识别技术,图像提取跟踪器的计算密度高,又不会受附近的磁场或金属物质的影响,而且对用户没有运动约束,因而在使用上极其方便。但是,此类跟踪器对跟踪对象的距离和监测环境的灯光照明系统要求较高。此外,若摄像机数量较少,可能使跟踪对象在摄像机视野中被屏蔽,而摄像机数量较多又会增加采样识别算法的复杂度和系统冗余度。

2.2.5 跟踪传感设备的性能参数

在虚拟现实系统中,对用户的实时跟踪和接受用户动作指令交互技术的实现主要依赖于各种跟踪传感器的性能。它们是实现人机之间沟通的极其重要的通信中介,是实时处理的关键技术。通常比较跟踪传感器的性能参数有以下几个方面。

1. 精度和分辨率

精度和分辨率决定了该跟踪设备技术及反馈目标位置的能力,分辨率又称为解析度,泛指量测或显示系统对细节的分辨能力。此概念可以用于表示时间、空间等领域的量测。现代日常生活中的分辨率多用于图像的清晰度。分辨率越高代表图像品质越好,越能表现出更多的细节。精度通常用来表示对目标对象观测的详细程度和准确度。当精度术语用于测量结果时,精度有三重含义。

(1)准确度,反映测量结果中系统误差的影响程度。

(2)精密度,反映测量结果中随机误差的影响程度。

(3)精确度,反映测量结果中系统误差和随机误差综合的影响程度,反映了测量结果与真值接近程度的量。

2. 响应时间

响应时间是衡量该跟踪设备工作时能否满足人们对它的时间要求值。它又与下面

4 个具体指标相关。

（1）采样率。它是指传感器测量目标时的频率。现在大部分系统中为了防止丢失数据，采样率一般都比较高。

（2）数据率。它是指设备每秒钟计算出的结果的值，在大部分系统中，高数据率是和高采样率、低延迟和高抗干扰能力等联系在一起的。所以高数据率是人们追求的目标之一。

（3）更新率。更新率是跟踪系统向主机报告位置数据的时间间隔，更新率决定了系统的显示更新时间，因为只有接收到新的位置数据，虚拟现实系统才能决定显示的图像以及整个后续工作。高更新率对虚拟现实非常重要，而低更新率的虚拟现实系统往往缺乏真实感。

（4）延迟。延迟表示从一个动作发生到主机收到反映这一动作的跟踪数据为止的时间间隔，虽然低延迟依赖于高数据率和高更新率，但两者都不是低延迟的决定因素。

3．鲁棒性

鲁棒性是指一个系统在相对恶劣的条件下避免出错的能力，由于跟踪系统处在一个充满各种噪声和外部干扰的实际世界，跟踪系统必须有一定的强壮性。一般外部干扰可分为两种：一种称为阻挡，即一些物体挡在目标物和探测器中间所造成的跟踪困难；另一种称为畸变，即由于一些物体的存在而导致的使探测器所探测的目标定位发生畸变。

4．整合性

整合性是指系统的实际位置和检测位置的一致性，一个整合性能好的系统能够始终保持两者的一致性，与精度和分辨率不同，精度和分辨率是一次测量中的正确性和跟踪能力，而整合性则注重在整个工作区间内一直保持位置的相对正确性。虽然好的分辨率和高精度有助于获得好的整合性能，但累积误差会降低系统的整合能力，使系统报告的位置逐步偏离正确的物理位置。

5．合群性

合群性反映虚拟现实跟踪技术对多用户系统的支持能力，包括两个方面的内容，即大范围的操作空间和多目标的跟踪能力。实际跟踪系统不能提供无限的跟踪范围，它只能在一定区域内跟踪和测量，这个区域称为操作范围和工作区域。显然操作范围越大，越有利于多用户的操作，大范围的工作区域是合群性的要素之一。

6．抖动

抖动是指当被跟踪对象固定不变时，跟踪传感器的输出结果的变化。抖动通常由传感器的噪声引起，使得跟踪传感器数据围绕平均值随机变化。应该设法使跟踪传感器的抖动尽可能小；否则会引起虚拟对象出现振动或跳动等。

7．其他性能指标

跟踪系统的其他一些指标参数也是不可忽略的，如跟踪测试系统的重量和大小以及安全性能等，重量太大，人们带在身上会行动不便，体积庞大同样如此，而安全性能欠佳则会带来人体受到伤害，因此这些性能参数都必须满足指标要求。

2.2.6　三维跟踪设备实例

1. 运动捕捉系统

动作捕捉(Motioncapture,简称 Mocap),技术涉及尺寸测量、物理空间里物体的定位及方位测定等获得的可以由计算机直接理解处理的数据。在运动物体的关键部位设置跟踪器,由 Motioncapture 系统捕捉跟踪器位置,再经过计算机处理后得到三维空间坐标的数据。当数据被计算机识别后,可以应用在动画制作、步态分析、生物力学及人机工程等领域。

常用的运动捕捉技术从原理上说可分为惯性式、光学式、声学式、电磁式。不同原理的设备各有其优缺点,一般可从以下几个方面进行评价:定位精度;实时性;使用方便程度;可捕捉运动范围大小;抗干扰性;多目标捕捉能力;以及与相应领域专业分析软件的连接程度。

(1) 惯性式。惯性式主要工作原理是在人身上的主要关键点绑定惯性陀螺仪,分析陀螺仪的位移变差来判定人的动作幅度和距离。

(2) 光学式。该方式运动捕捉通过对目标上特定光点的监视和跟踪来完成运动捕捉的任务。目前常见的光学式运动捕捉大多基于计算机视觉原理。从理论上说,对于空间中的一个点,只要它能同时为两部相机所见,则根据同一时刻两部相机所拍摄的图像和相机参数,可以确定这一时刻该点在空间中的位置。当相机以足够高的速率连续拍摄时,从图像序列中就可以得到该点的运动轨迹。

(3) 声学式。常用的声学式运动捕捉装置由发送器、接收器和处理单元组成。发送器是一个固定的超声波发生器,接收器一般由呈三角形排列的 3 个超声探头组成。通过测量声波从发送器到接收器的时间或者相位差,系统可以计算并确定接收器的位置和方向。Logitech、SAC 等公司都生产超声波运动捕捉设备。

(4) 电磁式。电磁式运动捕捉系统是目前比较常用的运动捕捉设备。一般由发射源、接收传感器和数据处理单元组成。发射源在空间产生按一定时空规律分布的电磁场;接收传感器(通常有 10～20 个)安置在表演者身体的关键位置,随着表演者的动作在电磁场中运动,通过电缆或无线方式与数据处理单元相连。

目前使用较多的两种技术为惯性和光学两种技术。在惯性式技术中,其关键技术依靠的是它的重要部件——陀螺仪。陀螺仪是一个质量均匀分布的、具有轴对称形状的刚体,其几何对称轴就是它的自转轴。由苍蝇后翅(转化为平衡棒)仿生得来。

在光学式技术中,光学式运动捕捉通过要求目标(表演者)都穿上单色的服装,在身体的关键部位,如关节、髋部、肘、腕等位置贴上一些特制的标志或发光点,称为 Marker,视觉系统将识别和处理这些标志,如图 2.2-5 所示。系统定标后,相机连续拍摄表演者的动作,并将图像序列保存下来,再进行分析和处理,识别其中的标志点,并计算其在每一瞬间的空间位置,进而得到其运动轨迹。为了得到准确的运动轨迹,相机应有较高的拍摄速率,一般要达到每秒 60 帧以上。如果在表演者的脸部表情关键点贴上 Marker,则可以实现表情捕捉。目前大部分表情捕捉都采用光学式。

从技术的角度来说,运动捕捉的实质就是要测量、跟踪、记录物体在三维空间中的运

图 2.2-5　光学式运动捕捉

动轨迹。典型的运动捕捉设备一般由以下几个部分组成。

（1）传感器。被固定在运动物体特定的部位，向系统提供运动的位置信息。

（2）信号捕捉设备。负责捕捉、识别传感器的信号，但这种设备会因动作捕捉系统的类型不同而有所区别。

（3）数据传输设备。负责将运动数据从信号捕捉设备实时快速、准确地传送到计算机系统。

（4）数据处理设备。负责处理系统捕捉到的原始信号，计算传感器的运动轨迹，对数据进行修正、处理，并与三维角色模型相结合。

运动捕捉技术对虚拟现实系统是必不可少的，它属于虚拟现实技术的重要技术之一。

英国 Oxford Metrics Limited 公司是世界上一家非常著名的光学 MotionCapture 系统供应商，该公司开发的 Vicon 光学运动捕捉系统以杰出的性能和最优的性能价格比赢得了国外广大制作公司的信服与青睐，后来者居上，已成为目前世界上最令人瞩目的 MotionCapture 系统。他们的 Vicon 是世界上第一个设计用于动画制作的光学 MotionCapture 系统，专门为动画制作量身定做，是一套专业化的 MotionCapture 系统。现在已被许多非常著名的动画制作公司采购、使用，并在众多脍炙人口的影视巨片（如《角斗士》、《泰坦尼克号》、《星球大战》等）中发挥了重要作用，制作出了很多经典的动画镜头。

2. Kinect 体感设备

Kinect 是微软在 2010 年 6 月 14 日对 Xbox360 体感周边外设正式发布的名字。它是一种 3D 体感摄影机，同时导入了即时动态捕捉、影像辨识、麦克风输入、语音辨识、社群互动等功能。Kinect 玩家可以通过这项技术在游戏中开车，与其他玩家互动，通过互联网与其他 Xbox 玩家分享图片和信息等，如图 2.2-6 所示。

该系统的特点如下。

图 2.2-6　Kinect 设备

（1）Kinect 是与 Xbox360 配套使用的一款摄像头。

简单来说，Kinect 就是 Xbox360 的一款外设。它就像一个摄像头，可以通过 USB 接口与游戏机相连。

（2）使用红外定位。

Kinect 比一般的摄像头更为智能。首先，它能够发射红外线，从而对整个房间进行立体定位。摄像头则可以借助红外线来识别人体的运动。此外，配合着 Xbox360 上的一些高端软件，便可以对人体的 48 个部位进行实时追踪。该设备最多可以同时对两个玩家进行实时追踪。

（3）多项额外功能。

Kinect 还内置麦克风，所以，用户可以直接与 Xbox360 进行"对话"。此外，这款产品不仅能够通过红外线识别人体，还可以识别出完整的 RGB 色彩，并借助面部识别技术自动为用户登录。

（4）配备自有界面。

当 Kinect 安装完毕后，用户必须要使用独立的菜单系统，而非 Xbox360 原有的界面。该界面非常简单，易于使用。要加载 Netflix，只需单击 Netflix 按钮即可，或者对 Xbox360 说 Netflix 也可以启动这款应用。要暂停游戏也可以直接通过语音实现，或者将手放到空中握住虚拟的暂停按钮。

（5）内置聊天软件 VideoKinect。

Kinect 配备了一款类似于 Skype 的视频聊天软件 VideoKinect。无论用户的好友是在 XboxLive 还是 Windows Live Messenger 中，都可以与之进行视频聊天。此外，对话双方还可以一起看视频，而且可以对用户的动作进行实时追踪。

从工作原理上观察，Kinect 有一个功能强大的感知阵列，对于用户来说，它拥有一个数字视频摄像头，能从事捕捉图片到识别颜色等多项工作。而 Kinect 中的麦克风则可以在短时间内采集多次声音数据，以便把玩家和同处在一间房间中的其他人分开，如图 2.2-7 所示。

图 2.2-7　Kinect 游戏

当然这些智能离不开软件的支持,而这方面是微软的强项。特制的软件已经把Kinect训练得能成功识别人的脸部细节变化。而在识别人体动作的时候,精度可以达到4cm。

2.3 虚拟现实声音系统与设备

在虚拟现实系统中,声音起着极为重要的作用,而VR声音系统追求的目标就是尽量地模仿人们现实生活中的声音效果。VR声音是空间音效、沉浸式音效。与早期的多媒体音效技术不同,多媒体音效追求的是声音质量完美、音质高。在计算机多媒体技术的发展过程中,声音播放系统从单声道发展到高保真、环绕立体声系统,接着由5.1通道的环绕立体声到7.1通道的环绕立体声,应该说,随着环绕立体声技术的进步,声音质量得到了稳步提高。然而对于VR声音,强调的是3D效果,如果在一个具体空间环境里,音箱播放系统呈"一"字形摆放在一边,尽管播放的音质再好,也不能算是VR声音系统,正确的VR声音系统应该是摆放在空间的四周,前、后、左、右均衡摆放,甚至包括上、下。VR声音布局如图2.3-1所示。

图 2.3-1　VR声音系统

VR声音系统之所以要进行空间布局,重要的原因是人的双耳可以对空间声源进行定位。例如,当用户位于虚拟现实空间中时,看到头顶飞机通过,这时VR空间中用户头顶就会传来隆隆的飞机轰鸣声,当看到某个人躲在暗处从背后开黑枪时,用户就会听到从背后传来的枪声。因此,VR声音系统比环绕立体声更具3D感,沉浸感更强。

2.3.1 固定式声音设备

固定式声音输出设备即扬声器,允许多个用户同时听到声音,一般在投影式VR系统中使用。扬声器固定不变的特性使其易于产生世界参照系的音场,在虚拟世界中保持稳定,且使用起来活动性大。

扬声器与投影屏结合使用会互相影响,如果扬声器放在屏幕后,声音会被阻碍;如果扬声器放在屏幕前,会阻挡视觉显示。此外,扬声器可以与基于头部的立体显示设备相结合使用。在此种情况下,若视觉观察范围不足 100%,可以把扬声器放在显示区域外,但这样又会给空间化 3D 声场的实现造成一定的困难。

2.3.2 耳机式声音设备

相对于扬声器来说,耳机式声音设备虽然只能给单个用户使用,但却能更好地将用户与真实世界隔离开。同时,由于耳机是双声道的,因此比扬声器更易创建空间化的 3D 声场,提供更好的沉浸感。此外,耳机使用起来具有很大的移动性,如果用户需要在 VR 系统中频繁走动,显然耳机比使用扬声器更为适合。

耳机式声音设备一般与头盔显示器结合使用。在默认情况下,耳机显示的是头部参照系的声音,在 VR 系统中必须跟踪用户头部、耳部的位置,并对声音进行相应的过滤,使得空间化信息能够表现出用户耳部的位置变化。因此,与普通戴着耳机听立体声不同的是,在 VR 系统中的音场应保持不变。

另外,耳机中的声音通常是事先录制的声音效果,为了获得更具沉浸感的声音,一般采用双耳录音,也叫做人工头录音,这是一种与普通立体声拾音不太相同的录音方式。

与物体本身发出的声音(或者说声源处的声音)相比,人们真正感知的声音受到了很多方面的影响。比如,躯干、头部、耳廓、耳道等身体结构都是一些很重要的影响因素,也是人们辨别声源方向的生理基础。所以双耳录音的思路就是,在声音采集阶段去还原由身体结构(主要是头部结构)对原始声音产生的影响,制作一个人头模型(Dummy Head),把话筒(拾音振膜)分别置于左/右人工耳道中,以这样的方式录制得到模拟左/右耳听到的声音,并最终通过耳机重放。双耳录音设备如图 2.3-2 所示。

图 2.3-2 双耳录音设备

2.3.3 语音交互设备

在日常信息交流过程中,人类之间的沟通大约有 75% 是通过语音完成的。听觉通道存在许多天然的优越性,人们在接受和发出信息时,采用听觉通道比视觉通道具有以下生理优势。

（1）听觉信号检测速度快于视觉信号检测速度。

（2）人对声音随时间的变化极其敏感。

（3）听觉信息与视觉信息同时提供可使人获得更强烈的存在感和真实感等。

因此，采用听觉通道进行人机交互是人们很早就有的期望，经过多年的发展，已有大量的语音人机交互设备问世，如 iveeSleek 就是一款语音交互硬件设备。使用该语音设备，人们可方便地用语音查询相关信息，比如天气、股票，或者控制部分基于 WiFi 技术的智能家居等设备。另一款设备是许多人非常熟悉的 iPhone 5 的 Siri，当人们通过手机的设置部分打开 Siri 功能后，就可以采用语音模式操控手机，进行信息交互了。

2.4 人机交互设备

交互性是虚拟现实系统的重要特征之一，为了达到良好的交互效果，人们开发了许多性能各异、形式多样、功能不同的交互设备，这些设备有的价格非常昂贵，但科技含量较高，有的价廉但简单易用，有的技术成熟已广泛应用，有的还在研究并处于不断的完善之中。

2.4.1 三维空间跟踪球

空间球（Space Ball）是一种可以提供 6 自由度的桌面设备，它被安装在一个小型的固定平台上，可以扭转、挤压、按下、拉出和来回摇摆，球的中心是固定的，并装有 6 个发光二极管，相应的球的活动外层装有 6 个光敏传感器，如图 2.4-1 所示。当用户施加外力作用于力矩球时，6 个光敏接收器接收光的强度来测量力，通过装在球中心的几个张力器测量出手所施加的力，并将测量值转化为 3 个平移运动和 3 个旋转运动的值送入计算机中。计算机可根据这些值改变显示图像。空间球的优点是简单、耐用，易于表现多维自由度，便于对虚拟空间中的虚拟对象进行操作。但缺点是不够直观，选取对象时不是很明确，而且需要在使用前进行培训。

图 2.4-1 三维空间跟踪球

2.4.2 数据手套

数据手套（Data Glove）是虚拟现实中最常用的交互工具。数据手套设有弯曲传感器，弯曲传感器由柔性电路板、力敏元件、弹性封装材料组成，通过导线连接至信号处理电路；柔性电路板上设有至少两根导线，以力敏材料包覆于柔性电路板大部分，再在力敏材料上包覆一层弹性封装材料，柔性电路板留一端在外，用导线与外电路连接。把人手姿态准确、实时地传递给虚拟环境，而且能够把与虚拟物体的接触信息反馈给操作者，使操作者以更加直接、更加自然、更加有效的方式与虚拟世界进行交互,大大增强了互动性和沉浸感,并为操作者提供了一种通用、直接的人机交互方式,特别适用于需要多自由度手模型对虚拟物体进行复杂操作的虚拟现实系统。数据手套本身不提供与空间位置相关的信息,必须与位置跟踪设备连用。数据手套如图 2.4-2 所示。

图 2.4-2　数据手套

1. 数据手套的通用种类

(1) 5 触点数据手套主要用于测量手指的弯曲(每个手指一个测量点)。

(2) 14 触点数据手套主要用于测量手指的弯曲(每个手指两个测量点)。

(3) 18 个传感器触觉数据手套。

(4) 28 个传感器触觉数据手套。

(5) 骨架式力反馈数据手套。

2. 数据手套分类

数据手套按功能需要可以分为虚拟现实数据手套、力反馈数据手套。前面介绍的为虚拟现实数据手套。

力反馈数据手套:借助数据手套的触觉反馈功能,用户能够用双手亲自"触碰"虚拟世界,并在与计算机制作的三维物体进行互动的过程中真实感受到物体的振动。触觉反馈能够营造出更为逼真的使用环境,让用户真实感触到物体的移动和反应。此外,系统也可用于数据可视化领域,能够探测出与地面密度、水含量、磁场强度、危害相似度或光照强度相对应的振动强度。

2.4.3　三维浮动鼠标器

三维浮动鼠标器(3D Flying Mouse)放在桌面上使用时,与标准的二维鼠标器没有什么区别,但当它离开桌面后,就可以成为一个 3/6 自由度鼠标,如图 2.4-3 所示。三维浮动鼠标器的工作原理是:在鼠标内部安装了一个超声波或电磁探测器,利用这个接收器和具有发射器的固定基座,就可以测量出鼠标离开桌面后的位置和方向了。与其他手部数据交互设备相比,浮动式鼠标的成本最低廉,但却不易进行多维自由度的操作,因此应用效果非常有限。

图 2.4-3　三维浮动鼠标器

2.4.4　数据衣

在 VR 系统中,比较常用的人体互动设备是数据衣。数据衣是为了让 VR 系统识别全身运动而设计的输入装置。它是根据"数据手套"的原理研制出来的,这种衣服装备着许多触觉传感器,穿在身上,衣服里面的传感器能够根据身体的动作探测和跟踪人体的所有动作。数据衣对人体大约 50 个不同的关节进行测量,包括膝盖、手臂、躯干和脚。通过光电转换,身体的运动信息被计算机识别,反过来,衣服也会反作用在身上,产生压力和摩擦力,使人的感觉更加逼真。

数据衣(Data Suit)的基本原理与 VR 数据手套类似,它将大量的光纤、电极等传感器安装在一个紧身服上,可以根据需要检测出人的四肢、腰部的活动以及各关节(如腕关节、肘关节)的弯曲角度,然后用计算机重建出图像,如图 2.4-4 所示。

与头盔设备、数据手套等一样,数据衣在使用中也有延迟大、分辨率低、作用范围小、使用不便的缺点。另外,数据衣还存在着一个潜在的问题,就是人的体型差异比较大,为了检测全身,不但要检测肢体的伸张状况,而且还要检测肢体的空间位置和方向,这又需要增加许多空间跟踪器,无疑加大了成本投入。

2.4.5　触觉和力反馈设备

触觉(Touch)是人们从客观世界获取信息的重要传感渠道之一,它由接触反馈感知和力反馈(Force Feedback)感知两大部分组成。科研人员试验证明,不带触觉的虚拟现实在任何时候都会遇到挫折和困难。因此,在建立虚拟环境时,提供必要的接触和力反馈有助于增强 VR 系统的真实感和沉浸感,并提高虚拟任务执行成功的概率。

图 2.4-4　数据衣

触觉感知包括接触反馈和力反馈所产生的感知信息。接触感知是指人与物体对象接触所得到的全部感觉,是触觉、压觉、振动觉以及刺痛觉等皮肤感觉的统称。所以,接触反馈代表了作用在人皮肤上的力,它反映了人类触摸的感觉,或是皮肤上受到压力的感觉;而力反馈是作用在人的肌肉、关节和筋腱上的力。例如,用手拿起一个玻璃杯子时,通过接触反馈可以感觉到杯子是光滑而坚硬的,而通过力反馈才能感觉到杯子的重量。

由于人类对自身感觉的产生机制还知之甚少,触觉传感器技术分析非常复杂,且在VR系统中对触觉和力反馈设备还有实时、安全、轻便等性能要求,因此目前虽已研制成了一些触觉和力反馈设备,但大多还是原理性和试验性的,距离真正的实用尚有一定的距离。

1. 接触反馈设备

接触反馈的方式包括充气式、振动式、微型针列式、温度激励式、压力式、微电刺激式及神经肌肉刺激式等。手是实施接触动作的主要感官,因此,目前最常用的一种模拟接触反馈的方法是使用充气式或振动式接触反馈手套。

(1)充气式接触反馈手套是使用小气囊作为传感装置,在手套上有20～30个小气囊放在对应的位置,当发生虚拟接触时,这些小型气囊能够通过空气压缩泵的充气和放气而被迅速地加压或减压。同时,由计算机中存储的相关力模式数据决定各个气囊在不同状态下的气压值,以再现碰触物体时手的触觉感受及其各部位的受力情况。用这种方法创建的模拟触觉反馈工具虽然还不十分逼真,但已经取得了较好的效果,引起了技术界和用户的浓厚兴趣。

(2)振动式接触反馈手套是使用小振动换能器实现的,换能器通常由状态记忆合金制成,当电流通过这些换能器时,它们就会发生形变和弯曲。因此,可以根据需要把换能器做成各种形状后,安装在皮肤表面的各个位置上,就有可能产生对虚拟物体的光滑度、粗糙度的感觉。与气囊不同的是,换能器几乎可以立刻对一个控制信号做出反应,这使得它们很适合产生不连续、快速的感觉。而气囊产生的接触反馈比状态记忆合金要慢些、强些,更适合表现一些缓慢、柔和的力。

2. 力反馈设备

对于像研究物理磁性的相斥和相吸等应用问题来说,没有力反馈设备的系统几乎是没有任何意义的。因此,为虚拟环境提供一定的力反馈系统,不但有助于增强虚拟交互的逼真性,而且有时它也是一种必需的设备。目前已创造了一些用以提供力反馈的装置,如力反馈手套、力反馈操纵杆、吊挂式机械手臂、桌面式多自由度游戏棒以及可独立作用于每个手指的手控力反馈装置等。

桌面式力反馈系统设备安装简单、使用轻便灵巧,并且不会因自身重量等问题而让用户在使用中产生疲倦甚至疼痛的感觉,因此目前已经成为较为常用的力反馈设备。下面以美国SensAble公司研制开发的产品PHANTOM Premium 3.0为例加以介绍,如图2.4-5所示。

这是一种可编程的、具有触觉及力反馈功能的装置。它类似于一个小型机械手,对于三维虚拟模型或数据具有定位功能,当PHANTOM的机械臂在工作空间中运动时,计算机屏幕上就会出现一个指示针,反映机械臂在工作空间中的位置;当探测到指示针与虚拟模型接触时,计算机会发出信号,告诉机械臂接触到了虚拟模型,并将该模型的物理

图 2.4-5　力反馈设备

性质,如质量、软硬程度及光滑程度等信息反馈给 PHANTOM 系统,再由该系统产生相应的力传递给操作者,从而实现力反馈的感受。

力反馈手套可以独立反馈每个手指上的力,主要用于完成精细操作。图 2.4-6 展示了一款力反馈手套 CyberGrasp。

图 2.4-6　力反馈手套 CyberGrasp

2.4.6　触觉与力反馈设备的应用

从人的生理系统分析,触觉是人体感觉器官的一种,包括 5 个分支类别,即压力、触摸、热、冷及疼痛,这些现象结合起来就产生了触觉感受。

触觉的感受器官聚积在皮肤的真皮层里,它接受外界的机械刺激,产生神经冲动。由传入神经将信息传递到大脑皮层,从而产生触压感觉。由于皮肤中的触压感觉感受器在皮肤中的分布不均匀,因此不同皮肤的敏感度不同,以四肢皮肤敏感度较强,其中手指尖的敏感性更强。因而触觉的运用主要是通过手的触感来感知物质的轻重、干湿度、触摸物质的表面光滑度等,据以分辨物质的特性品质高低。正是基于人的生理原理,多种形式的触觉与力反馈设备由此兴起。

2013 年 7 月,美国微软公司公布了旗下 3D 触控技术的新成果,微软公司新开发了一款 3D 触控显示屏,用户可以观看显示屏中的 3D 虚拟对象,并可直接触摸该 3D 对象,当手指通过屏幕触摸到虚拟 3D 物体对象时,可获得触摸对象时的反馈感觉,如图 2.4-7 所示。

简单地说,就是当一个人接触到一个显示的虚拟对象时,如海绵、石块,这些物体在

图 2.4-7　3D 触控显示屏

现实中的硬度和触摸感会通过屏幕的反馈力反馈给人，让人产生如同抚摸真实物体的感觉。海绵的柔软弹性、石块的坚硬都能通过 3D 屏幕的触感感受到。

这项新的研究成果实际上是触觉技术的一个具体应用案例，该技术通过硬件给触摸者提供压力或振动反馈实现不同的反馈感。其技术原理就是触摸屏与一个机械臂产生联动的结果，这种触觉技术称为"计算机视觉触觉图形学"。

微软技术负责人在介绍时称，"力反馈监控响应传达的感觉，不同的材料会产生不同的反应。石头是'硬'的触感，需要更多的动力来推动，而海绵块是软的，容易推开"。这个反馈的压力能与 3D 屏幕技术相结合，跟踪用户，并调整角度和大小，使用户从显示在屏幕上的对象那里得到更强烈的真实感和深度的幻觉。结合触摸反馈给 3D 影像带来触觉上的真实感。

微软公司的研究工程师同时表示，希望这种新技术可以尽快应用在医学界，使用触觉反馈的技术，可以帮助医疗技术得到更快的发展。

为了保证用户获得真实的触摸反馈感觉，而不是简单的视觉感受，微软公司研究团队还邀请了多人参与蒙住眼睛情况下的实验。而实验结果则是大多数人都凭借这种触觉反馈准确地说出了他们摸到的物体对象。

触觉交互的重要性不言而喻，微软公司也不是唯一从事触觉反馈技术研究的企业。2010 年，美国的迪斯尼研究部门就推出了 TeslaTouch 技术，创造了一个"运用范围更广泛的触觉反馈系统"。迪斯尼的 TeslaTouch 会根据触摸产生轻微的电场和磁场，来吸引用户的手指或触摸位置，这与微软采用的机械运动技术路径不同。这种新技术未来可能会对 VR 的 3D 触觉领域产生巨大影响。

触觉与力反馈的第二个应用案例就是人们正在研究的 3D 触觉式开发、设计、编辑系统，称为 3D Touch 技术。FreeFormModeling Plus 是目前全世界第一套设计者在计算机上利用触觉就能完成 3D 模型设计与建构的计算机辅助设计系统，就好像通过触觉去雕刻黏土一样，可以雕刻设计任何形态的三维造型，再结合计算机的 CAD 功能，让使用者能够快速且随心所欲地创造出自己想要的模型。该系统利用触觉进行操控，彻底改变了人机交互接口的历史，它允许设计师在形态与功能之间制作充满智慧和富有创意的作品，而无需受任何传统三维模型制作工具的限制。通过触感，艺术大师可以与他的虚拟模型开展直接和自然的互动。例如，制作一个像恐龙一样复杂的三维数字模型，设计师

30min 就可以解决问题,大大缩短了传统 3D 设计软件的制作周期,这样设计者就会拥有更多的时间和精力,把创意转变为高品质的产品或工艺作品。同时,FreeForm 系统也将实体功能带入数字领域,此功能使得设计人员可以通过一个自然、类比的互动过程获得一个珍贵的数字化的三维模型。简单、直接的触觉互动;精确、细微的触觉控制,这一切都让设计师可以随心所欲地完成自己的设计理念和富有创意的工艺精品。FreeForm 系统如图 2.4-8 所示。

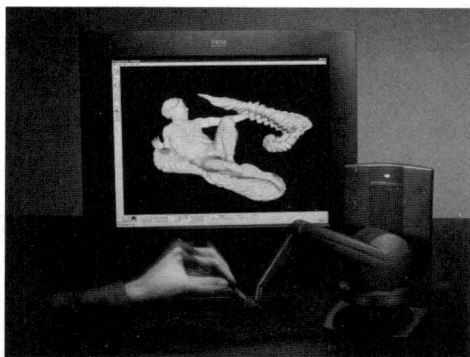

图 2.4-8　FreeForm 系统

2.4.7　神经/肌肉交互设备

通过神经/肌肉交互一直是人们努力研究的热点内容。2013 年,加拿大的 ThalmicLabs 公司推出了一款控制终端设备——MYO 腕带。该腕带的基本工作原理是,臂带上的感应器捕捉用户手臂肌肉运动时产生的生物电变化,从而判断佩戴者的意图,再将计算机处理的结果通过蓝牙发送至受控设备。它不仅可以用于玩计算机游戏、浏览网页、控制音乐播放等娱乐活动,还能操控无人机,如图 2.4-9 所示。

图 2.4-9　MYO 腕带

由于腕带独辟蹊径,通过检测用户运动时胳膊上肌肉产生的生物电变化,配合手臂的物理动作监控来做人机交互,因而非常方便快速。MYO 腕带内部配备有多个传感器,可以侦测到用户手臂肌肉的运动,如通过手势和动作就可以实现滑动屏幕、控制音乐播放等操作。而在连接上,MYO臂带通过蓝牙方式与iOS或Android设备进行连接,并且支持Mac和Windows系统的计算机,为用户提供全新的使用体验。

2.4.8 意念控制设备

科技的发展总是给人意外惊喜。对很多人来说,通过"意念"操控物体昨天感觉还很遥远,今天也许就会成为现实。所谓"意念"操控,首先必须要理解"脑电"的概念,即利用人类的脑电波进行操控,相关的科学研究实际已经超过半个世纪。通俗地讲,人类进行各项生理活动时都在放电。如果用科学仪器测量大脑的电位活动,荧幕上就会显示出波浪一样的图形,这就是"脑波"。通过对于脑电信息的分析解读,将其进一步转化为相应的动作,这就是用"意念"操控物体的基本原理。脑电波的测试控制如图2.4-10所示。

图 2.4-10　脑电波的测试控制

在2009年的美国消费电子展(CES)上,全球最大的玩具厂商美泰公司推出了基于脑电波技术的玩具MindFlex。MindFlex是一款脑电波控制玩具,玩家可以用"意念"让小球悬浮至空中,意念越专注,小球就漂浮越高。利用辅助的手动控制设备,玩家可以控制小球穿越各种障碍。

MindFlex推出短短5周后,第一批产品便销售一空,疯狂的表现也使它被亚马逊评为"2009年圣诞节玩具采购清单第一名"。该玩具推出后,MindFlex在欧美市场早已售出超过100万套。再后来,MindFlex更是被《时代》杂志评为人类历史上最伟大的100款玩具之一。

而另一款名为MasterMind的意念控制游戏装置也在英国出现,这款软件号称革命性的游戏应用,能让用户利用心灵的力量操控计算机游戏。

MasterMind可使用户在游戏中控制角色做出前进、后退、拳打脚踢、射击和游戏设定的其他可行动作,只要玩家思考与所需动作相关的命令即可。

除软件外,这款装置还包含一个无线耳机,只要戴上它,设备就会读取用户的脑电波,并将数据通过无线发送到计算机上的USB接收机,控制鼠标移动,这样就可以让用户用自己的头脑意识玩游戏,如可以在战场中开枪射击或者投手榴弹。

2013年6月,美国明尼苏达大学的华人科学家贺斌教授带领的研究团队展示了他的意念控制研究成果。与以往需要在大脑中植入电极的意念控制技术不同。贺斌教授最新的意念控制技术完全不需要进行大脑植入操作,使用者只需戴上一个帽子,通过帽子上的电极即可记录下使用者的脑电波。

这个脑电图扫描帽具有 64 个紧贴头皮的电极。这些电极监控来自大脑的电活动，并将信号(或信号中断)传递给计算机。计算机对这些数据进行处理后将之转化为另一种电子信号，通过 WiFi 传递至飞行器的接收器，从而控制飞行器的飞行动作。贺斌教授团队展示了如何利用自己的意念操控一架模型直升机在空中飞行、俯冲、上升，甚至可以毫无困难地穿越以气球做成的环形障碍物。

中国的意念控制研究也在如火如荼地开展。深圳一家公司做了一款 BrainLink 产品，它的核心原理就是利用脑电波技术，将采集到的脑电波信号通过蓝牙传输到所使用的设备中，让用户通过相应的软件感受和测量脑电波的神奇。

BrainLink 意念头箍是由深圳市宏智力科技有限公司专为 iOS 系统研发的配件产品，是一个安全可靠、佩戴简易方便的头戴式脑电波传感器。它通过蓝牙无线连接手机、平板电脑、手提电脑、台式电脑或智能电视等终端设备。配合相应的应用软件就可以实现意念力互动操控。

BrainLink 引用了国外先进的脑机接口技术，其独特的外观设计、强大的培训软件深受广大用户的喜爱。它能让手机或平板电脑即时了解用户的大脑状态，如是否专注、紧张、放松或疲劳等，也可以通过主动调节自己的专注度和放松度来给予手机、平板电脑指令，从而实现神奇的"意念力操控"。

意念控制时代已经提前到来，也许再过几年，这些意念控制的各类发明将会和人们今天使用的 iPhone 一样普及。到时候，一个通过意念互联的"脑联网"可能会应运而生，从而真正实现不言传可意会。

2.5 3D 建模设备

3D 建模设备是一种可以快速建立仿真的 3D 数字模型辅助设备。目前主要有 3 种，即 3D 摄像机、3D 扫描仪、3D 打印机等。

2.5.1 3D 摄像机

3D 摄像机又称为立体摄像机，是一种具有能够拍摄立体视频图像的虚拟现实设备，通过它拍摄的立体影像在具有立体显示功能的显示设备上播放时，能够产生具有超强立体感的视频图像效果。观看者戴上立体眼镜就能够具有身临其境的沉浸感。作为 3D 高清拍摄设备，立体摄像机通常采用两个摄影镜头同时以一定间距和夹角来记录影像的变化效果，模拟人类的视觉生理现象，从而可以实现立体视觉特效，播放时可采用正投、背投、平面、环幕、主动、被动等多种方式实现多种视觉效果的 3D 立体感。3D 摄像机如图 2.5-1 所示。

图 2.5-1 3D 摄像机

2.5.2　3D 扫描仪

三维扫描仪或称 3D 扫描仪，可定义为快速获取物体的立体色彩信息，并将其转化为计算机能直接处理的三维数字模型的仪器，即快速实现三维信息数字化的一种极为有效的工具。

3D 扫描仪可分为接触式三维扫描仪和非接触式三维扫描仪。

1．接触式 3D 扫描仪

1）优势

（1）具有较高的准确性和可靠性。

（2）可配合测量软件，快速、准确地测量出物体的基本几何形状。

2）不足

（1）测量费用较高。

（2）探头易磨损，且容易划伤被测物体表面。

（3）测量速度慢；检测一些内部元件有先天的限制。

（4）接触探头在测量时，接触探头的力易使探头尖端部分与被测件之间发生局部变形而影响测量值的实际读数。

（5）由于探头触发机构的惯性及时间延迟而使探头产生超越现象，趋近速度会产生动态误差。

2．非接触式 3D 扫描仪

其特点如下。

（1）非接触式的光电方法对曲面的三维形貌进行快速测量已成为大趋势。

（2）对物体表面不会有损伤。

（3）比接触式扫描仪速度快且容易操作等，3D 激光扫描仪可以达到 5000～10 000 点/s 的速度，而照相式三维扫描仪则采用面光，速度更是达到几秒钟百万个测量点，应用于实时扫描，应用检测时具有很好的性价比。

非接触式 3D 扫描仪按原理，可分为光学式、激光式和机械式。

激光式扫描仪属于较早的产品，由扫描仪发出一束激光光带，光带照射到被测物体上并在被测物体上移动时，就可以采集出物体对象的实际形状。激光式扫描仪一般要配备关节臂。

光学式扫描仪是针对现代设计领域的新一代扫描仪，与传统的激光式扫描仪和三坐标测量系统比较，其测量速度提高了数十倍。由于有效地控制了整合误差，整体测量精度也大大提高。其采用可见光将特定的光栅条纹投影到测量工作表面，借助两个高分辨率 CCD 数码相机对光栅干涉条纹进行拍照，利用光学拍照定位技术和光栅测量原理，可在极短的时间内获得复杂物体表面的完整点云。其独特的流动式设计和不同视角点云的自动拼合技术，使其在扫描大型物件时变得高效、轻松和容易。其高质量的完美扫描点云可用于虚拟现实中的环境以及人物建模过程。图 2.5-2 为 3D 扫描仪扫描的场景。

总地来说，3D 扫描仪（3D Scanner）作为虚拟现实中的一种建模仪器，常用来侦测并分析现实世界中物体或环境的形状（几何构造）与外观数据（如颜色、表面反照率等参

图 2.5-2　3D 扫描仪

数)。其工作过程表现为读取物体几何表面的点云(Point Cloud),这些点可用来插补成物体的表面形状和属性,点云的密集高,就可以创建更精确的模型(这个过程称为三维重构的计算)。若扫描仪能够取得表面颜色,可进一步在重构的表面上粘贴材质贴图,即所谓的材质映射(Texture Mapping),从而快速地在虚拟世界中创建实际物体的数字模型。

2.5.3　3D 打印机

3D 打印机可以用特种原料打印三维模型,使用 3D 辅助设计软件,设计师设计出一个模型或原型后,无论设计的是一所房子还是一个人物,其后通过相应的 3D 打印机打印,打印的原料可以是有机或无机的材料,如橡胶、塑料等,不同的打印机厂商提供的打印材质有所不同。3D 打印机就是可以"打印"出外形仿真的 3D 物体的一种设备,功能上与激光成型技术一样,采用分层加工、叠加成型,即通过逐层增加材料来生成 3D 实体,与传统的去除材料加工技术完全不同。称之为"打印机"是参照了其技术原理,因为分层加工的过程与喷墨打印十分相似。随着这项技术的不断进步,现在已经能够打印出与原型物体对象的外观、感觉和功能极为接近的 3D 模型,如图 2.5-3 所示。

图 2.5-3　3D 打印机

从外形结构上看,3D 打印机与传统平面打印机有很大的不同,3D 打印机有一个封闭的箱子,3D 物件的成型是在封闭的箱子中完成的,在封闭的空间里可以保证箱子内部环境的洁净度、恒定的温度和干湿度,确保 3D 打印时打印头喷射出来的材质原料可以迅速成型。

2.6　虚拟现实硬件系统的集成

　　VR 系统是一门集成了多种高新技术的综合性系统，它包括众多的软件和硬件，在运作过程中，虚拟现实系统通常需要处理来自各种设备的大量感知信息、模型和数据，因此如何协同或集成系统中的各种技术成为 VR 系统运行的重中之重，这其中就包括了信息同步技术、模型标定技术、数据转换技术、模式识别和合成技术等。

　　因此，构建起一个以计算机为核心，将多种输入、输出交互设备协调组合在一起的硬件平台，成为 VR 系统集成的关键技术之一。同时，在该集成平台的性能方面，要求采用流行的通用技术，使得在该平台上可以方便、容易地进行二次、三次的新技术开发，不断增强、完善其功能，利于扩展，预留接口可以做到无缝连接，方便内外部新扩展的系统进行有机连接和兼容。

　　首先，作为 VR 系统的核心计算机系统，必须具有足够强大的计算性能，才能完成人机交互大数据的实时处理、协调数据 I/O、生成和管理虚拟环境等任务。从目前的技术发展方面看，虚拟现实的计算机系统可以分为 PC、工作站和超级计算机等不同类型。其中，PC 一般只能用于低档 VR 系统，因为与工作站和超级计算机相比，它的图形和声音处理功能都十分有限。而专门用做 VR 系统中的工作站通常都具有多个处理器，以便进一步增强整体系统结构，从而使 VR 系统的性能达到最佳。

　　其次，在 VR 技术发展的早期，系统中的各种三维交互设备都是独立研制和使用的，因而在组合应用时常存在障碍和不便。但随着各种虚拟现实新技术的不断创新，协同与组合虚拟现实的多种设备与技术也就成为越来越关键的要素之一。

　　而从信息技术的研发方面看，美国是虚拟现实技术的发源地，因此在技术创新方面，美国对虚拟现实技术的研究一直走在世界前列。早在 1984 年，美国就开始了虚拟视觉环境显示项目的研究，后来还开发了虚拟界面环境工作站。Ames 研究中心的虚拟行星探测实验室的 M. McGreevy 和 J. Humphries 博士组织开发了用于火星探测的虚拟环境视觉显示器，可将火星探测器所发回的数据输入计算机中，为地面研究人员构造了火星表面的三维虚拟环境。

　　1986 年，美国宇航局的科学家们成功研制出第一套基于 HMD 及数据手套的虚拟交互环境工作站 VIEW，成为世界上第一个较为完善的多用途、多感知的虚拟现实系统。它的研制目的是为 NASA 的其他有关研究项目提供一个通用的 VR 系统平台。图 2.6-1 为 VIEW 的系统组成框图。

　　VIEW 由一组以计算机控制的输入输出子系统组成：它以 HP 公司的 HP9000/835 为主计算机，图形处理采用 ISG 公司的图形计算机或 HPSRX 图形系统；配备了数据手套、Polhemus 定位跟踪系统、Convolvotron 三维声音生成设备，输出设备则包括头盔式单色液晶显示器、麦克风及耳机等。这些子系统分别提供虚拟环境所需的各种感觉通道的识别和控制功能，从而为各类 VR 应用系统的研发提供了一个方便、通用的集成环境，在远程机器人控制、复杂信息管理及人类诸因素的研究方面应用十分广泛。目前，大多数 VR 系统的硬件体系结构都由 VIEW 发展而来，这种基于 LCD 头盔显示器、数据手套

图 2.6-1　VIEW 的系统组成框图

及头部跟踪器的硬件体系结构也已成为当今 VR 系统的主流。

思　考　题

1. 什么是跟踪器？跟踪器有哪些重要性能参数？
2. 超声波跟踪器与机械式跟踪器各有哪些优点与不足？
3. 6DOF 的含义是什么？
4. 3D 建模设备有哪些？
5. 什么是有源立体眼镜和无源立体眼镜？
6. 谈谈触觉在 VR 技术中的作用。

第3章 虚拟现实的关键技术和引擎

　　虚拟现实是一种基于可计算信息的沉浸式交互环境,具体地说,就是采用以计算机技术为核心的现代高科技生成逼真的视、听、触觉一体化的特定范围的虚拟环境,用户借助必要的设备,以自然的方式与虚拟环境中的对象进行交互、相互影响,从而产生"沉浸"于等同真实环境的感受和体验。VR带来了人机交互的新概念、新内容、新方式和新方法,使得人机交互的内容更加丰富、形象,方式更加自然、和谐。

　　在虚拟现实的关键技术方面,系统强调实物虚化、虚物实化和高性能的计算机处理,这些技术是VR的3个主要方面。

1. 实物虚化

　　实物虚化是指通过技术手段生成具有真实感的虚拟世界,并且在虚拟环境中对用户的操作进行检测和准确获取用户的操作数据。实现该目标应该应用以下基本关键技术。

　　(1) 基本模型的构建技术。

　　(2) 空间跟踪技术。

　　(3) 声音跟踪技术。

　　(4) 视觉跟踪与视点感应技术。

2. 虚物实化

　　确保用户在虚拟环境中获取视觉、听觉、力觉和触觉等感官认知的关键技术,是虚物实化的主要研究内容。

　　(1) 视觉感知。

　　(2) 听觉感知。

　　(3) 力觉和触觉感知。

3. 高性能计算处理技术

　　(1) 服务于实物虚化和虚物实化的数据转换和数据预处理。

　　(2) 实时、逼真图形图像生成与显示技术。

　　(3) 多种声音的合成与声音空间化技术。

　　(4) 多维信息数据的融合、数据转换、数据压缩、数据标准化以及数据库的生成。

　　(5) 模式识别,如命令识别、语音识别以及手势和人的面部表情信息的检测、合成和识别。

　　(6) 高级计算模型的研究,如专家系统、自组织神经网、遗传算法等。

　　(7) 分布式与并行计算,以及高速、大规模的远程网络技术。

　　下面仅讨论部分关键技术。

3.1 立体高清显示技术

作为虚拟现实系统实现沉浸交互的方式之一,立体高清显示可以把图像的纵深、层次、位置全部展现出来,参入者可以更直观、更自然地了解图像的现实分布状况,从而更全面地了解图像或显示内容的信息。从技术方面看,需要通过光学技术构建逼真的三维环境和立体的虚拟物体对象,这就需要根据人类双眼的视觉生理特点来设计,使得人们在虚拟现实环境中比较看到的景观与日常生活中的场景时,在质量、清晰度和范围方面无法区分,从而产生身临其境的沉浸感。但就目前的技术而言,往往需要借助一些昂贵的硬件设备,如数据手套、头盔显示器及其他高档图形工作站等。

3.1.1 立体视觉的形成原理

立体视觉是人眼在观察事物时所具有的立体感。人眼对获取的景象有相当的深度感知能力(Depth Perception),而这些感知能力又源自人眼可以提取出景象中的深度要素(Depth Cue)。之所以可以具备这些能力,主要依靠人眼的以下几种机能。

① 双目视差(Binocular Parallax)。

② 运动视差(Motion Parallax)。

③ 眼睛的适应性调节(Accommodation)。

④ 视差图像在人脑的融合(Convergence)。

除了以上几种机能外,人的经验和心理作用也对景象的深度感知能力有影响,如图像的颜色差异、对比度差异、景物阴影甚至所观看显示器的尺寸和观察者所处的环境等,但相对上述机能来讲,这些要素在建立立体感上是较次要的。

当人们的双眼同时注视某物体时,双眼视线交叉于某个物体对象上,叫注视点,从注视点反射到视网膜上的光点是对应的。但由于人的两只眼睛相距约 65mm,因此两眼观察物体对象时的角度是不一样的,从这两点返回的信号也就有了差异。再转入大脑视中枢合成一个物体完整的图像时,人眼不但看清了该物体对象,而且该对象与周围物体间的距离、深度、凸凹等也都能辨别出来,这样所获取的图像就是一种具有立体感的图像,这种视觉也就是人的双眼立体视觉。

实际上,人们在观察事物时,不仅是双眼看物会产生立体感,单眼看物也会产生三维效果,如果一个物体对象有一定的景深效果,单眼观察时会自动进行调节,也就是对物体的远近差异引起眼睛内的晶状体焦距及瞳孔直径的调节;如果物体是运动的,单眼会产生移动视差,这是因物体位置的前后不同引起的移动时的差异。

总之,人类对世界万物的认知从心理到生理都留下了深深的三维轮廓,不可变更。

3.1.2 立体图像再造

人们对现实世界的观察印象是三维的,因此在虚拟现实系统中,需要通过显示设备还原立体三维效果。借助现代科技对视觉生理的认识和电子科技的发展，目前光学设备主要采用下面 4 种原理来重构三维环境。

1. 分光

常见的光源都会随机发出自然光和偏振光，分光技术是用偏光滤镜或偏光片滤除特定角度偏振光以外的所有光，让 0°的偏振光只进入右眼，90°的偏振光只进入左眼（也可用 45°和 135°的偏振光搭配）。两种偏振光分别搭载着两套画面，观众须戴上专用的偏光眼镜，眼镜的两个镜片由偏光滤镜或偏光片制成，分别可以让 0°和 90°的偏振光通过，这样就完成了第二次过滤。目前，分光技术的应用还主要停留在投影机上，早期必须使用双投影机加偏振光滤镜的方案，现在已经可以用单投影机实现了，不过都必须配合不破坏偏振光的金属投影幕才能使用。

2. 分时

分时技术是将两套画面在不同时间播放，显示器第一次刷新时播放左眼画面，同时用专用的眼镜遮住观看者的右眼，下一次刷新时播放右眼画面，并遮住观看者的左眼。按照上述方法将两套画面以极快的速度切换，在人眼视觉暂留特性的作用下就合成了连续的画面。目前，用于遮住左右眼的眼镜都是液晶板，因此也被称为液晶快门眼镜，早期还曾用过机械眼镜。

3. 色分法

分色技术是另一种 3D 立体成像技术，现在也比较成熟，有红蓝、红绿等多种模式，但采用的原理都是一样的。色分法会将两个不同视角上拍摄的影像分别以两种不同的颜色印制在同一幅画面中。这样视频在放映时仅凭肉眼观看就只能看到模糊的重影，而通过对应的红蓝等立体眼镜就可以看到立体效果，以红蓝眼镜为例，红色镜片下只能看到红色的影像，蓝色镜片下只能看到蓝色的影像，两只眼睛看到的不同影像在大脑中重叠呈现出 3D 立体效果。

4. 光栅

光栅技术和前 3 种差别较大，它是将屏幕划分成一条条垂直方向上的栅条，栅条交错显示左眼和右眼的画面，如 1、3、5……显示左眼画面，2、4、6……显示右眼画面。然后在屏幕和观众之间设一层"视差障碍"，它也是由垂直方向上的栅条组成的。对于液晶这类有背光结构的显示器来说，视察障碍也可设在背光板和液晶板之间。视察障碍的作用是阻挡视线，它遮住了两眼视线交点以外的部分，使左眼看到的栅条右眼看不到，右眼看到的左眼又看不到。不过，如果观看者的位置改变，视差障碍位置也要随之改变。为了方便移动视差障碍，小型光栅显示器都是采用液晶板作为视差障碍的，而检测观看者位置的方法主要有两种，一种是在观看者头上戴一个定位设备，另一种是用两个摄像头来实现一样的定位。

光栅式自由立体显示器主要是由平板显示屏和光栅精密组合而成，左右眼视差图像按一定规律排列并显示在平板显示屏上，然后利用光栅的分光作用将左右眼视差图像的光线向不同方向传播，观看者位于合适的观看区域时，其左右眼分别观看到左右眼视差图像，经过大脑融合便可观看到有立体感的图像。根据采用的光栅类型可分为狭缝光栅式自由立体显示和柱透镜光栅式自由立体显示两类。狭缝光栅式自由立体显示器又分为前置狭缝光栅和后置狭缝光栅两种，其结构与原理分别如图 3.1-1(a)和(b)所示。

(a) 前置式光栅　　　　　　　　　　　(b) 后置式光栅

图 3.1-1　光栅式自由立体显示器原理

柱透镜光栅式自由立体显示器的结构与原理如图 3.1-2 所示,利用柱透镜阵列对光线的折射作用,将左右眼视差图像分别提供给观看者的左右眼,经过大脑融合后产生具有纵深感的立体图像。

图 3.1-2　柱透镜光栅自由立体显示器原理

3.1.3　其他新型立体显示技术

除了上述传统的立体镜显示技术外,还有一些新设备或新技术模式也能够很好地展现三维环境效果。

1. 全息技术

全息技术最早始于 1947 年,英国的匈牙利裔物理学家丹尼斯·盖伯发明了全息投影术,并获得了 1971 年的诺贝尔物理学奖。第一张实际记录了二维物体的光学全息投影照片是在 1962 年由苏联科学家尤里·丹尼苏克拍摄的。1969 年,本顿发明了彩虹全息技术,20 世纪 60 年代末期,古德曼和劳伦斯等人提出了新的全息概念——数字全息技术,开创了精确全息技术的时代。2001 年,德国国家实验室首创研发了全息膜技术,而魔幻效果的技术则由丹麦公司 ViZoo 在 2006 年研发出来。2008 年,美国亚利桑那州大学打造了展现物体对象的可更新的 3D 全息显示屏,这是世界上首批 3D 全息显示屏之一。他们用全息膜搭建了一个倒金字塔形的几何模型,利用 4 台投影机投射的视频图像,在金字塔里经过一系列的光学衍射后汇合成一幅闪亮的全息图像,该 3D 图像效果就像实物漂浮在空中一样,如图 3.1-3 所示,至此全息投影技术开始逐步走向成熟。

图 3.1-3　全息 3D 图像

全息技术的理论源于光的物理学基础,因为光的物理属性具有波粒二重性,既有波的属性,也有粒子的特点。当光照射在某种介质的物体表面时,会产生反射、折射和透射,这是光的粒子属性表现,而当两束光发生相干叠加效应时,会产生干涉和衍射的情况,这是光的波属性的表现特征。

全息投影技术就是利用了光波的干涉和衍射原理记录并再现了物体真实的三维图像的技术。

(1)利用干涉原理记录物体光波信息。该过程也即拍摄过程。被摄物体在激光辐照下形成漫射式的物光束,另一部分激光作为参考光束射到全息底片上,和物光束叠加产生干涉,把物体光波上各点的位相和振幅转换成在空间上变化的强度,从而利用干涉条纹间的反差和间隔将物体光波的全部信息记录下来。记录着干涉条纹的底片经过显影、定影等处理程序后,便成为一张诺利德全息图,或称全息照片。

(2)利用衍射原理再现物体光波信息。该过程即为成像过程。全息图犹如一个复杂的光栅,在相干激光照射下,一张线性记录的正弦波形全息图的衍射光波一般可给出两个像,即原始像(又称初始像)和共轭像。再现的图像立体感强,具有真实的视觉效应。全息图的每一部分都记录了物体上各点的光信息,故原则上它的每一部分都能再现原物的整个图像,通过多次曝光还可以在同一张底片上记录多个不同的图像,而且能互不干扰地分别显示出来。全息投影技术原理如图 3.1-4 所示。

图 3.1-4　全息投影技术原理

近年来,随着计算机技术的发展和高分辨率电荷耦合成像器件(CCD)的出现,数字全息技术迅速发展。与传统全息不同的是,数字全息用 CCD 代替普通全息记录材料记录全息图,用计算机模拟取代光学衍射来实现物体再现,实现了全息图的记录、存储、处理和再现全过程的数字化。具有广阔的发展前景。

3D 全息投影技术的创新效果在于它改变了人们对那些传统展示艺术的表现模式,对于未来的全息电影、全息动漫、全息计算机游戏及科技探索都具有划时代的促进意义。

2. 体显示

体显示技术又称为(真)立体显示技术,是近年来新兴的具有真实物理景深感的三维显示技术。与计算机平板显示技术不同,该显示系统的特殊性表现为体显示系统仿佛能够直接在三维空间中产生图像,这一新颖的计算机显示系统已经引起人们的关注,它可用于科学分析、科学计算可视化,在国防建设、生物医学工程等领域都具有十分广阔的应用前景。

体显示技术的特点是希望能通过一个3D显示器来直接显示三维图像,从而使得表现出的三维物体既有心理景深,更有物理景深,而且多个观察者不需要任何辅助设备(如偏光眼镜),就可以从多个角度直接观察三维物体,就像人们在观赏一个金鱼缸里的金鱼一样。

真立体显示技术可分为用于动态物体的体扫描技术和静态物体成像技术。体扫描技术中屏幕的运动方式又可分为平移运动和旋转运动。

以旋转体扫描显示系统为例,其结构主要包括显示单元和图像引擎两部分。

(1) 旋转体扫描显示系统的显示单元。

任何立体显示单元都包括3个主要的子系统,即成像空间产生子系统、体素生成子系统及体素激活子系统。

构造成像空间就是产生一个透明的、可编址的立体空间。在这个立体空间里,体素被激活生成图像。成像空间的构造方式对图像质量会有较大的影响。

一般情况下,真立体显示系统采用模块化设计。系统的主要组成部分如下。

① 显示体(包括投影面)。

② 投影单元。

③ 投影单元驱动和电动机能量供应。

④ 有3D接口的控制PC。

真立体显示系统原理结构如图3.1-5所示。

图 3.1-5 旋转体扫描的系统结构

(2) 旋转体扫描显示系统的图像引擎。

图像引擎是十分关键的部分,在系统的模块化设计中,有3D接口的控制PC,主要是指图像引擎的设计。图像引擎的功能就是将原始空间的图像数据转换成既符合显示单元的几何特性,又按照体扫描显示要求的顺序排列的体素说明符,然后输入显示单元,测量和校准显示单元的信息。

图像引擎主要组成部分如图 3.1-6 所示。

图 3.1-6　体扫描显示系统的图像引擎模块图

上述体显示方法可供多个观看者同时从不同角度观看同一立体场景,且兼顾了人眼的调节和会聚特性,不会引起视觉疲劳。

3.2　三维建模技术

虚拟环境的建立是虚拟现实技术的核心内容。在三维模型的建立过程中,人们不仅要求模型的几何外观逼真可信,部分对象还需要具有较复杂的物理属性和良好的交互功能。此外,VR 系统对实时性的要求较高,而场景中的模型数据和类型又通常较多,因此对模型数据的简化和优化技术也极为重要。目前存在多种较为成熟的建模技术,但由于各种应用领域都有其特殊性,因此 VR 建模系统并无完全统一的规范。通常,建模技术可分为几何建模、物理建模和运动建模。几何建模是基于物体的几何和形状等信息的表示,研究图形数据结构等问题,物理建模是给一定几何形状的物体对象赋予特定的物理属性,运动建模用于处理对物体对象的运动和行为的描述,通常称之为动画。

3.2.1　几何建模

几何建模是指一种技术,它能将物体的形状存储在计算机内,形成该物体的三维几何模型,并能为各种具体对象应用提供信息,如能随时在任意方向显示物体形状,计算体积、面积、重心、惯性矩等。这个模型是对原物体确切的数学描述或是对原物体某种状态的真实模拟。然而,现实世界中的物体是复杂多样的,不可能用某一种方法就能描述各种不同特征的所有物体。为了产生景物的真实感显示,需要使用能精确地建立物体特征的表示,如使用多边形和二次曲面能够为诸如多面体和椭圆体等简单欧氏物体提供精确描述;样条曲面可用于设计机翼、齿轮及其他有曲面的机械结构;特征方程的表示方法,如分形几何和微粒系统,可以给出如树、花、草、云、水、火等自然景物的精确表示。

目前,计算机内部表示三维形体数据结构有 3 种存储模式,同时也就决定了形体的

3种表达模型,即线框模型、表面模型和实体模型。

1. 线框模型

三维线框模型(Wireframe Model)是在二维线框模型的基础上发展起来的。线框模型采用顶点表和边表两个表的数据结构来表示三维物体,顶点表记录各顶点的坐标值,边表记录每条边所连接的两个顶点。由此可见,三维物体可以用它的全部顶点及边的集合来描述,线框一词由此而来。线框模型的优点主要是可以产生任意视图,视图间能保持正确的投影关系,线框模型的缺点也很明显,物体的真实形状须由人脑的解释才能理解,因此容易出现二义性。

2. 表面模型

表面模型(Surface Model)通常用于构造复杂的曲面物体,构形时常常利用线框功能,先构造一线框图,然后用扫描或旋转等手段变成曲面,当然也可以用系统提供的许多曲面图素来建立各种曲面模型。与线框模型相比,其数据结构方面多了一个面表。记录了边、面间的拓扑关系,但仍旧缺乏面、体间的拓扑关系,无法区别面的哪一侧是体内、哪一侧是体外,依然不如实体模型直观。

3. 实体模型

实体模型与表面模型的不同之处在于确定了表面的哪一侧存在实体这个问题。实体模型的数据结构当然比较复杂,可能会有许多不同的结构。但有一点是肯定的,即数据结构不仅记录了全部几何信息,而且记录了全部点、线、面、体的拓扑信息,这是实体模型与线框或表面模型的根本区别。

虽然上述几何模型的表示方法是基础,但对于虚拟现实系统而言,很少会采用这些基础的编程方法来开发几何建模对象,而是借助一些现有的图形软件,如 3ds Max、Maya、AutoCAD Image Modeler 等;或者借助一些成熟的硬件设备,如三维扫描仪等。需要注意的是,这些软件和硬件都有自己特定的文件格式,在导入虚拟现实系统时需要做适当的文件格式转换。

此外,很多程序语言本身就支持三维模型表示和绘制,如 OpenGL、Java3D、VRML等。这些语言对三维模型的表示和处理效率高、实时性好。

3.2.2 物理建模

虚拟现实系统中的模型不是静止的,而是具有一定的运动方式的。当与用户发生交互时,也会有一定的响应方式。这些运动方式和响应方式必须遵循自然界中的物理规律,如物体之间的碰撞反弹、物体的自由落体、物体受到用户外力时朝预期方向移动等。上述内容就是物理建模技术需要解决的问题,在描述虚拟场景中的物理规律以及几何模型的物理属性之前,物理建模技术首先需要重点解决以下问题。

1. 设计数学模型

数学模型是指描述虚拟对象行为和运动的一组参数方程,它用来建立虚拟对象的视觉属性(如大小、形状、颜色等),物理属性(如质量、硬度等)和物理规则(如引力、阻力等)。建立数学模型往往并不困难,但设计引入这些行为的接口程序,使物理属性和行为与几何数据库联系起来却比较复杂。

2. 创建物理效果

对虚拟对象创建物理效果的方法是从几何模型出发,将时间、长度、质量和力等过程抽象处理后,与图形学中的元素,如帧、绝对坐标、节点和面等结合起来,搭建出一个表现基本物理量的三维场景。具体来说,首先确定物理过程,即作用在虚拟对象上的物理现象,接着利用软件仿真算法描述上述物理过程,最后通过计算机程序语言实现上述仿真算法,由此表达出模型质量、密度等物理属性和力的概念。

3. 实时碰撞检测

碰撞检测技术要能随时检测出虚拟场景中是否有碰撞发生,还要检测出碰撞发生的位置,以及根据数学模型和物理属性计算出碰撞发生后的反应。虚拟现实系统要求碰撞检测具有较高的实时性和精确性,所以其技术难度很高。目前,较成熟的碰撞检测算法有层次包围盒法和空间分解法等。

层次包围盒法的基本思想是利用体积略大而几何特性简单的包围盒将复杂几何对象包裹起来。在进行碰撞检测时,首先进行包围盒之间的相交测试,只有包围盒相交时才对其所包裹的对象做进一步求交计算。在构造碰撞体的包围盒时,若引入树状层次结构,可快速剔除不发生碰撞的元素,减少大量不必要的相交测试,从而提高碰撞检测效率。比较典型的包围盒类型有沿坐标轴的包围盒、包围球、方向包围盒、固定方向凸包等。层次包围盒方法应用得较为广泛,适用于复杂环境中的碰撞检测。

空间分解法是将整个虚拟空间划分成相等体积的规则单元格,只对占据同一单元格或相邻单元格的几何对象进行相交测试。比较典型的方法有 K-D 树、八叉树、BSP 树、四面体网、规则网等。

空间分解法通常适用于稀疏的环境中分布比较均匀的几何对象间的碰撞。传统的八叉树有空间非均匀网格剖分算法和层级边界盒算法。传统算法适合于静态场景,对于动态场景,采用较多的是基于面向对象的动态八叉树结构,它是对原算法的改进。动态八叉树的构造和碰撞检测策略是将场景表示为等体积的规则单元格的组合。

BSP 树包含的是平面的层级,每一个平面都将一个区域的空间分隔成两个子空间。BSP 的碰撞检测策略为:在两个对象间找出分隔的平面以确定两个对象是否相交;若存在分隔平面则无碰撞发生。当有相交时再与包围盒中对象的多边形进行精确检测。

3.2.3 运动建模

在虚拟现实环境中,除了要观察一个对象的 3D 几何形状,还必须考虑该对象的具体位置,并以此位置为基点,进行平移、碰撞、旋转和缩放等变化效果。这些内容的数据建模描述表达了对象的运动属性,所以称其为运动建模或者行为建模。

几何建模与物理建模结合,可以部分实现虚拟对象"看起来真实,动起来也真实"的特征和效果,但要真正构造一个能够逼真表现虚拟世界的运动环境,必须采用更加有效的行为描述方法,方能客观、自然地模拟虚拟对象的本质特征。

运动建模的目的就是要赋予虚拟对象仿真的行为与自然的反映能力,并服从客观世界的运动规律。例如,当一个虚拟对象被抛射出去后,它将沿着一个抛物线自然回落到地面。在对运动建模的数据描述中,与以下 4 个要素相关。

（1）对象的物理位置。

（2）对象的层次。

（3）虚拟摄像机。

（4）行人的运动结构表示。

1. 对象的物理位置

在虚拟现实的运动建模过程中，物体对象的位置是需要首先关注的内容，通常以三维坐标系来表示对象的物理空间位置。当物体对象运动时，一般采用 4×4 的齐次变换矩阵来描述。

例如，把世界坐标系中的任一点 $P(x_w, y_w)$ 移动到 $P'(x_v, y_v)$，则平移变换矩阵如图 3.2-1 所示。其中，b 是 Y 轴的坐标位移，l 是 X 轴的坐标位移。

进行反平移时，即从 $P'(x_v, y_v)$ 点移动到 $P(x_w, y_w)$ 点时，则变换矩阵如图 3.2-2 所示。其中，b 与 l 参数的意义与平移矩阵中的相同。

$$T_{平移} = \begin{bmatrix} 1 & 0 & 0 \\ 0 & 1 & 0 \\ -wxl & -wyb & 1 \end{bmatrix} \qquad T_{反平移} = \begin{bmatrix} 1 & 0 & 0 \\ 0 & 1 & 0 \\ vxl & vyb & 1 \end{bmatrix}$$

图 3.2-1　平移变换矩阵　　　　图 3.2-2　反向平移变换矩阵

确定了坐标系与物体对象的相对位置，就可以通过运算或矩阵变换，获得物体对象的运动效果。

2. 对象的层次

对象的层次定义了作为一个整体一起运动的一组对象，各部分也可以独立运行，假设不考虑对象层次，就会出现对象在运动时只能是整体运动。例如，有一个虚拟手，没有层次划分，手的指头就不能单独运动，而为了实现对手指的独立运动，就必须对手的三维模型进行分段设计，并进行分层控制。

在对象层次的表述中，上级对象称为父对象，下级对象称为子对象，上、下级对象的确定需要根据自然界的规律进行。以虚拟手为例，手臂是手掌的上级对象，手掌是手指的上级对象，运动规则是，子对象可独立运动，不影响父对象，但父对象运动，则子对象会跟随父对象的运动而运动。层次关系如图 3.2-3 所示。

```
┌─────┐
│ 手臂 │
└─────┘
   │
   ▼
┌─────┐
│ 手掌 │
└─────┘
   │
   ▼
┌─────┐
│ 手指 │
└─────┘
```

图 3.2-3　虚拟手的层次结构

在物体对象的层次关系中，有时也会有反向运动。以人体为例，人的身体是上层对象，四肢、头是身体的下层对象，当身体往前运动时，下层对象必须跟随移动，下层对象如头、四肢均可独立运动。但该人体做拉单杠运动时，身体就要跟随手的运动而运动，这就是反向运动，要描述运动物体对象，分清物体对象的层次关系是必需的。

3. 虚拟摄像机

三维世界通常采用摄像机的坐标系来观察，摄像机坐标系在固定的世界坐标系中的位置和方向称为观察变换，即在观察虚拟对象时，应该通过摄像机窗口来观察对象，所以在实时绘制图形时,需要根据摄像机的坐标系来绘制,并且只能是摄像机能够看到的那部分对象,可视窗口外的部分将被裁剪。

一般情况下,为了优化处理结果,实时图形绘制时,要把视窗口规范化,这样有利于图形显示时的坐标规范化。同时对 Z 轴缓冲区的处理过程中,可依照 Z 数据值的大小进行判别, Z 值大的物体对象距观察者远;反之则近。如果 Z 值大的对象被 Z 值小的对象遮挡,则遮挡的部分可以不必绘制。

4. 人体的运动结构分析

人体是最复杂的建模对象,也是虚拟现实中最特殊的对象,人体由骨、骨骼连接,其受力和运动均与骨骼的平衡有关。因此,人体的骨骼是构成各种动态姿势的基础。人体的骨骼系统在结构和平衡上是非常复杂和巧妙的,它能做出各种各样的动作。除了维系肌肉,骨骼还起到保护内脏的作用。骨骼的形状多种多样,有长有短、有圆有扁,所以能适应许多特殊的动作。当人们观察一个人的运动效果时,需要准确刻画出各个骨骼关节的变化状态,没有骨骼关节的活动就不能产生动作。人物动画的表现是连贯的、有周期性变化的运动形象,或者说就是表现姿势不断变化、重心不断移动的状态。

3.3　三维虚拟声音技术

三维虚拟声音与人们熟悉的立体声音有所不同。立体声虽然有左右声道之分,但就整体效果面言,立体声来自听者面前的某个平面。而三维虚拟声音则来自围绕听者双耳的一个球形中的任何地方,即声音出现在头的上方、后方或者前方。NASA 研究人员通过试验研究,证明了三维虚拟声音与立体声的不同感受。他们让试验者戴上立体声耳机,如果采用通用的立体声技术制作声音信息,试验者会感觉到声音在头内回响,而不是来自外界。但如果设法改变声音的混响时间差和混响压力差,试验者就会明显地感觉到声源位置在变化,并开始有了沉浸感,这就是三维虚拟声音。

3.3.1　三维虚拟声音的特征

三维虚拟声音的特征主要包括全向三维定位特性和三维实时跟踪特性。

(1) 全向三维定位特性是指在三维虚拟环境中把实际声音信号定位到特定虚拟声源的能力。它能使用户准确地判断出声源的精确位置,从而符合人们在真实世界中的听觉方式。

(2) 三堆实时跟踪特性是指在三维虚拟环境中实时跟踪虚拟声源位置变化或虚拟影像变化的能力。当用户转动头部时,这个虚拟声音的位置也应随之变动,使用户感到声源的位置并未发生变化。而当虚拟发声物体移动位置时,其声源位置也应有所改变,因为只有声音效果与实时变化的视觉一致,才可能产生视觉与听觉的叠加和同步效应。

举例来说,设想在虚拟房间中有一台正在播放节目的电视。如果用户站在距离电视较远的地方,则听到的声音也将较弱,但只要他逐渐走近电视,就会感受到越来越大的声音效果;当用户面对电视时,会感到声源来自正前方,而如果此时向左转动头部或走到电视左侧的话,他就会立刻感到声源已处于自己的右侧。这就是虚拟声音的全向三维定位特性和三维实时跟踪特性。可以说,一套性能良好的三维声音系统将能使所有虚拟声音的体验与人们在现实生活中取得的经验相同。

3.3.2　头部相关传递函数

在虚拟环境中构建较完整的三维声音系统是一个极其复杂的过程。为了建立三维虚拟声音,一般可以先从一个最简单的单耳声源开始,然后让它通过一个专门的回旋硬件生成分离的左右信号,便可以使一个戴耳机的实验者准确地确定声源在空间的位置。实际上,在听觉定位过程中,声波要经过头、躯干和外耳构成的复杂外形对其产生的散射、吸收等作用之后才能传递到鼓膜。当相同入射声波的方向不同时,到达鼓膜的声音频率成分就不同,此改变依赖于入射声波的方向以及人头部、外耳、躯干的形状与声学特性。为此,经研究人员试验证明,首先通过测量外界声音与鼓膜上声音的频率差异,获得了声音在耳部附近发生的频谱变形,随后利用这些数据对声波与人耳的交互方式进行编码,得出相关的一组传递函数,并确定出两耳的信号传播延迟特点,以此对声源进行定位。通常在 VR 系统中,当无回声的信号由这组传递函数处理后,再通过与声源缠绕在一起的滤波器驱动一组耳机,就可以在传统的耳机上形成有真实感的三维声音了。由于这组传递函数与头部有关,故被称为头部相关传递函数。由此可见,头部相关传递函数可视为是声音在人体周围位置包含有人体特征的函数。当获得的头部相关传递函数能够准确描述某个人的听觉定位过程时,利用它就能够模拟再现真实的声音场景。

由于每个人的头、耳的大小和形状各不相同,头部相关传递函数也会因人而异。但目前已有研究开始寻找对各种类型都通用且能提供良好效果的头部相关传递函数。

3.3.3　语音合成技术

语音合成技术是一门综合性的前沿新技术,该技术相当于给机器装上了人工嘴巴。它涉及声学、语言学、数字信号处理、计算机科学等多个学科技术。在 VR 系统中,语音合成技术与传统的录音—回放设备(系统)有着本质的区别。它实际上包括了语音识别、文语转换和电子控制下的机械发声等三大关键技术。

由于交互的需要,用户可以向 VR 系统自由地用语音或者是文字传递信息,而 VR 系统则可通过语音合成技术用声音反馈给用户。

由于语音与普通声音不同,具有特殊的波形纹理和周期,并且由于语言和人有较大的差异,使机器在语音识别过程中需要进行语音信号的预处理、特征提取、模式匹配等几个步骤的数据处理。预处理包括预滤波、采样和量化、加窗、端点检测、预加重等过程。其中特征参数提取是语音信号识别中最为重要的一环。

文语转换简称为 TTS,该技术可将外部输入的文字信息转变为可识别的语音输出,附属于语音合成技术的一部分。从原理上看,该技术包括语言学处理、韵律建模和声学处理(即合成语音)。

语音合成的理论基础是语音生成的数学模型。该模型表现的语音生成过程是在激励信号的激励下,声波经谐振腔(声道),由嘴或鼻辐射声波。因此,声道参数、声道谐振特性一直是研究的重点。基于上述原理,目前有几种语音合成方法,如共振峰合成法、LPC 参数合成法、PSOLA 合成技术、LMA 声道模型合成法等。

将语音合成与语音识别技术结合起来,可以使用户与计算机所创建的虚拟环境进行简单的语音交流,这在 VR 环境中具有突出的应用价值,特别是当使用者的双手正忙于执行其他任务,双眼无暇注视图像时,这个语音交流的功能就显得尤为重要了。

3.4 体感交互技术

体感技术是指虚拟环境与人体的姿态动作互动的一种新技术。目前基于体感技术的产品众多,主要代表有 3 家。任天堂于 2006 年发布了新研制的游戏主机 Wii,该设备除了传统的手柄按键控制,还可以在用户游戏时直接用身体动作控制屏幕上的游戏人物。其后,日本索尼公司也推出了新一代的体感设备,全称为 Play Station Move 动态控制器,它和 Play Station3 USB 摄影机结合,创造了一种全新的游戏模式。PS Move 不仅会辨识上下左右的动作,还会感应手腕的角度变化。所以,无论是运动般的快速活动,还是用笔绘画般纤细的动作,都能在 PS Move 上重现。动态控制器亦能感应空间的深度,令游戏玩者恍如置身在游戏中,感受到互动游戏的快乐。然而最成功、最具代表性的仍然是微软在 2010 年 6 月正式发布的体感周边外设 Kinect。作为一种 3D 体感摄影机,它同时导入了即时动态捕捉、影像辨识、麦克风输入、语音识别、社群互动等多种功能。它的出现彻底颠覆了人机互动的观念和效果。另外,美国苹果公司也计划以 3.45 亿美元收购以色列的体感技术公司 PrimeSense,体感技术正引起全球科技企业的强烈关注。

3.4.1 体感技术分类

依采用的技术不同,体感技术可分为三大类,即惯性感测、光学感测以及惯性及光学联合感测。

1. 惯性感测

惯性感测主要是以惯性传感器为主,如用重力传感器、陀螺仪以及磁传感器等来感测使用者肢体动作的物理参数,包括加速度、角速度及磁场,再根据这些物理参数求得使用者在空间的各种动作。其中的代表厂商为 Logitech,它在 2007 年推出了空间鼠标(MxAir),使用三轴重力传感器以及两轴陀螺仪感测使用者在空间中的手部动作,并将此动作转化为鼠标在屏幕上垂直方向与水平方向的位移。

2009 年,苹果智能型手机拉开了手机体感游戏热门下载的序幕,许多使用惯性传感器来适配的体感游戏不断孕育而生。由软银中国投资及台湾工业技术研究院合资设立的 CyWee 公司,发展了面向这 3 种传感器的特有算法,称为九轴混合感测算法(9-axis Sensor Fusion Technology)。九轴指的便是可量测空间中三轴向的重力传感器、可量测三轴向的磁传感器以及可量测三轴向的陀螺仪,此算法可克服传统上仅使用个别单一传感器的缺点,进而达成更精确的空间中动作捕捉原理体感体验。

2. 光学感测

光学感测的主要代表厂商为 Sony 及 Microsoft。早在 2005 年以前,Sony 便推出了光学感应套件——EyeToy,主要是通过光学传感器获取人体影像,再将此人体影像的肢体动作与游戏中的内容互动,技术上是以 2D 平面为主,其内容也多属较为简易类型的互动游戏。直到 2010 年,Microsoft 发表了跨时代的全新体感感应套件——Kinect,号称无需使用任何体感手柄,便可达到体感的效果,而比起 EyeToy,更为进步的是 Kinect 同时使用激光及摄像头(RGB)来获取人体影像信息,可捕捉人体 3D 全身影像,具有比EyeToy 更先进的深度信息,而且不受任何灯光环境限制。

3. 联合感测

联合感测主要代表厂商为 Nintendo 及 Sony。2006 年推出的 Wii 主要是在手柄上放置一个重力传感器,用来侦测手部三轴向的加速度,以及一红外线传感器,用来感应在电视屏幕前方的红外线发射器信号,可用来侦测手部在垂直及水平方向的位移,来操控一空间鼠标。这样的配置往往只能侦测一些较简单的动作,因此 Nintendo 在 2009 年推出了 Wii 手柄的加强版——Wii Motion Plus,主要在原有的 Wii 手柄上再插入一个三轴陀螺仪,如此便可更精确地侦测人体手腕旋转等动作,强化了体感方面的体验。

3.4.2 体感技术框架

体感技术作为一种新兴技术,正处于快速发展之中,现时期新产品层出不穷,技术上各有千秋。为了对体感技术有进一步认识,下面简介 Kinect 体感技术的基本框架。

在 Kinect 硬件组成中有以下几个关键功能部件。

(1)红外摄影机。主动投射近红外光谱,照射到粗糙物体或是穿透毛玻璃后,光谱发生扭曲,会形成随机的反射斑点,即散斑,进而能被红外摄像头读取。

(2)红外摄像头。分析红外光谱,创建可视范围内的人体、物体的深度图像。

(3)彩色摄像头。用于拍摄视角范围内的彩色视频图像。

(4)麦克风阵列。声音从 4 个麦克风采集,同时过滤背景噪声,可定位声源。

(5)仰角控制马达。可编程控制仰角的马达,用于获取最佳视角。

从硬件系统看,它能提供三大类的原始数据信息,包括深度数据流、彩色视频流、原始音频数据等,同时分别对应骨骼跟踪、身份识别和语音识别 3 种功能。骨骼跟踪是Kinect 体感操作的基础,它要求系统在允许的时延范围内,快速根据骨骼关节构建玩家的躯干、肢体、头部甚至手指,并在识别人体动作的时候,精度可以达到 4cm。

从功能方面看,有 3 个主要子系统,即深度识别(3D 图像识别技术)、人体骨骼追踪技术(动作捕捉技术)和语音识别技术。

1. 深度识别

采用 3D 深度摄像机技术可以捕捉到人所在的空间位置,原理是红外线感应上有一个 3D 深度感应摄像头,首先通过红外线发射器发出一种不可见镭射光,这个光线经过扩散片分布在测量的空间内;当镭射光射到人体后会形成反射斑点,另外一个红外线摄像机对这些反射斑点进行记录,通过芯片合成出 3D 深度信息的图像。

2. 人体骨骼追踪技术

识别到 3D 图像深度信息后,通过软件计算出人体主要的骨骼位置,通过精确掌握玩家身形轮廓与肢体位置来判断玩家的姿势动作,从而捕捉到人(用户)的动作。目前只支持两个人的骨骼捕捉。

3. 语音识别技术

在 3m 以外过滤掉背景噪声和其他不相干声音,准确地识别出游戏用户的语音;同时也支持语音控制。Kinect 系统还有一个根据不同国家、不同的口音建立的"声效模型",用来识别不同的口语和语言。

Kinect 在游戏中虚拟人物与真实人体的匹配度的高低是骨骼识别的关键,决定能实时抽象出多少个关节点,将关节点连在一起就是一个"火柴人"。关节点越多,骨骼越真实,骨骼在某一时间点的状态是静态的,骨骼中的某一关节点或多个关节点在空间的运动序列是动态的行为,进行动作识别最朴素的算法是基于动作序列的算法分析。

人脸识别是整个身份识别中最重要的一个部分,首先定位人脸的存在,其次基于脸部特征,对输入的人脸图像或视频流进行分析,如脸的位置、大小和各个主要面部器官的位置信息等,根据这些信息,提取每个人脸中所蕴含的身份特征,并将其与已知的人脸进行对比,从而识别每个人的身份。

语音识别包括很多层次的技术,如语音命令、声音特征识别、语种识别、分词、语气语调情感探测等多个方面。Kinect 麦克风阵列捕获的音频数据流通过音频增强效果算法处理来屏蔽环境噪声,Kinect 阵列技术包含有效的噪声消除和回波抑制算法,同时采用波束成型技术通过每个独立设备的响应时间确定音源位置,并尽可能避免环境噪声的影响。

3.5 人机自然交互技术

人机交互是人与计算机之间信息交流的简称,从冯·诺伊曼计算机诞生之日起,人机交互就作为计算机科学研究领域中的一个组成部分受到人们的关注,在其后半个多世纪的发展中,人机交互技术取得了很大的进步。它的发展可简单分为以下 4 个阶段。

(1)基于键盘和字符显示器的交互阶段。这一阶段使用的主要交互工具为键盘及字符显示器,交互的内容主要有字符、文本和命令。交互过程显得呆板和单调,这一阶段可称为第一代人机交互技术。

(2)基于鼠标和图形显示器的交互阶段。这一阶段使用的主要交互工具为鼠标及图形显示器,交互的内容主要有字符、图形和图像。20 世纪 70 年代发明的鼠标极大地改善了人机之间的交互方式,窗口操作系统中使用的鼠标今天已成为计算机的标准配置设备。鼠标也可称为第二代人机交互技术的象征。

(3)基于多媒体技术的交互阶段。20 世纪 80 年代末出现的多媒体技术使计算机产业出现了前所未有的繁荣,声卡、图像卡等硬件设备的出现使得计算机处理声音及视频图像成为可能,从而使人机交互技术开始向声音、视频过渡,在这一阶段中,除了键盘和鼠标外,话筒、摄像机及喇叭等多媒体输入输出设备也逐渐为人机交互所用。而人机交互的内容也变得更加丰富,特别是语音识别技术的完善,使得通过声音与计算机进行交互成为可能。由于多媒体技术使用户能以声、像、图、文等多种媒体信息与计算机进行信息交流,从而方便了计算机的使用,扩大了计算机的应用范围。但是,这一阶段的多媒体交互技术使用某种媒体技术进行人机交互时,仍处于独立媒体的存取、编辑状态,没能涉及多媒体信息的综合处理,因此多媒体技术交互阶段可称为第三代人机交互技术。

(4) 基于多模态技术集成的自然交互阶段。从单媒体交互技术走向多媒体集成的交互技术,它所产生的效果和作用绝不是交互技术之间量的变化,而是一种质的飞跃。虽然通过多媒体信息进行人机交互极大地丰富了人机交互的手段和内容,但离人类天生的自然交互能力还差得较远,因为人类在与其环境进行交互时是多模态的,人可以同时说、指和看同一个物体,还可以通过同时听一个人的说话语气和看他的面部表情及手臂动作来判断他的情绪,为了更好地理解周围的环境,人类每时每刻都在使用视觉、听觉、触觉和嗅觉,可以说多模态是人类与环境之间自然交互的体现。此外,人类与环境之间的交互还是基于知识的,因为人类的行为动作均在思维的控制下进行,同样对反馈的信息也是在思维的支配下识别。因此,基于多模态技术的自然交互阶段则可以归纳为第四代的人机交互技术。在虚拟现实技术中,基于多模态技术集成的自然交互技术是其重要标志之一。

目前,虚拟现实系统能提供的自然交互技术效果还不是很完善,人们在使用眼睛、耳朵、皮肤、手势和语言等各种感觉器官直接与周围环境对象进行自然交互时,与理论目标值还存在一定的距离。

3.5.1　手势识别技术

手势是一种自然、直观、易于学习的人机交互手段。以人手直接作为计算机的输入设备,人机间的通信将不再需要中间媒体,用户可以简单地定义一种适当的手势对周围的机器进行控制。手势研究分为手势合成和手势识别,前者属于计算机图形学的问题,后者属于模式识别的问题。手势识别技术分为基于数据手套和基于计算机视觉两大类。

由于手势本身具有多样性和多义性,具有在时间、空间上的差异性,加上不同文化背景的影响,对手势的定义是不同的。一般把手势定义为:手势是人手或者手和臂结合所产生的各种姿势和动作,它包括静态手势(指姿态,单个手形)和动态手势(指动作,由一系列姿态组成)。静态手势对应空间里的一个点,而动态手势对应着模型参数空间里的一条轨迹,需要使用随时间变化的空间特征量来表述。

现在大多数的研究重点都在静态手势的识别,其技术难点如下。

(1) 手势目标检测的困难。

(2) 手势目标识别的困难。

目标的实时截取是指人在复杂的背景条件下从图像流中截取出目标,这是机器视觉主要研究的课题之一。目前已有许多针对专用自动视觉系统的较为成熟且易于实现的技术。

对于如何根据人手的姿态以及变化过程来解释其高层次的含义,提取出具有几何不变性的特征是其关键技术,该技术具有以下特点。

（1）手是弹性物体，故同一种手势之间差别很大。

（2）手有大量冗余信息，在人识别手势的过程中，关键是识别手指的特征，故手掌是冗余信息。

（3）手的位置是在三维空间，因此难以定位，并且计算机获取的图像是三维向二维的投影，因此投影方向很关键。

（4）由于手的表面是非光滑的，因此易产生阴影。

对于手势检测和手势识别中的疑难问题，目前并未顺利解决，因此具体实现时必须附加一定的限制条件。

目前，虚拟现实技术中有两种主要的手势识别技术，分别是基于数据手套的识别和基于视觉（图像）的识别系统。

基于数据手套的手势识别。数据手套是虚拟现实技术中广泛使用的交互设备。严格来说，基于数据手套的手势识别其实不能算做一种真正的手势识别。传统的交互设备，如鼠标（笔）等，其实也可以认为是一些手势输入设备。基于数据手套手势输入的优点是输入数据量小、速度快，可直接获得手在空间的三维信息和手指的运动信息。可识别的手势种类多，技术上已能够进行实时识别。缺点是用户需要穿戴复杂的数据手套和空间位置跟踪定位设备，相对限制了人手的自由运动，并且数据手套、空间位置跟踪定位设备等输入设备的价格比较昂贵。

基于计算机视觉的手势识别则采用光学跟踪运作。手势识别通常使用红外线 LED，外加两个摄像头，利用红外线遇障碍物反射光线和双目立体成像原理同时采集手势的图像，通过算法处理进行校准匹配、3D 建模，从而生成相关的三维手部信息。再通过手部特征点的位置、姿态变化等信息计算手部运动，获得手部的坐标和向量，进而对手势进行跟踪。目前，基于计算机视觉的手势识别大概可以分为两个等级，即二维手势识别、三维手势识别。

二维手势识别可以识别一些简单的二维手势动作，一般可以用（X、Y）来表示坐标系，有了坐标系后，就可以捕捉和计量手势的动态特征，追踪手势的运动，进而识别将手势和手部运动结合在一起的复杂动作。如此一来，就把手势识别的范围真正拓展到二维平面了。二维手势识别不仅可以通过手势控制计算机播放/暂停，还可以实现前进/后退/向上翻页/向下滚动这些需要二维坐标变更信息的复杂操作。在技术研究方面，其代表公司是来自以色列的 Point Grab、Eye Sight 和 Extreme Reality。

三维手势识别需要的输入是包含有深度的信息，同样可以用（X,Y,Z）来表示坐标系，凭借坐标系的设置可以统计和识别各种手型、手势和动作。与二维手势识别技术相比，三维手势识别技术要复杂很多，目前主要由 3 种硬件方式实现，即立体视觉、结构光模式及渡越时间。

1. 立体视觉

立体视觉系统可能是最为人所熟知的三维采集系统。该系统使用两个摄像机获得左右立体影像，该影像有些轻微偏移，与人眼同序。计算机通过比较这两个影像就可获得对应于影像中物体位移的不同影像。该不同影像或地图可以是彩色的，也可以为灰阶，具体取决于特定系统的需求。就好像是人类用双眼、昆虫用多目复眼来观察世界，通过比对这些不同摄像头在同一时刻获得的图像差别，使用算法来计算深度信息，从而进行多角三维成像。代表产品是 Leap Motion 公司的同名产品和 Usens 公司的 Fingo。

2. 结构光模式

结构光模式可用来测量或扫描三维对象。在该类系统中,可在整个对象上照射结构光模式,光模式可使用激光照明干扰创建,也可使用投影影像创建。使用类似于立体视觉系统的摄像机,有助于结构光模式系统获得对象的三维坐标。此外,单个二维摄像机系统也可用来测量任何单条的移位,然后通过软件分析获得坐标。无论使用什么系统,都可使用坐标来创建对象外形的数字三维图形。代表应用产品就是 Prime Sense 公司为微软公司 XBox 360 所做的 Kinect 一代了。

3. 渡越时间

渡越时间传感器是一种相对较新的深度信息系统。渡越时间系统是一种光雷达(LIDAR)系统,它的基本原理是加载一个发光元件,发光元件发出的光子碰到物体表面后会反射回来。使用一个特别的 CMOS 传感器捕捉这些由发光元件发出、又从物体表面反射回来的光子,就能得到光子的飞行时间。根据光子飞行时间可以推算出光子飞行的距离,也就得到了物体的深度信息。代表应用为 Soft Kinetic 为 Intel 提供带手势识别功能的三维摄像头。

自然手势的识别与应用是未来的趋势,因此,基于视觉的手势识别是顺应 VR 发展潮流的。对基于视觉的手势识别来说,其特点是输入设备比较便宜,使用时不干扰用户,但识别率较低,实时性较差,特别是很难用于大词汇量的复杂手势识别。

在虚拟现实系统的应用中,由于人类手势多种多样,而且不同用户做相同手势时的手指移动也存在一定差别,这就需要对手势命令进行准确定义。

图 3.5-1 显示了一套明确的手势定义规范。在手势规范的基础上,手势识别技术一般采用模板匹配方法匹配用户手势与模板库中的手势指令,通过测量两者的相似度来识别手势指令。

| 开始 | 前进 | 后退 | 停止 |

| 转向 | 拾取 | 释放 |

图 3.5-1　手势定义规范

手势交互的最大优势在于用户可以自始至终采用同一种输入设备(通常是数据手套)与虚拟世界进行交互。这样用户就可以将注意力集中于虚拟世界,从而降低对输入设备的额外关注。

3.5.2　面部表情识别技术

喜、怒、哀、乐皆为情,表情是人们的内心世界通过人的脸部区域反映出来的信息。这种表现形式在人们的交流中起着非常重要的作用,是人们进行非语言交流的一种重要方式。表情含有丰富的人体行为信息,是情感最主要的载体,对它的研究可以进一步了解人类对应的心理状态。有心理学家认为,情感表达＝7％语言＋38％声音＋55％面部表情,可见人脸表情与情感表达的关系十分密切。

对人脸面部表情的识别与研究具有广泛的应用前景,如 VR 自然人机交互、心理学研究、远程教育、安全驾驶、公共场合安全监控、辨别谎言、计算机游戏、临床医学及人类精神病理分析等。尽管表情识别对未来的人机交互技术具有重要的价值,但由于面部表情具有多样性和复杂性特征,并且涉及生理学及心理学,因此表情识别具有较大的难度。与其他生物识别技术如指纹识别、虹膜识别、人脸识别等相比,表情识别发展相对较慢,但已经引起研究人员的关注和重视。

计算机科学在研究人脸面部表情识别时通常包括 4 个步骤,即人脸图像的检测与定位、表情图像预处理、表情特征提取、表情分类等。

1. 表情识别系统框架

人脸表情识别系统框架如图 3.5-2 所示。在该框架图中,人脸图像获取步骤中包括了人脸图像的检测与定位、表情图像预处理,基本任务是基于人脸特征信息和人脸整体信息得到包含人脸的图像,接着需要对人脸表情图像进行特征提取和表情分类的工作流程。

图 3.5-2　表情识别系统框架

2. 人脸图像的检测与定位

人脸图像的检测与定位就是在输入图像中找到人脸的确切位置,它是人脸表情识别的第一步。人脸检测的基本思想是建立人脸模型,比较输入图像中所有可能的待检测区域与人脸模型的匹配程度,从而得到可能存在人脸的区域。根据对人脸知识利用方式的不同,可以将人脸检测方法分为两大类。

（1）基于特征的人脸检测方法。该类方法直接利用人脸信息,如人脸肤色、人脸的几何结构等,这类方法大多用模式识别的经典理论,应用较多。

（2）基于图像的人脸检测方法。该类方法并不直接利用人脸信息,而是将人脸检测问题看做一般的模式识别问题,待检测图像被直接作为系统输入,中间不需特征提取和分析,直接利用训练算法将学习样本分为人脸类和非人脸类,检测人脸时只要比较这两类与可能的人脸区域,即可判断检测区域是否为人脸。

3. 表情图像预处理

图像预处理常常采用信号处理的形式（如去噪、像素位置或者光照变量的标准化）,还包括人脸及其组成的分割、定位或跟踪。表情的表示对图像中头的平移、尺度变化和旋转是敏感的。为了消除这些不必要的变换的影响,人脸表情图像可以在分类前进行标准化的预处理。

4. 表情特征提取

表情特征提取是人脸表情识别（FER）系统中最重要的部分,有效的表情特征提取工作将使识别的性能大大提高。

表情特征的提取根据图像性质的不同,可分为静态图像特征提取和序列图像特征提取。静态图像中提取的是表情的形变特征,即表情的暂态特征。而对于序列图像,不仅要提取每一帧的表情形变特征,还要提取连续序列的运动特征。形变特征提取必须依赖中性表情或模型,把产生的表情与中性表情做比较从而提取特征,而运动特征的提取则直接依赖于表情产生的面部变化。特征选取的依据如下。

（1）尽可能多地携带人脸面部表情的特征,即信息量丰富。

（2）尽可能容易提取。

（3）信息相对稳定,受光照变化等外界的影响小。

表情形变特征提取的常用方法有主成分分析法（Principal Component Analysis, PCA）、Gabor 小波法、基于模型的方法等。

常用的运动图像的特征提取方法有光流法、特征点跟踪法和差分图像法。

5. 表情分类

表情识别的最后步骤就是表情的分类,提取特征之后,通过分类器就可以确定给定的对象属于哪一类。基本方法是在样本集的基础上确定判别规则,对于新给定的对象,根据已有的判别规则来分类,从而达到识别的目的。一个良好的分类器使分类造成的错误率最小,因此分类器的设计也是表情识别的关键。

一般常用的分类方法有以下几种。

（1）最近邻法（K-Nearest Neigbor algorithm, KNN）,是基于样本间距离的一种分类方法。

（2）基于模板的匹配方法。为每一个要识别的表情建立一个模板,将待测表情与每种表情模板进行匹配,匹配度越高,则待测表情与某种表情越相似。

（3）基于神经网络的方法。采用神经网络方法具有识别率高的特点,但神经网络方法的训练工作量非常大。

（4）基于概率模型的方法。估计表情图像的参数分布模型，分别计算被测表情属于每个类的概率，取最大概率的类别为识别结果。

（5）基于支持向量机（Support Vector Machines，SVM）的方法。

6. 应用实例

心拓英启科技公司（Braincraft Technology Co.，Ltd）是一家专业从事试验心理学技术和应用心理学服务的厂商。其推出的 Faceso 软件工具包能够准确地进行面部表情识别、头部运动捕捉，使用户轻松获得可量化的情绪识别、头部运动、眼动追踪的一体化解决方案。该产品基本功能为：针对视频图像中的每一帧，Faceso 提供面部表情的 7 种关键指标的翔实数据、头部姿态的 6 自由度变化以及包括眼动追踪在内的 7 种被试特征数据。利用这些参数可以洞察人们的情绪状态，因此该系统具有重要的商业、人机交互方面的价值。该系统采用的算法模型为机器学习核心算法以及面部动作编码系统（FACS），利用庞大的数据库，使得模型预测的情绪准确率高达

图 3.5-3　人脸识别过程

93.3％，可适用于任何场景。人脸识别过程如图 3.5-3 所示。

3.5.3　眼动跟踪技术

虚拟现实系统中视觉感知主要依赖于对用户头部方位的跟踪，即当用户头部发生运动时，系统显示给用户的景象也会随之改变，从而实现实时视觉显示。但在现实世界中，人们可能经常在不转动头部的情况下，仅仅通过移动视线来观察一定范围内的环境或物体。从这一点可以看出，单纯依靠头部跟踪的视觉显示是不全面的，于是，虚拟现实系统将视线的移动作为人机交互方式，它不但可以弥补头部跟踪技术的不足，还可以简化传统交互过程中的步骤，使交互更直接。

眼动追踪（Eye Tracking）是指通过测量眼睛注视点的位置或眼球相对于头部的运动而实现对眼球运动的追踪。眼动追踪的概念如图 3.5-4 所示。

在眼动跟踪技术中，主要实现手段可以分为以硬件为基础和以软件为基础两类。以硬件为基础的跟踪技术需要用户戴上特制头盔、特殊隐形眼镜，或者使用头部固定架、置于用户头顶的摄像机等。这种方式识别精度高，但对用户的干扰很大。

通过硬件的方法进行眼动追踪技术是历经了一个长期的发展过程才成熟起来的。过去，眼动追踪采用的方法非常繁琐，如要在被试者的眼球上固定某些东西。新型眼动追踪技术的基本原理是相同的，即将一束光线和一台摄像机对准被试者的眼睛，通过光线和后端分析来推断被试者注视的方向，摄像机则记录交互的过程。现代眼动仪采用更加巧妙的方法，即从被试者的脸部反射回一束不可见的红外线的方式。由于眼球内的视网膜吸收可见光，反射红外线，因此和眼睛的其他部分相比，视网膜能较好地反射波长更长的红外线。这就使眼动仪无需进行特别的图像识别就能确定瞳孔的位置。

为了克服眼动跟踪装置对人的干扰，近年来人们提出了以软件为主，实现对用户无

图 3.5-4 眼动追踪概念

干扰的眼动跟踪方法,其基本工作原理是先利用摄像机获取人眼或脸部图像,然后用图像处理算法实现图像中人脸和人眼的检测、定位与跟踪,从而估算用户的注视位置。

眼动跟踪技术中主要使用两种图像处理方法,即可见光谱成像和红外光谱成像。可见光谱成像是一种被动的方式,通过捕捉眼睛的反射光捕捉虹膜和巩膜之间的轮廓(也叫角膜缘)作为特征,然后进行定位。红外光谱成像通过使用一个用户无法感知的红外光控制来主动消除镜面反射,它通过跟踪瞳孔轮廓进行定位,因为瞳孔轮廓比角膜缘更小、更尖锐,因而定位效果更具优势。

目前,眼动跟踪技术主要存在的问题有以下几个。

(1)数据提取问题。

目前,眼动跟踪系统的典型采样速率为 $50\sim500\mathrm{Hz}$,为采样点提供水平和垂直坐标。随着试验时间的延长,很快就产生了大量的数据,对大量采集的数据进行快速存储和分析是一个困难的问题。

(2)数据解释问题。

目前,眼动跟踪数据的分析主要有基于认知理论和模型的自上而下分析法和自下而上的数据观察法。由于眼动存在固有的抖动和眨动,导致从眼动数据中提取准确的信息较为困难。

(3)精度和自由度问题。

以硬件为基础和以软件为基础的眼动跟踪技术相比,其精度可以达到很高($0.1°$),但所应用的设备却限制了人的自由,使用起来很不方便。相反,以软件为基础的眼动跟踪技术对用户的限制大大降低,如用户的头部可以移动,但其精度相对来说低得多,只有 $2°$ 左右,要想得到准确的注视焦点比较困难。

(4)米达斯接触(MidasTouch)问题。

米达斯接触问题(米达斯是希腊神话中的一位国王,能点石成金)指的是由于用户视线运动的随意性而造成计算机对用户意图识别的困难。用户可能希望随便看什么而不必非"意味着"什么,更不希望每次转移视线都可能引发一个动作。因此,视线跟踪技术的挑战之一就是避免"米达斯接触"问题。

（5）算法问题。

由于视线跟踪技术还没有完全成熟，加之眼动本身的特点（如存在固有的抖动、眨眼等）造成数据中断，会存在许多干扰信号，使得人们把注视焦点与屏幕元素相关联时存在困难。另外，视觉通道只有和其他通道（如听觉等）配合才能发挥更大的作用，提出合理的通道整合模型和算法也是一个巨大的挑战。

3.5.4　唇读识别技术

随着计算机 VR 技术的发展，人机交互技术已经从以计算机为中心转为以人为中心的多种媒体、多种模式的交互技术。

在人机交互活动中，语音是最有效、最便捷的方式，如果音频交互受到环境噪声的影响，识别率就会大大下降。人类心理学和生理学的研究表明，人们在噪声环境下，通常会不自觉地使用唇动、表情、手势、注视等视觉信息来加强语言的表达能力，即使在无噪声的情况下，视觉信息也能提高语言认知的准确性，这一点也已经被众多专业研究者所证明。在语音识别的过程中，辅之以视觉信息是提高识别率行之有效的方法之一。唇读正是在这种情况下应运而生，并引起了研究机构和人员越来越多的关注。唇读与语音共同构建的识别系统如图 3.5-5 所示。

图 3.5-5　唇读与语音识别系统框图

唇读是指通过识别说话者的口形变化，尽可能地读出说话者的说话内容，是对唇动的理解过程。唇读技术是指用计算机对说话人口形变化的理解，广义讲是对人脸表情的理解，属于计算机视觉识别的范畴。随着计算机多模态融合技术的日益进步，将视觉信息和语音信息相融合成为选项，这时说话人口形变化的视频信息与语音信号相结合，共同完成语音识别，从而大大提高在噪声环境下的语音、语义的识别率已成为研究者的共识。

从计算机学科来看，唇读识别的先期处理为唇部区域定位分割，其后识别处理的关键因素主要有以下 3 个。

（1）唇部特征的提取问题。

（2）唇读识别算法问题。

（3）语音、视觉融合算法问题。

1. 唇读技术的国内外发展现状

目前，国际上已经有很多单位和研究机构在进行唇读的研究，包括伊朗、印度、英国、美国、法国、韩国、日本、中国香港以及芬兰、瑞士等。从研究进展看,美国、瑞士、日本等国家的研究机构对唇读关键技术的研究取得了一些突破性进展,其研究领域主要为与语音识别相结合的视觉特征提取与识别,以及关于说话人个性特征的提取和识别工作。

Intel 公司开发出了一套音视听语音识别软件,可以帮助计算机像人类一样识别嘴唇动作,以更好地理解语音命令。通过将采集到的唇部视觉信息和采集到的音频信息综合起来,可以将说话人所讲的内容准确地记录下来。以色列推出了专利软件,可使聋人或听力较差的人通过手机交流。该软件要借助计算机,计算机与手机相连接,该软件可以将语音同步翻译为唇语。

伊朗乌尔米耶大学对于在彩色人脸图像中进行唇部定位作了研究,其算法先是选择合适的色彩空间以及区分唇部和皮肤像素的成分。对于人脸的下半部分运用改进的唇部模板算法寻找唇部区域,然后运用小波算法去除噪声,结合唇部的不同部分的方差确定唇所在的位置。其中,利用顶帽算法和区域增长的方法得到唇部像素。此外也有报道称,微软公司将唇读技术运用到新版的 Kinect 上,利用深度红外传感器来读唇,可为用户提供更好的人机交互模式。概括来说,国外对唇读的研究较早,已经有产品和软件开发出来,目前仍在对于不同环境下的实际问题作进一步研究。

国内的高校和科研机构研究唇读相对较晚,大约仅十几年的时间,研究最早的是哈尔滨工业大学,其次是中国科学院。从发表的论文成果看,国内大多都是对唇读技术中相关算法问题方面的研究。到目前为止,还没有报道国内某公司使用唇读相关技术开发出的新产品,总的来说国内唇读的研究还处于理论技术研究阶段,关键技术仍不成熟。

2. 唇部区域定位分割

现阶段的唇读系统大多采用基于正面人脸(Front Face)的图像进行区域识别,即要求人脸正对摄像头,也有部分学者在侧面人脸方面做了相关的工作。要定位唇部区域,首先要进行脸部定位,然后在脸部区域中定位唇部区域。因人脸的检测技术已经相对成熟,而且在实际中已有大量的应用,处理过程主要可以分为两大类,即传统的图像处理方法(如肤色分割、模板匹配、边缘检测、阈值分割)和基于统计的方法(如人工神经网络等)。

确定脸部区域后,就是对唇部区域的定位。依据不同的视觉特征提取方法,需要得到的唇部区域也不相同,有学者提取的是包含嘴唇部分的一个矩形框,还有其他学者提取的区域则包括下巴、脸颊等部分。对于唇部轮廓的特征提取方法,大部分只提取嘴唇区域,而将整个唇区像素点作为特征的方法,但从发展的趋势看,今后更多提取方法是采用的唇部区域,包含下巴、嘴唇及部分面部肌肉。

3. 唇部特征的提取

唇部区域的定位是唇部视觉特征选择的前提,即在获取的脸部图像中将唇部从图像中分割出来。早期的方法是人工标注,但是人工标注的工作量太大,无法实现实时性。现在的唇读识别系统要求必须是自动的唇部区域定位,由于现在人脸识别率已经较为成熟,因此现在唇部区域定位方法是建立在人脸检测的基础上研究的。唇部视觉特征选择是唇读识别的关键。选择的方式不同、选择的特征参数不同,都会直接影响识别结论。目前主流的基于视觉的唇部特征提取方法有 4 种。

(1)基于纹理的特征。

(2)基于形状的特征。

（3）前两种的混合方法。

（4）基于运动的方法。

其中，基于纹理的特征提取方法是针对唇部区域的所有像素点，特征直接从一个定义的 ROI(Region Of Interest)区域中获取且载有有用的用于区分的信息。该方法依赖于传统的模式识别和图像压缩技术（如 LDA、PCA、DCT、DWT），通过对得到的高维特征向量进行降维计算获得恰当、有用的唇读信息。但是，由于该方法包含了唇部区域的所有像素，所以它同时包含其他许多不相关的信息。同时，基于纹理的特征对训练和测试数据集之间的强烈变化比较敏感。

基于形状的特征方法要求足够的唇区跟踪，并且认为视觉信息可以通过单独的形状和唇动获取。采用此方法的研究人员中，有人使用唇部几何特征如外唇和内唇作为参数，还有人使用唇部轮廓作为视觉特征。总之，这种方法的缺点是无论是特征提取还是训练都非常复杂，主要原因是由于参数的选择造成的，特定的唇部形状可能无法包含所有语音相关的信息，而且这种方法对图像质量非常敏感。

前两者混合的方法，有人只是通过对两种特征进行简单连接来进行特征提取，有的则使用联合的模型。后一种方法的代表为主要外观模型，即 AAM(Actvie Appearance Model)。

基于运动的方法认为说话过程中的视觉运动包含了语音相关信息，该方法广泛应用于光流法中。但当前基于运动的方法面对快速运动（如唇部运动的某些部分）时，尚存一定的困难。上述传统的方法都存在一个共同的难点，即它们大部分都想找出一种通用的方法，但由于人们说话方式存在巨大差异，这显然是非常困难的。

最近几年，许多学者、专家对传统方法进行了较大改进，也提出了新的观点和方法，他们利用视觉信息进行无声语音识别，通过提取动态视觉特征对口型进行分类。试验结果也证明他们的方法在不同的噪声环境下非常有效。

4. 唇读识别算法

目前，唇读领域中的主要识别方法是隐马尔可夫模型（Hidden Markov Model，HMM），人工神经网络（Artificial Neural Network，ANN）也有一定的应用，还有一些研究者将人工神经网络与 HMM 结合起来，以求进一步提高识别率。

1）基于 HMM 的方法

作为信号的一种统计模型，HMM 已经在语音识别等诸多领域得到了成功应用。HMM 过程是一个双重随机过程，其中之一是隐马尔可夫链，这是描述状态转移的基本随机过程，另一个随机过程则描述状态和观察值之间的统计对应关系。人的唇动也正符合这种双重随机过程：人对要说的话进行思考（不可观察的状态转移过程）并发音，从而表现出唇动信息（观察值）。用 HMM 是将唇读信号视做短时平稳的随机过程，并用状态转移来描述时变。

自从 1993 年 Goldschen 首次采用 HMM 进行唇读识别以来，HMM 已成为目前主流的唇读识别方法。

2）基于人工神经网络的方法

人工神经网络（Artificial Neural Network，ANN）是一种以大量处理单元为节点，单元之间实现加权值互联的拓扑结构，其表现出来的一些优良特性如学习能力、自组织能力、容错能力等使之在模式识别领域得到了广泛的应用,然而它却不适合直接用于动态序列特征的识别,这时延时神经网络 TDNN 就体现出了优点。TDNN 与普通神经网络的不同处在于其输入层是一个变化的时序窗,因而可以对动态序列特征进行识别。

TDNN 属于一种多层延时性神经网络,一个随时间变化的时序窗作为它的输入层。引入了时间因子,使它适宜于连续问题的识别,因此可用于解决唇动识别问题。尽管时间延迟神经网络能够处理时序问题,但它只能利用短距离的上下文,而不能处理长距离的依存关系。这是由于神经网络的结构决定了它缺乏模型化长距离的依存能力。

3) 混合方法

除了上面介绍的两大类方法,还出现了一些混合方法,如 Bregler 等人提出的人工神经网络与 HMM 相结合的识别方法,其特点在于音素概率由多层感知器进行估计,而不是使用混合高斯模型,这样做的好处在于不必对输入数据作分布概率和相互间保持独立性的假设。

5. 语音视觉融合算法

由于视觉信息的局限性,单独的唇读系统难以有大的实用价值,所以大部分研究者都是将唇读作为语音识别的辅助手段,将语音识别与唇读相结合,构建语音视觉识别系统。所以语音视觉识别领域中一个重要的研究课题就是语音信息与视觉信息的融合,融合算法可以分为两大类,即特征融合、决策融合。

1) 特征融合

特征融合是基于训练一个单一的分类器(如同单独语音或单独唇读中的分类器一样),然后将声音特征向量与视觉特征向量连接成一个大的向量。主要有两种技术,即特征连接、特征加权。

特征加权的方法是寻找一个视觉特征到声音空间的数据再到数据的映射,称为 data-to-data,或者两类特征的一个新的共同空间,并接着对得到的特征进行线性结合。声音特征的加强,基于视觉输入或声音—视觉特征的连接,就属于此类融合。

2) 决策融合

决策融合是分别对声音特征与视觉特征训练分类器,然后利用这两个分类器单独的似然性(Likelihood),将这两个分类器线性地结合到一个联合的语音视觉识别评分系统中。虽然许多特征融合技术都能够提高语音—视觉识别系统的性能,但却不能明确地对每一种模式的可靠性进行建模,而由于音频和视频流中具有不同的语音信息,这种建模就显得非常重要。从另一个角度来说,决策融合框架提供了一种机制,通过借鉴分类组合的思想能够捕获这些模式的可靠性。已经有多种不同的分类器组合技术被用于语音—视觉识别,但到目前为止,应用最广泛的决策融合技术还是典型的单独声音和视觉分类器的结合,使用一个并行结构,自适应组合权重,分类评分级别信息。这些方法通过使用适当的权重对两个单独分类器的 log-likelihoods 进行线性组合,获得最有可能的讲话分类或词序列。除了以上两类主要方法,研究人员对结合了两者优点的混合模型也进行了应用。有试验证明,这种混合的融合方法性能优于特征融合和决策融合。

3.5.5　力触觉交互技术

对人类获取信息能力的研究表明,力触觉是除视觉和听觉之外最重要的感觉,是人类认识外界环境并与环境进行交互的重要手段。在实际工作中,很多操作任务要求操作者必须有效感知接触状况才能进行精确控制。在虚拟现实环境下,力触觉交互表现得更加重要,如在虚拟手术训练中引入力触觉反馈,可以使医生训练时不仅能够看到而且还能感觉到手术器官,医生能够进入虚拟世界,通过手和手臂的运动与虚拟模型和环境进行交互,形成对虚拟模型的完整认识,并感受到与虚拟对象交互产生的触觉和力,如同操作真实物体一样,使得操作训练更真实、准确。

从力反馈设备的交互属性看,可以分为主动型力/触觉设备和被动型力/触觉设备。主动型力/触觉设备是在操作时系统主动给用户的感官发出力的感受,目前大多数设备都为此类,被动型力/触觉设备则是当人手给出力的过程中系统反馈给用户一定比例的力,使得虚拟交互更加逼真。

1. 主动型力/触觉设备

主动型力/触觉设备可划分为 3 种,即固定型设备、可穿戴设备、点交互设备和专用设备。

（1）固定型设备。有许多力反馈交互设备能够为整个人手或胳膊及其身体其他部位提供力反馈信息,其中爱荷华州的力反馈外骨骼机构利用磁场为使用者提供力信息就是其中的典型之一。

（2）穿戴设备。数据手套或数据衣属于此类。例如,日本 Tsukuba 大学的虚拟实验室研究的 WearableMaster 将一个 3 自由度电机驱动的操纵杆安装在手臂上,为手指提供力的信息。又如,力反馈数据手套由 VT 公司开发,可进行硬度再现和力/触觉效果再现等。

（3）点交互设备和专用设备。典型的点交互设备是 Phantom,该设备通过具有 6 自由度操作终端与指尖进行点交互。另一种点交互设备是 McGill 大学的伸缩绘图仪,通过单点反馈力信息。专用设备的一个例子是赫尔大学计算机科学系研制的外科手术模拟器 VEATS——虚拟环境膝盖关节镜检查训练系统,用于对外科医生进行膝盖外科手术训练。此外,还有运动交互装置（全身力反馈）、力反馈操纵杆、力反馈鼠标和驱动轮等。

这些力/触觉再现装置虽然能给操作者提供较大范围的力/触觉反馈感受,但由于作用力的产生和控制主要是基于电动、气动、液压等有源执行器的输出控制,因而它们普遍存在体积大、设备重等问题。

2. 被动力/触觉设备

被动力反馈驱动系统无需系统提供能量,所以其本身具备稳定的特点,也不会对操作用户造成伤害。与同体积的主动力反馈系统相比,所反馈力的范围要大得多,其设备装置可以做得很小、很轻。

电/磁流变液是一种液体智能材料,当有电磁场存在时,其流变学特性如黏度、屈服力等特性会发生剧烈的变化,当移去电磁场时,电/磁流变液恢复成原来的流体。电磁变液体在液态与固态之间的变换时间在毫秒级,而且凝胶化程度与电磁场强度成一定比例关系,所以只要改变所施加的电压,电/磁流变液体的液态与固态之间任何状态都能够平滑和快速地得到。利用这一特性,许多被动力反馈设备得到发展。日本 Osaka 大学的 Masamichi 等人利用两个电/磁流变液体开发出了一个 2 自由度的被动力再现装置。意大利 Pisa 大学的研究学者们也利用电/磁流变液设计出一个能够反馈虚拟物体的形状和柔顺性的新型力/触觉系统。

3. 力触觉的建模

构建虚拟环境中的力/触觉交互系统,建立基于物理意义的力触觉模型是关键。早期的力觉建模主要集中于刚性接触下的虚拟力的建模与生成。Basdogan 等人综合研究了刚性物体点、线、面接触下的力/触觉计算方法。但随着虚拟现实技术的发展,对柔性物体的接触力仿真更加突现其重要性。大多数柔性体的接触力物理模型都是基于弹性理论研究弹性体的受力/变形关系,这些模型大致可分为两大类,即弹簧质点模型和有限元模型。弹簧质点模型简单,易建造,计算速度快,并且适合并行计算。有限元方法是利用弹性理论以及预处理的方法计算变形和受力情况,对于线弹性体的静力学受力分析,有限元法具有精度高的优点。但对于具有非线性黏弹特性的对象,如人体的器官组织等,当受力发生大变形或者物体拓扑结构改变时,边界条件随之改变,无法采用预处理的技术,影响了虚拟力计算的实时性和准确性。

3.5.6　虚拟嗅觉交互技术

虚拟嗅觉是虚拟现实系统的重要组成部分,它能够使人们在虚拟环境里闻到逼真的气味,可极大地增强虚拟环境里的感知性、沉浸性和交互性。特别是虚拟嗅觉在数字博物馆、科学馆、沉浸式互动游戏和体验式教学等方面,具有其他虚拟感知不可替代的作用。

1. 虚拟嗅觉的研究现状

对虚拟嗅觉的研究始于 20 世纪 60 年代。有虚拟现实系统之父称谓的 Morton Heileg 最早研制出 Sensorama 气味容器,可以说是虚拟嗅觉系统的鼻祖和雏形。其后虚拟嗅觉技术的研究出现了停滞。直到进入 21 世纪,虚拟嗅觉研究才重新变得活跃起来。2001 年,Fabrizio 等学者提出了一种 3 层式的虚拟嗅觉技术框架。2003 年,Yasuyuki 等学者研制了一种无障碍喷射式虚拟嗅觉呈现器。Donald 等学者分析了虚拟现实系统嗅觉技术的重要性和特殊性,概述了多种虚拟嗅觉呈现器的特点。此后,各国学者分别研制出各式各样的虚拟嗅觉呈现器,如穿戴式的虚拟嗅觉呈现器、气味识别照片的虚拟嗅觉呈现器和电磁阀控制的虚拟嗅觉呈现器等。2008 年,Takamichi 等人开发了一款具有气味反馈功能的烹饪游戏,该游戏可以让用户在虚拟烹饪时闻到相应调料的气味。

2010 年,Dong 等人研发了一种虚拟嗅觉呈现器,该呈现器能较好地控制香料散发的时间和空间。Aiko 等人开发一种视觉和嗅觉交叉模式的虚拟嗅觉呈现器。Matsukura 等人开发了一个气味呈现与气流同步的虚拟嗅觉呈现器。特别是最近几年,基于游戏的各种气体散发装置不断涌现,那种集视觉、嗅觉和味觉感知于一体的虚拟现实系统也已出现,嗅觉在虚拟交互中的作用越来越突出,它不再是感官陪衬,而真正成为了主要的感觉享受。

2. 虚拟嗅觉相关要素

虚拟嗅觉是多学科交叉且综合性强的技术,涉及计算机、机械、传感和人类感知等多个领域。对于虚拟嗅觉应用,有 3 个相关要素,即人的嗅觉生理结构、气味源、虚拟环境特性。

1) 人的嗅觉生理结构

人的嗅觉生理结构是鼻腔受某种挥发性气体物质刺激后产生的一种生理反应。绝大多数气味都是由多种气体分子组成的,其中每种气体分子会激活相应的多个气味受体,气味受体位于鼻腔最上端的嗅上皮内,气味受体被激活后产生脉冲电信号,并通过"嗅小球"和大脑其他区域的信号传递组合成一定的气味模式。最终,大脑有意识地辨别和记忆不同的气味。

2) 气味源

气味是由气味源产生,扩散在空气中被人的嗅觉感知。一种物质要具有气味,首先这种物质要具有挥发性,可将它的分子释放到空气中;其次它必须微溶于水,这样分子才能穿过覆盖在嗅觉感受器官上的黏膜,从而达到刺激大脑皮层的作用。

3) 虚拟环境特性

虚拟环境中的嗅觉研究重点是它的感官交互性、实时性和感知融合性。交互性是指当用户与虚拟环境交互时,用户与虚拟环境之间的嗅觉信息流、气味信息会影响用户的情绪、判断和行为;反之,用户的操作也可以引发虚拟环境生成不同的气味。实时性是指在虚拟嗅觉交互过程中要让用户实时感知到气味,避免嗅觉反馈延时。

3. 关键技术

1) 气味的生成和发送

虚拟环境中的嗅觉感知,首先要让气味源生成气味分子,然后把气味分子发送给用户。根据气味源的不同物理属性,需要用不同的方法生成气味分子。比如,对于固态或者液态的气味源,可通过电阻丝加热等方法使其挥发出气味分子。对于气态或易挥发液态的气味源,可利用吹气装置释放气味分子,气味源装在有进气口的气味盒内,吹气装置与气味盒的进气口相连接,控制吹气装置的运转,将气味分子从气味盒的出气口喷出。

2) 气味的改变和驱除

气味分子具有较强的持续性和延时滞留性,难以快速散尽,这容易引发用户嗅觉的惰性以及多种气味混合引起的串味问题,破坏虚拟环境的实时性和真实感。因此,虚拟嗅觉研究要关注气味改变和驱除问题。气味改变是虚拟嗅觉交互的必然要求,在研发过程中,要充分考虑交互时气味改变的实时性,虚拟环境中的气味需随着场景的变化而实时改变。

3) 虚拟嗅觉呈现器的研发

虚拟嗅觉呈现器可分为电磁阀控制式、喷射式、穿戴式、远程式、无声式和接触式等几种类型。

(1)电磁阀控制式。电磁阀式虚拟嗅觉呈现器主要是由电磁阀流量控制器和电磁阀混合器所构成的封闭式气味呈现装置。电磁阀流量控制器可调整气味浓度和控制气味发送,电磁阀混合器能在较短的时间里实现多种气味的混合,并发送气味。

(2)喷射式。喷射式嗅觉呈现器是通过喷射气体的方式实现气味的传送。

(3)穿戴式。穿戴式虚拟嗅觉呈现器是指嗅觉呈现器穿戴在用户身上,气味通过管道直接输送到用户的鼻子。

(4)远程式。远程式虚拟嗅觉呈现器主要由虚拟嗅觉呈现器和图像采集系统组成,两者通过网络连接。网络摄像头捕捉到嗅探点周围的图像后传送给与虚拟嗅觉呈现器相连的远程计算机,并促使虚拟嗅觉呈现器散发出相应的气味。

(5) 无声式。无声式虚拟嗅觉呈现器是指在释放气味时硬件设备不发出噪声的嗅觉呈现器,避免噪声干扰虚拟环境的沉浸感。

(6) 接触式。通过一个嗅觉显示屏幕,用户可在二维屏幕的任意位置上单击即可呈现相应的虚拟气味。

4) 嗅觉交互和融合问题

虚拟嗅觉交互强调用户与虚拟环境之间的气味信息交流。在交互过程中,嗅觉感知必然会与视觉、听觉和触/力觉等感知相融合。例如,当人们在虚拟环境中见到一朵鲜花,伴随着闻到花香,而虚拟环境中突然出现了一堆狗屎,很快一股臭气便扑面而来。因此,从虚拟嗅觉感知的需求和应用出发,对于人机交互的可感知、可定位、可操作等特点,更应该重点关注嗅觉交互和其他感官信息融合的问题。对其原理、方法和技术的研究大有可为。

人的感知系统是一个有机的整体,各种感知系统一方面是相对独立的,另一方面又相互关联、相互作用、相互补充。在各种刺激因素的共同作用下,单个感知系统只能从某一个角度来感受事物的特性,多通道的感知系统可使人获得更强烈的存在感和真实感。

3.5.7 脑机接口技术

脑机接口(Brain Computer Interface,BCI)是一种新的人机接口方式,该技术初步形成于 20 世纪 70 年代,是一种涉及脑神经科学、信号检测、信号处理、模式识别等多学科的交叉技术。随着人们对神经系统功能的认识提高和计算机信息技术的发展,BCI 技术的研究明显加快,国际上于 1999 年、2002 年两次召开了有关 BCI 的专门研讨会,更是极大地促进了国际社会对 BCI 的研究。

BCI 是一种连接大脑和外部设备的实时通信系统,其技术特征就是能够把大脑发出的信息直接转换成能够驱动外部设备的命令,并代替人的肢体或语言器官,实现人与外界的交流以及通过特殊的驱动设备实现对外部环境的控制。而在国际大会上给出的 BCI 定义是:脑机接口是一种不依赖于正常外围神经和肌肉组成的输出通路的通信系统。

BCI 完全不依赖肌肉和外围神经的参与,可直接实现脑与计算机设备的通信,这对人机的自然交互,对特殊环境中外部设备的控制,对人们交互观念的改变都具有非常重要的意义。

从技术层面上看,BCI 技术可分为以下两个部分。

(1) 人脑生理学。

(2) 电子信号分析、处理与人机交互。

1. 人脑的生理与 BCI 的基本工作原理

人类目前对自身大脑思考活动时脑内部的变化情况还知之甚少,但经过大量的实验研究后,对大脑皮层外部的脑电波分布、频率有了一定的认识,经过电子扫描仪检测出,大脑至少有 4 个重要的频率波段。

(1) α 脑电波,频率为 8～12Hz。

当人的大脑处于完全放松的精神状态(空的状态)下,或是在心神专注的时候,就会出现该波段的脑电波。在"放松活跃"状态时,人的大脑似乎能更快、更有效地吸收信息。

(2) β脑电波,频率为 14~100Hz。

这种脑电波反映的是人类在一种通常的、日常的清醒状态下的脑电波情况。它是一般清醒状态下大脑的搏动状况,在这种状态下,人就会出现逻辑思维、分析以及有意识的活动。当人们睁着双眼,目光盯着周边的各种事物时,就会出现该类型脑电波。特别是当人们的头脑警觉、注意力集中,或者人们有点情绪波动或焦虑不安,这时的 β脑电波状态就会增强。

(3) θ脑电波,频率为 4~8Hz。

这个阶段的脑电波为人的睡眠的初期阶段,即当人们开始感觉睡意蒙眬时——介于全醒与全睡之间的过渡区域——此时的脑电波就变成以 4~8Hz 的频率运动。

(4) δ脑电波,频率为 0.5~4Hz。

它是人的深度睡眠阶段的脑电波。当人们完全进入深睡时,大脑就以 0.5~4Hz 的频率运动,即呈现出 δ波。此时人们的呼吸深入、心跳慢、血压和体温下降。

应该说,上述 4 种脑电波的存在为 BCI 的研究提供了很好的样本。另外,人们对 BCI 的研究还着眼于大脑皮层下的神经元活动情况,人脑约有 1000 亿个神经元,神经元之间有上万亿个树突进行连接,密如蛛网地分布在人的大脑皮层下或人脑的感觉器官后面,一旦大脑有所活动,某些神经元簇或神经元回路的树突之间就会产生微弱的电流,释放一些化学物质。对于神经元上电活动的弱小变化,人们可以通过一定的技术手段检测出来,并采集其中的特征信号,通过分类识别,可分辨出引发脑电变化的动作意图,再用计算机语言进行编程,把人的思维活动转变成命令信号,驱动外部设备,实现在没有肌肉和外围神经直接参与的情况下人脑对外部环境的直接控制,这就是 BCI 的基本工作原理。

2. BCI 系统的基本结构

基于各种不同需求,人们现在已经设计出多种具有某些特定功能的基于脑电的 BCI 原型系统,从原理上看,BCI 系统一般由输入、输出和信号处理及转换等功能环节组成。输入环节的功能包括产生、检测包含有某种特性的脑电活动特征信号,以及用参数描述这种特征。

信号处理的作用是对源信号进行处理分析,首先是模/数转换,以便于计算机的读取和处理,并对这些特征信号进行识别分类,确定其对应的意念活动。根据信号分析、分类之后得到的特征信号产生驱动或操作命令,对输出装置进行操作,或直接输出表示人脑意图的字母或单词,达到与外界交流的目的。作为连接输入和输出的中间环节,信号分析与转换是 BCI 系统的重要组成部分,在信号强度不变的情况下,改进信号分析与转换的算法可以提高分类的准确性,以优化 BCI 系统的控制性能。

BCI 系统的基本结构包括信号的采集、信号的分析(分类)、产生驱动命令等几个环节,如图 3.5-6 所示。

3. BCI 的分类

在第一次 BCI 国际会议上,根据输入信号的性质把 BCI 系统分成两类。一类为使用自发脑电信号的 BCI 系统;另一类为使用诱发脑电信号的 BCI 系统。

基于自发脑电的 BCI 系统是应用自发脑电作为系统的输入特征信号,其特点是受试者一般要经过训练之后才能自主地控制脑电变化,再直接控制外部环境,该过程有时需

图 3.5-6　BCI 系统的基本结构

要对受试者进行大量训练,且易受其身体状况、情绪、病情等各种因素的影响,导致脑电波形的不稳定。诱发脑电信号的 BCI 系统是使用外在刺激来诱发大脑皮层相应部位的电活动,促其产生变化并以其作为特征信号,外部诱发 BCI 系统不需要对受试者进行过多的训练,但需要特定的环境(如排成矩阵的闪烁视觉刺激输入),这并不利于系统的推广和应用。

在 BCI 系统的开发设计中,采用何种方案必须根据信号特征、技术方向,应用目的等综合考虑。

4. BCI 的关键技术

BCI 系统由信号的产生、处理、转换、输出以及逻辑开关和时钟等单元组成。在 BCI 技术发展中,信号分析和转换算法是最重要的研究内容,为此简介如下。

1) 源信号的获取

BCI 源信号的获取过程包括信号的产生、检测(电极记录)、信号放大、去噪和数字化处理等。人类大脑能够产生多种信号,包括电的、磁的、化学的以及对大脑活动的机械反应等各种形式,这些信号可以通过相应的传感器进行检测,从而使 BCI 的实施成为可能。但如果信号的属性不同,则检测技术也相差较大。

(1) 信号的产生。

根据要获取信号的特征和性质,需要采取对应的产生特征信号的方法,信号产生方式主要有利用视觉诱发电位、利用事件相关电位、模拟虚拟环境以及自主控制脑电等多种形式。

(2) 信号的检测。

信号的检测方法依赖于待测神经电信号的性质。根据电极类型,BCI 系统可以分为电极内置式和电极外置式两种基本形式。

在电极内置式的检测中,把特制的电极序列植入患者大脑皮层内,长时间对单神经元或神经元集的电活动进行记录,这种方法可以直接检测到神经元的电活动情况,具有脑电信号特征性强、信噪比高、后续处理简单等优点,但需要有专业的医生进行外科手术,有一定的危险性,而且存在植入后的心理与伦理问题,因此这种方法目前只是用于动物实验。

对于电极外置式 BCI 系统,只需将电极帽戴在患者或受试者的头上,不需专业性的指导和帮助,其检测方法简单、操作容易。但由于电极距离神经元较远,得到的信号噪声大、质量差,加重了后续信号处理的负担,电极外置式是实际应用较多的一种信号检测方法。

2) 信号的处理方法

BCI 系统中的信号处理过程包括信号预处理、特征提取、识别分类等几个环节。传统的脑电信号分析方法是对信号进行多次检测并进行均值滤波,再用统计学方法寻找其中的变化规律,这种方法信息传输率低,不能满足实时控制的需求。现在一般对信号处理采用对单次训练信号的研究,其中特征提取和识别分类是 BCI 信号处理最关键的步骤。

(1) BCI 中的特征提取方法。特征提取就是以特征信号作为源信号确定各种参数,并以此为向量组成表征信号特征的特征向量,特征参数包括时域信号(如幅值)和频域信号(如频率)两大类,相应的特征提取方法也分为时域法、频域法和时—频域方法。

(2) 特征信号的分类。识别特征信号分类是基于脑电信号根据不同的运动或意识,导致的能使脑电活动产生不同响应的特性,进行标定和划分。常见的几种具有代表性的 BCI 特征信号分类处理法如下。

① 人工神经网络。

② 贝叶斯—卡尔曼滤波。

③ 线性判别分析。

④ 遗传算法。

⑤ 概率模型。

5. BCI 的评价标准

由于不同 BCI 系统的输入、输出、转换算法等存在很大差异,因此要对不同的 BCI 系统进行客观、科学的评价是比较困难的。可能某一种系统针对某一种应用比较有效,而在另外的应用场合,其性能往往并不理想甚至不能使用。对不同的 BCI 系统进行比较和评价,将有利于 BCI 的发展壮大。因此,寻求一种有效的、合理的、实用的评价方法作为 BCI 系统性能评定的标准,是 BCI 发展中不可缺少的重要环节。通信系统普遍采用的一种性能评价标准是波特率,即单位时间内的信息传输量。在 BCI 系统中,波特率既和速度有关,又和准确度有关,同时也和操作的复杂程度有关。实验结果表明,在从两个选项中进行选择的系统中,准确率由 80% 提高到 90%,信息传输率能提高 1 倍;如果从两个选项中选取目标时的准确率是 90%,从 4 个选项中选取目标时的准确率是 65%,两者的信息传输率将大致相同。以信息传输率为标准来评价 BCI 的性能是比较客观和公正的,也许能够被大多数研究者所接受,但由于 BCI 的应用和对其性能要求的千差万别,要应用统一的、适合于各种 BCI 系统的标准进行评价并不是一件容易的事,还要对其作进一步的研究。

6. BCI 的应用

作为一种多学科交叉的新兴信息技术,目前 BCI 的研究仍处于理论和实验的探索阶段,与理论期望目标和实际应用还有一定的差距,尽管目前已经有了许多意念控制的成功案例,但从其性能和发展趋势来看,BCI 系统及其技术将在涉及人脑的各个领域发挥重要的作用,尤其是对于那些在医学上称为其他活动能力严重缺失的患者,提供了一种新的能力恢复方法。实际上,现阶段 BCI 技术的研究中,主要障碍是人类对自身大脑思维成因并不清楚,仅凭外部的脑电生物波无规律的变化来研究,很难取得大的成就。从一些研究信息可知,西方的研究人员早已把目光瞄准了脑—机—脑接口技术,也许这才是未来脑—机接口的终极目标。因为一旦这项技术获得成功,一个比现在计算机互联网更具颠覆性的人脑联网将应运而生,在知识迁移、科技研究方面都将产生难以估量的突破。

3.5.8 多模态融合、多通道的人机交互技术

多模态融合、多通道的人机交互技术尚处于实验室的研究阶段,主要研究范围仅限于触、听、视的交互应用,许多研究人员在研究过程中提出了自己的研究观点、方式和方法,但并没有统一、规范的模式存在,因此对该前沿问题中的技术思想仅做框架性的表述。

随着 VR 时代的来临,计算机技术向三维空间拓展。传统的 WIMP(Window,Icon,Menu,Pointing Device)人机交互模式尽管在二维系统应用中可圈可点,但局限性也逐步显现。例如,输入输出不平衡,用户的输入带宽远远低于输出带宽,用户输入的语义层次很低;文本的输入和直接操纵这两种交互使得人手在鼠标和键盘之间频繁切换;屏幕空间资源大量被界面构件而非应用工作区所占据;输入输出方式单一,一些通道负荷很重,如视觉,而另一些通道几乎完全没有被利用,如听觉和触觉。其次,传统交互方式难以满足虚拟现实、三维 CAD 与多媒体等方面的发展对交互提出的更高需求。再次,鼠标、键盘对于今天的台式机尚可适用,但却不适用于掌上机、计算机微型化设备对交互方式提出的新要求。更令人难堪的是,它阻碍了计算机走向普通用户、走进日常生活的大趋势。而计算机性能的提高,也为多通道界面做了相应的技术准备。

目前人们力求最佳的人机交互方式的需求,已经成了计算机学科的重要课题摆到了研究人员的面前。多通道(Multimodal)人机界面旨在充分利用一个以上感觉和动作通道(如语音、手势或视线等)的互补特性来捕捉用户的意向,从根本上改变了当前人机之间的不平衡通信;对于人们力图实现从精确向非精确交互、二维向三维交互的转变,从而扩大用户输入的带宽,提高用户输入的效率,增进人机交互的自然性;促使普通用户能按其熟悉的感觉技能进行人机通信,将对计算机的广泛应用和社会发展起到不可估量的促进作用。

1. 国内外研究现状

多模态融合、多通道的人机交互研究,是通向人机自然交互的必由之路。多通道界面的构想大约 30 年前就已出现,当时 N. Negroponte(今天 MIT Media Lab 的主任)提出了交谈式计算机(Conversational Computer)的概念。人可以用语音、手势、表情、注视和肢体语言,也就是用日常生活中相互交流的方式与机器进行交互,这正是今天多通道人机交互研究的理想目标。20 世纪 90 年代以后,作为人机交互研究的新领域,多通道在欧美越来越受到重视。大量论文和研究报告涌现,多通道会议增多,SIGCHI、SIGGRAPH和 Euro Graphics 等著名国际会议上都有专题讨论会。在美国国家关键技术研究计划

中，人机界面被列为 6 项关键信息技术之一。麻省理工学院 SLS（Spoken Language Systems）研究小组的 GALAXY 项目为在线信息提供语音界面，已应用于航班信息、天气预报、城市地图等查询服务。卡耐基—梅隆大学 ISL 实验室的 INTERACT 项目期望通过多个通道（人脸表情、唇读、手势、语音及视线跟踪等）的处理和结合来增强人机通信。欧共体的 ESPRIT 计划也设立了 Amodeus-2 和 MIAMI 等多通道研究项目，主要研究用户与系统交互的模型、结构、表示和整合等方面的技术问题。

我国在单通道界面研究方面（如语音识别和手写体识别）做了不少工作，如国家智能中心、清华大学及中国科学院自动化所等，在多通道界面研究方面取得了一些可喜成果，并于 1996 年 10 月在北京召开了第一届多通道界面国际会议 ICMI'96（International Conference on Multimodal Interface）。

从发表的科研论文看，北京大学、杭州大学及中国科学院等相对较多。由于多通道人机交互与传统图形用户界面的交互有本质的不同，在创新性方面，不仅概念上、交互设备、数据模型、软件引擎架构、驱动系统等都有着颠覆性改变，未来多通道系统的应用必将带来人们社会观念的大变革。

2. 多通道层次交互模型

目前，在单一交互系统的研究过程中，相对其他人体感觉器官的交互来说，触觉、视觉、听觉系统的研究，技术要成熟得多，从生理原理到实验设备都基本进入到了实际应用的层面，而对于人的味觉等感官的交互功能似乎还没有起步，因此，在多通道研究上选择触觉、视觉、听觉是合乎常理的。

目前，触觉设备中提供的主要触觉反馈是机械振动，它利用设备本身的结构设计以及机电震动器产生机械共振，在人体表面产生振动触觉。也有学者提出了一种更细腻的静电摩擦力作为触觉反馈，利用电磁振动原理在用户的手指与触摸屏之间产生电摩擦力，这样不仅可以实现触觉反馈与用户动作的实时匹配，还能实现不同的触摸质感。除了与触屏相关的触觉交互技术外，数据手套、力反馈模组等设备都能够采集用户操作的动作信息，结合系统数据向用户提供力/触觉反馈，已被广泛用于虚拟现实环境的交互。

听觉和视觉与触觉的关联整合并不容易，听觉是对音频数据采样，视觉则对图像数据采样，在采样过程中，听觉、视觉对背景杂波相对敏感。而触觉则可以起到较好的补充，但是触觉对力的大小判断是不精确的测量。

面对复杂环境、复杂问题的时候，计算机科学采用分层的数据模型进行研究和规划是常见的方法，常规的多通道处理模型如图 3.5-7 所示。

人在物理世界中使用多种交互设备，如传统键盘、鼠标，也可以采用触、听、视等方式，通过人机界面传递信息，计算机系统获取了多种模态的数据后，依照特征信号进行识别整合，调用对应的程序模块处理，与数据库建立关联，进行数据库检索，反馈信息到输出通道，参照输入的数据类别反馈相同的数据类型给用户。

3. 多通道整合关键技术

多通道交互系统的任务复杂，数据形式多样，因而系统的实时性、准确性就成了关注的焦点。要有效完成多模态的识别任务，处理好多种数据，并根据任务需求以最佳方式反馈用户信息，关键技术如下。

图 3.5-7 多通道处理模型

（1）系统的数据处理模型。

作为系统数据流程的抽象，数据处理模型是系统的数学形式描述，提供了信息表示和操作手段的形式构架。

（2）人机反馈界面的描述方法。

由于涉及多通道人机交互的自然性，所以要对多通道用户界面模型进行评估和有效分析，就要求描述方法应该显式地反映用户和任务分析模型的结果，简单地说，机器获取人的输入信息后，反馈的形式可以是图形、图像、语音，但最佳的反馈表示形式应该满足用户认知心理的要求。

（3）多通道整合。

如何从多个并行/串行、精确/非精确、独立/协作的输入信息流中快速捕捉用户想传达的任务信息，就是多通道间的整合问题。

（4）多通道界面软件结构。

多种形式交互设备的并行处理给软件的管理带来了挑战。如果把多通道交互系统拆解为多个独立的子智能体，每个智能体均有一定的模块功能，当一个智能体没有捕捉到有效数据时，不会影响交互系统的整体性能。

4. 实例应用

2007 年，美国微软的 Microsoft Surface 平板电脑上市，该电脑结合了最新的多通道交互技术，用户可以直接用手或声音对屏幕发出指令，触摸和其他外在物理物体来和电脑进行交互，无须再依赖会令手部劳损的鼠标与键盘。

Microsoft Surface 的使用更为直观,不需使用任何鼠标及键盘。搭配 30in 的大型显示器,其机构外形很像张桌子,可以很多人同时在上面触控操作。与一般触控式电脑最大的不同之处在于提供了多点触控(Multi-Touch)功能,可以同时辨识多点的触控资讯,让多人同时使用一台 Surface 电脑。物体辨识功能则让放在 Surface 上的不同物体可以启动不同类型的数位反应。比如将 zune 放到 Microsoft Surface 上,可以形成虚拟场景。其中,zune 是微软公司 2006 年推出的一款便携式媒体播放设备。Surface 电脑如图 3.5-8 所示。

图 3.5- 8　Surface 电脑

3.6　虚拟现实引擎

虚拟现实系统是一个复杂的综合系统,外部设备与各种支持软件众多,它们只有在虚拟现实内核——虚拟现实引擎的组织下才能结合形成 VR 系统,如图 3.6-1 所示。

图 3.6-1　VR 系统

3.6.1　虚拟现实引擎概述

虚拟现实引擎的实质就是以底层编程语言为基础的一种通用开发平台,它包括各种交互硬件接口、图形数据的管理和绘制模块、功能设计模块、消息响应机制、网络接口等功能。基于这种平台,程序人员只需专注于虚拟现实系统的功能设计和开发,无须考虑程序底层的细节。

从虚拟现实引擎的作用观察,其系统作为虚拟现实的核心,处于最重要的中心位置,组织和协调各个部分的运作,如图 3.6-2 所示。

图 3.6-2　虚拟现实引擎功能

目前,已经有很多虚拟现实引擎软件运作,它们的实现机制、功能特点、应用领域各不相同。但是从整体上讲,一个完善的虚拟现实引擎应该具有以下特点。

(1) 可视化管理界面。基于可视化管理界面,程序人员可以通过“所见即所得”方式设计和调整虚拟场景。例如,在数字城市系统时,开发人员通过可视化管理界面就能够添加建筑物,并同时更新图形数据库系统中的位置、面积、高度等数据。

(2) 二次开发能力。二次开发是指引擎系统必须能够提供管理系统中所有资源的程序接口。通过这些程序接口,开发人员可以进行特定功能的开发。因为虚拟现实引擎一般是通用型的,而虚拟现实的应用系统都是面向特定需求的,所以,虚拟现实引擎的功能并不能满足所有应用的需要。这就要求它提供一定的程序接口,允许开发人员能够针对特定需求设计和添加功能模块。没有二次开发能力的引擎系统的应用会有极大的局限性。

(3) 数据兼容性。数据兼容性是指虚拟现实引擎管理各种媒体数据的能力,这一点对于虚拟现实引擎来说至关重要。因为虚拟现实系统设计图形、图像、视频、音频等各种媒体数据,而这些数据可能以各种文件格式存在。这就要求虚拟现实引擎能够支持这些文件格式。

(4) 更快的数据处理功能。VR 引擎首先读取依赖于任务的用户输入,然后访问依赖于任务的数据库以及计算相应的帧。由于不可能预测所有的用户动作,也不可能在内存存储所有的相应帧,同时有研究表明,在 12 帧/s 的帧速率以下,画面刷新速率会使用户产生较大的不舒服感,为了进行平滑仿真,至少需要每秒显示 24~30 帧的速率。因而虚拟世界只有 33ms 的生命周期(从生成到删除),这一过程导致需要由 VR 引擎处理更大的计算量。

对 VR 交互性来说,最重要的是整个仿真延迟(用户工作与 VR 引擎反馈之间的时间)。整个延迟包括传感器处理延迟、传送延迟、计算与显示一帧的时间。如果整个延迟超过 100 ms,仿真质量便会急剧下降,使用户产生不舒服感。低延迟和快速刷新频率要求 VR 引擎有快速的 CPU 和强有力的图形加速能力。

3.6.2　虚拟现实引擎架构

从设计角度看,虚拟现实引擎的层次结构可以分为 4 个部分,即基本封装、虚拟现实引擎封装、可视化开发工具和软件辅助库。

基本封装层对图形渲染及 I/O 管理等功能进行封装，这个中间平台为上层引擎开发屏蔽了下层算法的多样性问题，便于提供实时网络虚拟现实的优化，以便集中力量针对一些底层核心技术进行研究。平台技术在不断更新的基础上实现技术共享和发展，但为上层提供的始终是统一的标准。另一个对引擎封装的意义是基于网络、高层应用的封装，该封装分为场景管理的引擎、物理模型引擎、虚拟现实 AI(人工智能)引擎、网络引擎和虚拟现实特效引擎的封装。同时该封装直接面对虚拟现实开发者，提供一个完整的虚拟现实引擎中间件，此外，在虚拟现实引擎层上还将构建一个可视化的开发工具，该开发工具中嵌套了道具编辑器、角色编辑器、特效编辑器等，可以完成地形生成，并且还融合了物理元素、虚拟现实关卡和出入口信息。

在开发虚拟现实引擎时，使用者可以通过两种方式使用引擎提供的功能：可以直接在引擎层上调用引擎封装好的 AI 来创建自己的虚拟现实，也可以通过场景编辑器创建虚拟现实的基本框架。

虚拟现实引擎从功能上可以分为以下子系统。

1. 图形子系统

图形子系统将图像在屏幕上显示出来，通常用 OpenGL、Direct3D 来实现。

2. 输入子系统

输入子系统承担处理所有的输入，并把它们统一起来，允许控制的抽象化。

3. 资源子系统

该子系统负责加载和输出各种资源文件。

4. 时间子系统

虚拟现实的动画功能都与时间有关，因此在时间子系统里必须实现对时间的管理和控制。

5. 配置子系统

该子系统负责读取配置文件、命令行参数或者其他被用到的设置方式。其他子系统在初始化和运行的过程中会向它查询有关配置，使引擎效能可配置化或简化运作模式。

6. 支持子系统

该部分内容将被其他引擎运行时调用，它包括全部的数学程序代码和内存管理及容器等。

7. 场景子系统

场景中包含了该虚拟现实系统虚拟环境的全部信息，因此场景图既包括底层数据，也包括高层信息，为了便于管理，它把信息组织成节点，分层次结构进行操作管理。

3.6.3 几种虚拟现实引擎介绍

1. Vega Prime

Vega 是 MultiGen-Paradigm 公司最主要的环境内容软件，原开发目的是用于美国军方，后来转为民用。

Vega 将先进的模拟功能和易用工具相结合，对于复杂的应用，能够提供便捷的创建、编辑和驱动工具。

Vega能显著提高工作效率,大幅度减少源代码开发时间。

Paradigm公司还提供和Vega紧密结合的特殊应用模块,这些模块使Vega很容易满足特殊模拟要求,如航海、红外线、雷达、高级照明系统、动画人物、大面积地形数据库管理、CAD数据输入和DIS分布应用等。

程序员和非程序员对于Vega都很满意。LynX是一种基于X/Motif技术的单击式图形环境,使用LynX可以快速、容易、显著地改变应用性能、视频通道、多CPU分配、视点、观察者、特殊效果、一天中不同的时间、系统配置、模型、数据库及其他,而不用编写源代码。

LynX可以扩展成包括新的、用户定义的面板和功能,可快速满足用户的特殊要求。实际上,LynX是强有力的和通用的,能在极短时间内开发出完整的实时应用。利用LynX的动态预览功能,用户可以立刻看到操作的变化结果。LynX的界面包括用户应用开发所需的全部功能。

Vega还包括完整的C语言应用程序接口,为软件开发人员提供最大限度的软件控制和灵活性。

实时应用软件开发人员更喜欢Vega,因为Vega提供了稳定、兼容、易用的界面,使他们的开发、支持和维护工作更快、更高效。Vega可以使用户集中精力解决特殊领域的问题,而减少在图形编程上花费的时间。

2. WTK

WTK(World Tool Kit)是由Sense8公司开发的一种虚拟现实系统高级跨平台开发环境。WTK有函数库与终端用户工具,可用于生成、管理与包装各种应用。通俗地说,WTK提供一系列WTK函数,用户可以调用这些函数用于构造虚拟世界。WTK提供超过1000个C语言写的函数库,使用户能够快速开发新的虚拟现实应用。一个函数调用能够代替成百上千行C代码,极大地缩短了开发时间。

WTK构造的虚拟世界可以组合各种具有真实感特性与行为的对象,用户可以通过一系列输入传感器来控制这些世界,使用计算机显示器或带有头部跟踪的立体显示器(HMD或方体眼镜)来游历这些世界。WTK支持20多种3D输入设备,还提供了外设驱动程序开发接口和指南,有利于用户开发自己的三维外设。

WTK的体系结构中引入了场景层次的功能,并使用户能够通过把节点组装成一个层次场景来构造一个虚拟现实应用。

3. Virtools

Virtools由法国达索集团(Dassault Systemes)出品,是一套具备丰富互动行为模块的实时3D环境编辑软件,可以将现有常用的文件格式整合在一起,如3D模型、2D图形或音效等。这使得用户能够快速地熟悉各种功能,包括从简单的变形到复杂的力学功能等。

普通开发者通过图形用户界面使用模块化的脚本,就可以开发出高品质的虚拟现实作品;而对于高端开发者,则可利用软件开发包和Virtools脚本语言创建自定义的交互行为脚本和应用程序。

Virtools主要的应用领域在游戏方面,包括冒险类游戏、射击类游戏、模拟游戏、多角色游戏等。Virtools 为开发人员提供针对不同游戏开发的各类应用程序接口(Application Programming Interface,API),包括 PC、Xbox、Xbox360、PSP、PS2、PS 3 及 Nintendo Wii。

Virtools 可制作具有沉浸感的虚拟环境,它对参与者生成诸如视觉、听觉、触觉、味觉等各种感官信息,给参与者一种身临其境的感觉,是一种新发展的、具有新含义的人机交互系统。

4. Unity3D

Unity3D 是由 Unity Technologies 开发的一个让用户轻松创建诸如三维视频游戏、建筑可视化、实时三维动画等类型互动内容的多平台综合型游戏开发工具,是一个全面整合的专业游戏引擎。

Unity Technologies 源于丹麦哥本哈根,目前公司总部位于美国旧金山。

Unity3D 引擎特点如下。

(1) 可视化编程界面完成各种开发工作,进行高效脚本编辑,方便开发。

(2) 自动瞬时导入,Unity 支持大部分 3D 模型,骨骼和动画直接导入,贴图材质自动转换为 U3D 格式。

(3) 只需一键即可完成作品的多平台开发和部署。

(4) 底层支持 OpenGL 和 Direct 11,具有简单实用的物理引擎、高质量的粒子系统,轻松上手,效果逼真。

(5) 支持 Java Script、C♯、Boo 脚本语言。

(6) Unity 性能卓越,开发效率出类拔萃,极具性价比优势。

(7) 支持从单机应用到大型多人联网游戏开发。

5. VR-Platform

VR-Platform(VRP),是一款由中视典数字科技有限公司独立开发的具有完全自主知识产权的直接面向三维美工的虚拟现实软件,是目前中国虚拟现实领域市场占有率最高的一款虚拟现实软件。

长久以来,中国的虚拟现实技术领域一直引进国外的虚拟现实软件,作为大国,我国却没有自己独立开发的虚拟现实仿真平台软件,显然不尽如人意。中视典数字科技对中国虚拟现实技术自有软件的开发和探索,终于打破了外国的垄断。该软件具有完全自主知识产权,以极高的性价比获得国内用户的喜爱,已经成为目前中国国内市场占有率最高的一款国产虚拟现实仿真平台软件。

目前,该软件广泛应用于城市规划、室内设计、工业仿真、古迹复原、桥梁道路设计、房地产销售、旅游教学、水利电力、地质灾害等众多领域,为其提供切实可行的解决方案。

6. Converse3D

Converse3D 虚拟现实引擎是由北京中天灏景网络科技有限公司自主研发的具有完全知识产权的三维虚拟现实平台软件,可广泛应用于视景仿真、城市规划、室内设计、工业仿真、古迹复原、娱乐、艺术与教育等行业。该软件适用性强、操作简单、功能强大,Converse3D 虚拟现实引擎的问世给中国的虚拟现实技术领域注入了新的生命力。

Converse3D 的核心引擎是整个虚拟现实系统的核心部分,采用 DirectX 9.0 和 C++ 编写,包括场景管理、资源管理、角色动画、Mesh 物体生成、3D Max 数据导出模块、粒子系统、LOD 地形、UI、服务器模块等。采用多叉树结构组织各种资源节点,动态载入、卸载资源、三维体裁切技术,这为渲染海量三角面而性能不减提供了支持;支持 3ds Max Mesh 物体、角色动画、相机动画、烘焙贴图等各种数据的导出与引用;使用脚本配置粒子系统和 UI,功能强大而灵活;支持顶点渲染和像素渲染。Converse3D 虚拟现实引擎采用多线程加载、卸载技术,同时支持 B/S、C/S 两种系统架构,支持动态实时光照,软件抗锯齿可用于虚拟现实和游戏制作与开发 LOD 地形管理技术,支持超大范围地形支持城市级大场景的网络展示、动态内存(显存)管理技术,独有的模型、贴图压缩技术、数据压缩比高骨骼动画系统,支持 Skin 和 Physique 蒙皮矩阵动画、相机动画、纹理动画、柔体动画,二次开发包(SDK)强大稳定、适用面广,内嵌高性能物理引擎、粒子特效系统。

思 考 题

1. 什么是实物虚化、虚物实化?
2. 什么是人机自然交互技术?
3. 什么是虚拟现实引擎?
4. 三维虚拟声音有哪些特征?
5. 什么是 BCI? BCI 的关键技术有哪些?
6. 什么是多通道交互? 其关键技术有哪些?

第4章 虚拟现实建模语言

虚拟现实建模语言（Virtual Reality Modeling Language，VRML）的产生改变了原来互联网上单调、交互性差的弱点，它将人们的运动行为作为浏览的主体，提供给用户自由想象的虚拟空间，使其可在虚拟的空间里任意翱翔。VRML 的出现填补了 HTML 只能显示二维信息的缺憾，已成为未来 Internet 三维虚拟世界的主要标准。目前大多数图形软件都开发了 VRML 文件格式的输出接口。

4.1 VRML 概述

VRML 是一种用于建立真实世界的场景模型或人们虚构的三维世界的场景建模语言，它具有平台无关性，是目前 Internet 上基于 WWW 的三维互动网站制作主流语言之一。

VRML 本质上是一种面向 Web、面向对象的三维造型语言，是一种解释性语言。VRML 的对象称为节点，子节点的集合可以构成复杂的景物。节点可以通过实例得到复用，对它们赋予名字、进行定义后，即可建立动态的 VR 虚拟世界。

VRML 不仅支持数据和过程的三维表示，而且能提供带有音响效果的节点，引导用户走进视听效果十分逼真的虚拟世界。用户使用虚拟对象表达自己的观点，能与虚拟对象交互，为用户对具体对象的细节，整体结构和相互关系的描述带来新的感受。

浏览过 WWW 的人都会感受到因 HTML 的限制，网页表达的信息结构是平面的，而 VRML 的产生，尤其是 VRML 2.0 标准，被称为第二代的 Web 语言，它改变了 WWW 上早期的显示方式。VRML 创造的是一个可进入、可参与的世界。用户可以在计算机网络上看到一幅幅生动、逼真的三维立体画面，并可在其中自由地漫游。

VRML 是一种国际标准，其规范由国际标准化组织（ISO）定义，最早的 VRML 1.0 是基于 SGI 公司的 Open Inventor ASCII 的文件格式，也是它的一个子集，是一种流行的 3D 图形格式，并可链接到一般的 WWW 页面上。由于 VRML 1.0 的功能尚不够完善，VRML 2.0 的产生也就是不可避免的，且在性能上有了巨大的改变和进步。

4.1.1 VRML 的发展历史

VRML 1.0 标准的产生和制定是许多人共同合作的结果。1993 年 9 月，Tony Parisi

和 Mark Pesce 开发了第一个 VRML 浏览器,这是 WWW 上 3D 浏览器的最早原型,并于 1994 年 5 月在瑞士日内瓦召开的万维网大会上首次公布。这次大会还正式提出了 VRML 这个名字,但当时所代表的含义是 Virtual Reality Markup Language。后来,为了反映三维世界的建立,便将 Markup 改为 Modeling,缩写仍为 VRML。这次大会后,一个名为 www-vrmlmail list 的组织成立了,该组织于 1994 年秋在第二次万维网大会上发布了 VRML 1.0 的草稿。VRML 1.0 允许单个用户使用非交互功能,且没有声音和动画,它只允许建立一个可以探索的环境,因此 VRML 1.0 的功能十分有限。

VRML 2.0 的规范于 1996 年 8 月通过,它以 SGI 公司的 Moving World 提案为基础。名义上,它是在 VRML 1.0 的基础上进行了补充和完善,实际上与 VRML 1.0 相比,从内容到文件结构上都有较大的改变。在 VRML 2.0 中,节点数量被扩展到 54 个,支持的对象也已包括动态和静态两大类。而业界范围内对于 VRML 2.0 的支持非常有力。世界许多重要的厂商明确表示,VRML 2.0 将是他们产品结构的基础。

VRML 2.0 于 1997 年 4 月提交国际标准化组织委员会(ISO)审议,并于 1997 年 12 月正式批准,按照国际惯例,将其定名为 VRML 97(ISO/IECI4772-1:1997)。

1998 年,VRML 组织更名为 Web 3D,并制定了一个新的标准 X3D。该标准是在 VRML 的基础上做了很多改动。X3D 是一种支持 XML 编码格式的开放式 3D 标准,3D 数据可以通过网络实现实时交流,具有可移植性、页面整合性、易于和下一代的网络技术整合。另外,它采用了组件化结构设计,减少了系统资源的占用且具有很强的可扩展性,这无疑将推动互联网上交互式三维应用的快速发展。

4.1.2　VRML 建模语言的应用特征

VRML 是虚拟现实建模语言,是一种三维造型和渲染的图形描述语言,通过创建一个虚拟场景以模拟现实中的环境效果,可以在网络中创建逼真的三维虚拟场景,它改变了网络上 2D 画面的状态,实现了 3D 动画效果。

VRML 文件主要由节点、事件、场景、原型、脚本和路由等组成。VRML 语言是一个描述性语言,其语法简单。但它改变了网络与用户交互的局限性,使得人机交互更加灵活、方便,使得虚拟世界的真实性、交互性和动态性得到了更充分的体现。1997 年 12 月制定的 VRML 97 是世界上第一个在网络上发布的国际标准,该标准基本实现了虚拟空间的真实性和实用性,使得虚拟现实三维网络具备了以下 5 大特征。

(1) 具有强大的网络功能,可以将 VRML 程序直接接入 Internet。

VRML 建模语言采用 C/S 模式的访问方式,其中服务器提供 VRML 文件,用户通过网络下载希望访问的文件,并通过本地平台的浏览器(Viewer)对该文件描述的 VR 世界进行访问,即 VRML 文件中包含了 VR 世界的逻辑结构信息,浏览器依据这些信息实现许多的 VR 功能。由于浏览器是本地平台提供的,从而实现了 VR 的平台无关性。另外,VRML 是基于 ASCII 码的描述性语言,像 HTML 一样,可在各种平台上通用,具有低数据量的特点,可在低带宽的网络上运行。如果 VRML 在本地运行,由于不受网络带宽和传输的限制,效果更佳。

（2）具有多媒体功能，能够实现多媒体制作。

VRML 中的场景由造型组成，而造型则由节点创建。这些是 VRML 的构件要素。单个节点可描述造型、颜色、光照、视点以及造型、动画定时器、传感器、内插器等的定位和朝向等。由于节点具有多样性，它们完全可以较好地表述文字、图形、声音等。

（3）可创建三维造型和场景，实现更好的立体交互界面。

VRML 采用了实时的 3D 着色引擎。传统的 VR 中使用的实时 3D 着色引擎在 VRML 中得到了更好的体现，这一特性把 VR 的建模与实时访问更明确地隔离开来，也是 VR 不同于三维建模和动画的地方。后者预先着色，因而不能提供交互性。VRML 提供了 6+1 个自由度，即 3 个方向的移动和旋转，以及和其他 3D 空间的超链接（Anchor）。

（4）在 VRML 中实现了感知功能，可以进行用户与造型之间的动态交互。

在 VRML 中，要使场景空间具有交互性，可以给一个造型附带一个传感器，该传感器使用一个定点设备来感知观察者的移动、单击和拖动。当观察者与一个可感知的造型相互作用时，传感器就输出一个事件，这个事件就被路由到其他的节点来开始一个动画。

在 VRML 中，系统感知观察者接近常使用 3 种方法，即感知观察者的可视性、感知观察者的接近性和通过碰撞检测。

可见传感器从观察者的位置和方向来感知在空间中的一个长方体区域是否可视，设计者可以通过这些传感器来启动和停止动画或者控制其他的动作，这些动作仅当一个可感知的区域可见时才是必要的，通过给出中心和尺寸，还可以指定一个由 Visibility Sensor 节点感测的空间区域。

碰撞检测是检测空间中观察者与造型接近和碰撞的时间，碰撞节点检测观察者的碰撞时完成两件事，即通过 CollideTime eventOut 事件输出当前的绝对时间和提示浏览器。以上就是 VRML 场景中的几种交互方式，更为复杂的交互还可利用 Script 和 Proto 节点等对其进行功能上的扩展，如可利用 Java 技术完成这些扩展。

（5）具有开放性。

可扩充性是 VRML 今后发展和完善的重要特征之一。VRML 作为一种标准，不可能一步到位地长期满足未来网络空间所有应用的需要。例如，在实际应用中，有的用户希望应用交互性更强；有的用户希望画面质量更高；有的用户希望 VR 世界更复杂。这些需求往往是相互制约的，同时也受到用户平台硬件性能的制约，因而 VRML 是可扩充的，即可以根据需要定义自己的对象及其属性，可以通过 Java 语言等方式使浏览器可以解释这种对象及其行为。这一点保证了 VRML 能够不断更新和发展。

4.1.3 VRML 编辑器

VRML 同 HTML 语言一样，是一种 ASCII 的描述性语言，可以用任何一种文本编辑器进行 VRML 程序的编辑，如 Windows 中的记事本、写字板和 MS Word 等。但由于 VRML 的建模语法繁琐，结构复杂，且命令关键字较长，不易输入和检错，也可使用专用的 VRML 开发编辑器进行编辑。常用的专业编辑器有以下几种。

1. VrmlPad 编辑器

VrmlPad 程序小巧，是一种功能强大、简单易用的 VRML 开发设计专业软件。它完全支持 VRML 97 标准,支持智能自动匹配、动态错误检测、语法高亮指示、集成脚本调试、多文档同时编辑、预览场景及作品发布等功能。

VrmlPad 还可以对 VRML 文件进行浏览编辑,对资源文件进行有效的管理,并且提供了 VRML 文件的发布向导,帮助开发人员编写和发布自己的 VRML 虚拟现实作品。

VrmlPad 程序主要由两个文件(VrmlPad. exe 和 VrmlPad. hlp)和一个含有特殊节点插件的 addins 文件夹组成,而且不用安装,直接复制到计算机中就可应用。运行VrmlPad. exe 并运行一个. wrl 文件,程序界面如图 4.1-1 所示。

图 4.1-1　VrmlPad 程序工作界面

VrmlPad 编辑器通过提供的图标或菜单可以设置工作界面,如界面设置为右边预览,中间是代码窗口,左边是场景树等内容。通过"工具"→"选项"菜单命令可以对编辑器、浏览器等进行一些常用功能的设置。VrmlPad 编辑器还提供了一些特殊节点的代码,可以直接加入到编辑器中,也提供了一些商业化外附插件,如材质和造型挤压编辑器,但需要购买后安装才可使用,它们给造型对象的材质和颜色设置、复杂造型的形成和编辑提供了非常有效的工具。

2. 其他 VRML 编辑器

1) SwirlX3D 编辑器

SwirlX3D 是一款强大的 X3D/VRML 编辑软件,无须安装,直接运行 SwirlX3D. exe文件即可。它能够以可视化方式编辑 X3D 或 VRML 格式文件。编辑时,图像与代码可以同时在一个界面中显示,它使用 OpenGL 来进行高质量的渲染和硬件加速。通过鼠标操作(单击工具按钮,或者右击快捷菜单)即可在场景中添加各种节点。可以进行 VRML和 X3D(3.0、3.2)文件格式之间的转换。

SwirlX3D 是一个功能强大的 X3D 和 VRML 编辑创作环境,能够在创作过程中即时显示场景。SwiriX3D 不仅含有丰富的几何节点，同时能够通过 Time Sensor、插值和脚本节点支持动画。它还支持用户通过传感器节点进行交互。SwirlX3D 的图形编辑界面充分利用了 X3D 文件的数据结构，并能预览完成场景。其工作界面如图 4.1-2 所示。

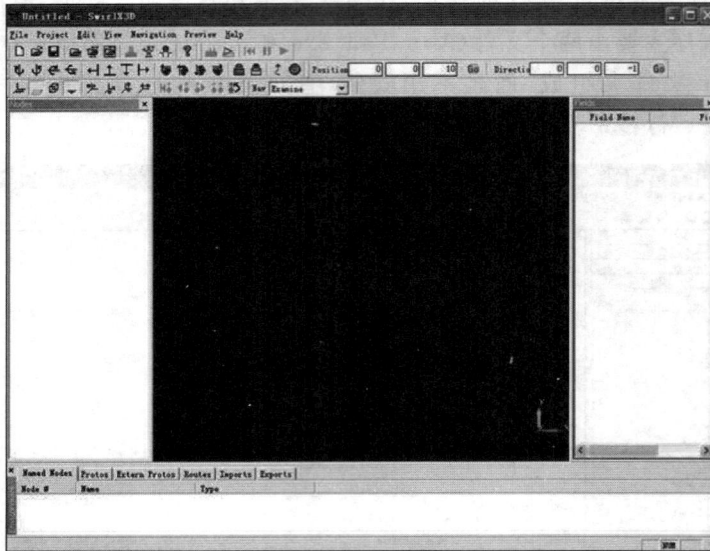

图 4.1-2　SwirlX3D 工作界面

2）Cosmo World 2.0 编辑器

Cosmo World 2.0 是 SGI 公司为了更好地支持 VRML 而开发的图形编辑工具软件，它完全支持 VRML 2.0 规范，使用这个工具可以创建动态 VRML 的世界，并在万维网上发布它们。Cosmo World 提供了强大的工具，可以建造复杂的造型作为虚拟空间的构造元素，并可优化和压缩作品后发布。

Cosmo World 的界面布局遵循传统的窗口式设计风格，简单易用。窗口上部是标题栏、菜单栏、工具条栏。有 8 个菜单项，分别是文件、编辑、视图、照相机、选择、辅助、编辑器、帮助等。单击某个菜单项，可打开下拉菜单命令。Cosmo World 同时还包含有 8 组工具条，调出工具条的方法是单击"视图"菜单项，单击"工具条"，即可见到 PEP、编辑器、标准、创建节点、创建扩展节点、辅助、摄像机、选择等。

Cosmo World 窗口中间最大的部分属于其编辑和浏览的视图区。单击"视图"菜单项，再单击"视图"命令，可以变换视图显示方式。有单视图、双视图、三视图、四视图、应用到所有视图等。视图区左边是工具条，右边是编辑面板，上部是分类显示场景中对象的使用情况，下部是属性面板，可设置选择对象的色彩，其工作界面如图 4.1-3 所示。

3）V-realm Builder 2.0 编辑器

V-realm Builder 2.0 也是一款功能强大的可视化的 VRML 编辑器。它完全支持 VRML 2.0 规范，打开它的工作界面，上部有标题栏、菜单栏、工具栏，中部左侧为导航、程序语言调试区，右侧为实时 vrml 预览区，下部是状态栏。

在上方的工具栏中，除了有不少操作方面的快捷图标，还有一组形象的几何体图标。如果是建立常见的立方体、圆锥体等，可直接单击对应的几何体图标即可生成。因此，它

图 4.1-3　Cosmo World 工作界面

也是一款简单易用可视化的编辑器。

4.1.4　VRML 文件浏览器

VRML 是一种特殊的基于 B/S 结构的 3D 图形显示模式,要通过浏览器观看,要么使用专用的浏览器,要么给普通的浏览器安装一个插件,使 IE、Netscape 或 Firefox 之类的浏览器可以识别 .wrl 的文件格式。这一点也是 VRML 语言发展过程中一个较大的障碍,而对于 HTML 5 来说,也许会有更好的前途。目前用于解释 VRML 文件的浏览器可以分为以下 3 大类。

1. 单独应用类

此类浏览器可直接从 Internet 上下载 .wrl 文件并显示其图像,而不需要 Web 浏览器的支持。这类浏览器有 Open Worlds、World View for Developers 等。使用这类浏览器需要编译源文件,并利用专用的工具包进行场景浏览。

2. 辅助应用类

此类浏览器是作为对某种网络浏览器如 Netscape Navigator 的帮助,源文件不需进行编译。当网络浏览器遇到一个 VRML 连接时,就会启动帮助浏览器进行浏览。

3. 插件类

利用普通的浏览器,下载安装一个 VRML 解释插件,就可以自由浏览 VRML 文件,使用极为方便,因而以插件类最多。常见的有以下几种。

① World View 2.1,也称 Microsoft Vrml。

② Parallel Graphics 公司的 Cortona。

③ SGI 公司的 Cosmo Player。

④ blaxxun Contact 4.3。

⑤ Community Place 2.0。

⑥ BS Contact。

下面以德国 Bitmanagement Software GmbH 公司开发的 BS Contact 播放器为对象，简介如下。

BS Contact 是 BS Contact MPEG-4 播放器和 BS Contact VRML 播放器的统称。BS Contact 的工作界面被设计为不在屏幕上显示自身的固定用户界面。即 BS Contact 没有可见的如菜单、工具栏等。这使内容作者可以完全控制其网站或应用程序的外观。播放器的显示界面和效果如图 4.1-4 所示。

图 4.1-4 BS Contact 浏览界面

另外，BS Contact 还允许用户通过鼠标右键调出其快捷菜单，用户还可以调出特性设置（Preferences）对话框和控制台（Console）窗口。

展示场景中的三维对象时，有 7 种可选的导航模式，分别如下。

（1）WALK 漫步浏览模式。这是大多场景中使用的模式。它允许用户在场景中按人在真实世界中相似的方式四处走动。用户移动的时候，可以使用鼠标滚轮向上或向下看。可观察与物体发生碰撞的过程。

（2）FLY 飞行浏览模式。与 WALK（行走）模式相似，但是飞行模式不会把人吸引到地面上。因此可以飞。在移动的时候，可以使用鼠标滚轮向上或向下看，按住 Ctrl 键（控制键）同时拖曳鼠标可以使人上升或下降，移动过程更快。

（3）EXAMINE（检视）模式。该模式下允许用户旋转物体以从不同方向上检视它。默认情况下，如果只观察单个物体将激活这种导航模式。

（4）PAN（平移）模式下用户可以方便地四处查看，仍然可以移动，但是需要在拖曳鼠标时按下 Ctrl 键（控制键）。

（5）SLIDE（滑动）模式。允许用户横向或前后移动而不改变用户观察的方向。

（6）GAME（游戏）模式。这是一种可以替代 WALK 模式的行走模式。用户可以使用和 3D 射击类游戏相似的方式控制用户的移动。

（7）JUMP（跳跃）模式。这是一个特殊的模式,单击一个物体对象时用户将自动移动到这个物体的前面。不过如果在 WALK（行走）模式或 PAN（平移）模式下用户仍然可以使用拖曳鼠标来四处移动。将根据是否打开重力模拟来决定是否激活这些模式。其中 PAN-like 为打开重力模拟,WALK-like 为不打开重力模拟。

在操控场景中的对象时,用户还可选择以下选项。

① Shift（上挡键）：更快速地移动。

② 速度（speed）菜单：控制移动的速度。

③ Ctrl（控制键）：改变鼠标作用方式。

4.2 初识 VRML 的文件

VRML 文件结构主要包括 5 个主要成分,即 VRML 文件头、原型（Proto）、造型节点（Node）、脚本（Script）和路由（Route）。

在这 5 个要素中,其中文件头部分是必需的,它用来告诉浏览器该文件符合的规范标准以及使用的字符集等信息。原型的定义创建了带有指定名称、接口和整体的新节点类型,一旦成功地定义了原型,它就可以在 VRML 文件的其他地方任意使用。54 个内置的各类节点是 VRML 中的基本建造模块,它构成了 VRML 文件的主体部分,正是由于造型节点定义而产生了虚拟的 VRML 空间。脚本可以看作是一个节点的外壳,它有域、eventIn 事件、eventOut 事件。其本身没有任何动作,然而编程者可以通过程序脚本来赋予其脚本节点的动作。所以程序脚本可认为是一种简化了的应用程序,一个典型的脚本是由 Java 或 JavaScript 编程语言写成的程序。路由是一种文本描述的消息,一旦在两个节点之间创建了一个路由,第一个节点可以顺着路由传递消息给第二个节点,这样的消息称为事件。

另外,VRML 还可以包含下列条目：注释、节点和域值、定义的节点名、使用的节点名等。

4.2.1 VRML 的通用语法结构

VRML 文件是要虚拟空间的文本性描述,VRML 的通用语法由 VRML 文件来约定。下面通过一个 VRML 文件（例 4.1）对 VRML 的语法进行具体说明。

例 4.1 Hello World.wrl。

```
#VRML V2.0 utf8
    Shape {                              #形状父节点
      appearance Appearance{             #外观子节点
        material  Material {             #材质节点,取默认颜色
```

```
                    }
        }
    geometry Sphere {                       #几何球体
        radius 1.0                          #域的定义
        }
    }
```

从上面的例子中可以看出，VRML 文件对语法有以下几条约定。

（1）每个 VRML 文件都必须以 ♯ VRML V2.0 utf8 作为文件头。

（2）文件中的任何节点的第一个字母都要大写。

（3）节点的域都必须位于括号里面。

（4）程序注释。

① 以 ♯ 字符开头，结束于该行末尾。

② 不支持多行注释。

③ 并非所有 VRML 编辑系统都支持中文注释。

上面的语句集合可保存为 Hello World. wrl 文件。

4.2.2　VRML 的基本概念

1. 节点

节点用来描述造型和造型的属性，是 VRML 文件最基本的构成部件。例如，球体节点：

```
Sphere{
radius  1.0
}
```

从上面的例子可以看出，节点包括节点原型及描述其属性的域和域值（注意，域和域值必须括在括号里面）。

2. 域和域值

域定义节点的属性，域值是对属性的具体描述。

3. 事件

事件是按照指定的路由从一个节点发往另一个节点的消息，它是一个值，一般类似于节点的域值，可以是坐标值、颜色值或浮点值。

4. 路由

路由是消息从一个节点发往另一个节点依据的路线，多个节点通过路由连接起来形成复杂的路线，可以传播声音、动画等，使所创建的 VRML 空间充满变化和动感。

5. 交互和脚本

VRML 场景中的对象能够识别并响应用户的操作，称为交互功能。在 VRML 中，传感器（Sensor）节点是交互功能的基础。传感器节点有 8 种。在场景图中，传感器节点一般是以其他节点的子节点的身份而存在的，它的父节点称为可触发节点，触发条件和时机由传感器节点类型确定。下面是几种最常用的传感器。

（1）接触传感器(Touch Sensor)。

（2）邻近传感器(Proximity Sensor)。

（3）时间传感器(Time Sensor)。

（4）朝向插补器(Orientation Interpolator)。

脚本是一套程序，通常作为一个事件级的一部分而执行。与脚本相联系的是脚本节点和脚本语言。一个 Script 节点包含一个叫做 Script 的程序。这个程序是以 JavaScript 或 Java 语言编写的。脚本程序则可以接受输入事件，处理事件中的信息，并产生基于处理结果的事件输出。当一个 Script 节点接受一个输入事件时，它将事件的值和时间戳传给与输入事件同名的函数或方法。

总之，Script 节点处理输入事件的一般方法是，为 Script 节点内的每一个输入事件都定义一个函数。当输入事件一到，浏览器即调用同名函数进行相应的处理。

4.2.3 VRML 的计量单位和坐标系统

VRML 构造的是一个三维的虚拟世界，它的造型和位置都是由三维坐标系来表达的，并有自身的空间计量单位，以用来控制场景中造型的大小和尺寸。

1. 空间计量单位

VRML 的空间计量单位通常有长度单位和角度单位两种，介绍如下。

1）长度单位

长度单位也叫 VRML 单位，简称单位，用来计量造型的尺寸和位置。例如：

```
Sphere{
radius 1.0
}
```

2）角度单位

角度单位是用来计量坐标旋转角度大小的。在 VRML 中，角度单位通常使用的是弧度制。例如：

```
Transform {
rotation  0.0  1.0  0.0  1.571
}
```

其中 1.571 表示旋转的角度，单位是弧度。

相互转换公式：

$$弧度＝(角度/180)\times\pi$$
$$角度＝弧度/\pi\times180$$

3）色彩的规范

VRML 使用红、绿、蓝(R、G、B)颜色规范来表示物体对象的外观、光线和背景的色彩，RGB 颜色包含 3 个域值均在 0.0～1.0 之间的浮点数，它们分别对应红、绿、蓝 3 种颜色的取值。0.0 值表示该颜色被关闭，1.0 表示该颜色完全打开。采用不同的红、绿、蓝取值就可以混合出各种颜色的效果。

2. 坐标系统的显示

在 VRML 的场景中设置物体需要有明确的坐标，在同一个场景中，有一个统一的坐标系。这个坐标系是一个右手坐标系，在初始（即观察者没有移动位置和改变视角）时，该坐标系的 X 轴为沿屏幕水平向右，Y 轴为沿屏幕垂直向上，Z 轴为从屏幕指向用户，如图 4.2-1 所示。

VRML 的几何对象参照这个坐标系，使用三维坐标系统描述点的位置。在初始状态下，VRML 的几何对象（除了文本）都被定位在空间坐标(0,0,0)点上，且高度以 Y 轴正方向表示。文本从默认位置左端开始，沿 X 轴正方向放置每个连续的文字。

图 4.2-1　右手坐标系

4.3　VRML 文件的主体内容

VRML 定义了一系列对象，用于生成各种形式的三维图形及一些特殊的效果，如贴图、声音、影像等，而构成这些对象的 VRML 程序语句称为节点。实际上，VRML 程序的主体就是由不同的节点语句构成的。

在 VRML 中，节点是以层次结构排列的（或者说是嵌套的），这种层次结构的构成就构建起了场景图。

在 VRML 中，另一个重要的内容就是域的设定，因为所有节点都有一个或多个参数，这些参数就是由域和事件组成的。其中域定义了节点的各种属性，事件则起着交互性的作用。例如，在 Hello World.wrl 中，radius 域的域值设定为该球体的半径为 1.0VRML 单位。在其他的节点中还可以定义长度、宽度、颜色、亮度等。每个域都有默认值，当域值没有被指定时，浏览器将使用默认值，如 radius 的默认值表示半径为 1.0。

域有两种类型，即 field、exposedField。事件也有两种，即 eventIn、eventOut，称为事件进和事件出。实际上，exposedField 域是 field、eventIn 及 eventOut 三者的组合。例如，一个名为 aaa 的 exposedField 域，它包含 3 个部分：一个名叫 aaa 的域、一个名叫 set_aaa 的 eventIn（事件进），一个名 aaa_changed 的 eventOut（事件出）。

4.3.1　VRML 的节点

1. 节点的分类

VRML 的内部节点有 54 个，依功能可以分为 21 种类型，见表 4.3-1。

表 4.3-1　节点类型表

类　　型	节　　点
造型尺寸、外观节点	Shape、Appearance、Material
原始几何造型节点	Box、Cone、Cylinder、Sphere

类　型	节　点
造型编组节点	Group、Switch、Billboard
文本造型节点	Text、Frontstyle
造型定位、旋转、缩放节点	Transform
插补器节点	PositionInterpolater、OrientationInterpolater、ColorInterpolator、ScalarInterpolater、CoordinateInterpolator
传感器节点	Touchsensor、Cylindersensur、Planesensor、Spherescnsor、Visibilitysensor、Proximityscnsor、Collision、TimeSensor
点、线、面集节点	PointSet、IndexedLineSet、IndexedFaceSet、Coordinate
海拔节点	ElevationGrid
挤出节点	Extrusion
颜色、纹理,明暗节点	Color、ImageTexture、PixelTexture、MovieTexture、Normal
控制光源的节点	PointLight、DirectionalLight、spotLight
背景节点	Background
声音节点	AudioClip、MovieTexture、Sound
细节控制节点	Lod
雾节点	Fog
空间信息节点	WorldInfo
锚点节点	Anchor
脚本节点	Script
控制视点的节点	Viewpoint、NavigationInfo
用于创建新节点类型的节点	Proto、ExternProto、IS

2. 常用节点的说明

1) 造型节点

```
Shape {
appearance NULL                          #exposedField SFNode
geometry NULL                            #exposedField SFNode
}
```

appearance 作为 Shape 节点的值域包含一个 Appearance 节点。

geometry 同样作为 Shape 节点的值域,可包含一个几何节点(如 Box、Cone、IndexedFaceSet、PointSet)。

说明:将 Appearance 指定的材质和质感应用到 geometry 域的几何节点。

2) Appearance 外观属性节点

```
Appearance {
  material NULL                          #exposedField SFNode
```

```
    texture NULL                           #exposedField SFNode
    textureTransform NULL                  #exposedField SFNode
}
```

说明：该节点的域常用 material 的域值指定。

3）材质节点

```
Material {
    diffuseColor 0.8 0.8 0.8               #exposedField SFColor
    emissiveColor 0.8 0.8 0.8              #exposedField SFColor
    specularColor 0.8 0.8 0.8              #exposedField SFColor
    ambientIntensity 0.8 0.8 0.8           #exposedField SFColor
    shininess 0.8 0.8 0.8                  #exposedField SFColor
    transparency 0.8 0.8 0.8               #exposedField SFColor
}
```

说明：其中的域值分别代表了漫反射、自发光、高光、环境光、高光反射、透明度等。

4）Geometry 几何造型

（1）基本几何造型节点。

```
Box
Sphere
Cylinder
Cone
```

（2）文字造型节点：Text。

（3）任意几何造型节点。

```
PointSet
IndexedLineSet
IndexedFaceSet
ElevationGrid
Extrusion
```

① 基本几何造型节点。

```
Box {
    size 2.0 2.0 2.0                       #field SFVec3f
}
Sphere {
    radius 1.0                            #field SFFloat
}
Cylinder {
    radius 1.0                            #field SFFloat
    height 2.0                            #field SFFloat
    top TRUE                              #field SFBool
    side TRUE                             #field SFBool
    bottom TRUE                           #field SFBool
```

```
}
Cone {
    bottomRadius 1.0                    #field SFFloat
    height 2.0                          #field SFFloat
    side TRUE                           #field SFBool
    bottom TRUE                         #field SFBool
}
```

② 文字造型节点。

```
Text {
    string [ ]                          #exposedField MFString
    length [ ]                          #exposedField MFFloat
    maxExtent 0.0                       #exposedField SFFloat
    fontStyle NULL                      #exposedField SFNode
}
FontStyle {
    family "SERIF"                      #field SFString
    style   "PLAIN"                     #field SFString
    size 1.0                            #field SFString
    spacing 1.0                         #field SFString
    horizontal TRUE                     #field SFBool
    leftToRight TRUE                    #field SFBool
    topToBottom TRUE                    #field SFBool
    justify ["BEGIN"]                   #field MFString
    language " "                        #field SFString
}
```

③ 任意几何造型节点。
节点描述由离散点集构造的空间几何造型。

```
PointSet {
    coord NULL                          #exposedField SFNode
    color NULL                          #exposedField SFNode
}
Coordinate {
    point [ ]                           #exposedField MFVec3f
}
Color {
    color [ ]                           #exposedField MFColor
}
```

节点描述由离散点集经索引而构造的空间线造型。

```
IndexedLineSet {
    coord NULL                          #exposedField SFNode
    coordIndex [ ]                      #field MFInt32
    color NULL                          #exposedField SFNode
```

```
    colorIndex [ ]                          #field MFInt32
    colorPerVertex TRUE                     #field SFBool
    set_coordIndex                          #eventIn MFInt32
    set_colorIndex                          #eventIn MFInt32
}
Coordinate {
    point [ ]                               #exposedField MFVec3f
}
Color {
    color [ ]                               #exposedField MFColor
}
```

节点描述为任意的几何造型（可表示复杂模型）。

```
IndexedFaceSet {
    coord NULL                              #exposedField SFNode
    coordIndex [ ]                          #field MFInt32
    texCoord NULL                           #exposedField SFNode
    texCoordIndex [ ]                       #field MFInt32
    color NULL                              #exposedField SFNode
    colorIndex [ ]                          #field MFInt32
    colorPerVertex TRUE                     #field SFBool
    normal NULL                             #exposedField SFNode
    normalIndex [ ]                         #field MFInt32
    normalPerVertex TRUE                    #field SFBool
    ccw TRUE                                #field SFBool
    convex TRUE                             #field SFBool
    solid TRUE                              #field SFBool
    creaseAngle 0.0                         #field SFFloat
    set_coordIndex                          #eventIn MFInt32
    set_texcoordIndex                       #eventIn MFInt32
    set_colorIndex                          #eventIn MFInt32
    set_normalIndex                         #eventIn MFInt32
}
```

5）编组节点

```
Group
Transform
Switch
Billboard
```

（1）Group 节点。

功能描述：在同一个场景中创建多个造型时，要用上编组节点 Group，将场景中的各个造型进行编组，而获得具有多个造型的较复杂的场景。

```
Group {
    children [ ]                            #exposedField MFNode
```

```
    bboxCenter 0.0 0.0 0.0                  #field SFVec3f
    bboxSize-1.0 -1.0 -1.0                  #field SFVec3f
    addChildren                            #eventIn MFNode
    removeChildren                         #eventIn MFNode
}
```

说明：children 域用于指定该组节点的一个列表，各节点在自己的最后用逗号与其他组元分开。children 域的域值通常包含造型节点 Shape 和其他的 Group 节点。children 域的默认域值为一个空的组元列表，即一个空组。而 bboxCenter 和 bboxSize 域用来指定约束长方体的中心位置和大小。bboxCenter 域的默认域值是(0.00.00.0)，而 bboxSize 域的默认域值为(−1.0−1.0−1.0)。addChildren 域和 removeChildren 域均是输入接口。

Group 节点是将基本造型节点组织在一起，编成一组中的多个节点，相互交叠，从而创建复杂的空间造型，编组后的节点可以作为一个单独的对象进行各种操作，包括和其他的对象一起编成一个新的组。一个组中可以包含任意数目的组元，一个 VRML 文件中可以包含任意数目的组。

（2）Transform 节点。

功能描述：对 VRML 空间坐标系进行变换，以建立一个或多个相对于已有坐标系（父坐标系）的新坐标系（子坐标系）。

```
Transform {
    children [ ]                           #exposedField MFNode
    translation 0.0 0.0 0.0                #exposedField SFVec3f
    rotation 0.0 0.0 1.0 0.0               #exposedField SFRotation
    scale 1.0 1.0 1.0                      #exposedField SFVec3f
    scaleOrientation 0.0 0.0 1.0 0.0       #exposedField SFRotation
    center 0.0 0.0 0.0                     #exposedField SFVec3f
    bboxCenter 0.0 0.0 0.0                 #field SFVec3f
    bboxSize-1.0 -1.0 -1.0                #field SFVec3f
    addChildren                           #eventIn MFNode
    removeChildren                        #eventIn MFNode
}
```

（3）Switch 节点。

功能描述：将多个 VRML 场景造型节点并列排放在 Switch 编组节点中，浏览器渲染时一次只能选择其中之一加以创建。

```
Switch {
    choice [ ]                            #exposedField MFNode
    whichChoice -1                        #exposedField SFInt32
}
```

如果 whichChoice 域值小于 0 或者大于 choice 域中的节点列表数，则不创建任何造型。

（4）Billboard 节点。

功能描述：随浏览者的移动而自动加以旋转，以始终朝向浏览者，从而保证其中的内容始终处于可视方位，就像真实世界中的布告牌，总是设置在场景中易于观察到的位置和朝向。

```
Billboard {
    children [ ]                        #exposedField MFNode
    axisOfRotation 0.0 1.0 0.0          #exposedField SFVec3f
    bboxCenter 0.0 0.0 0.0              #field SFVec3f
    bboxSize -1.0 -1.0 -1.0            #field SFVec3f
    addChildren                         #eventIn MFNode
        removeChildren                  #eventIn MFNode
}
```

6）Background 背景节点

功能描述：产生 VRML 中的虚拟空间背景，Background 节点可以是任意编组节点的子节点，它在当前坐标系中构造空间背景。

```
Background {
    skyAngle [ ]                        #exposedField MFFloat
    skyColor [0.0 0.0 0.0]             #exposedField MFColor
    groundAngle [ ]                     #exposedField MFFloat
    groundColor [0.0 0.0 0.0]          #exposedField MFColor
    frontUrl [ ]                        #exposedField MFString
    backUrl [ ]                         #exposedField MFString
    leftUrl [ ]                         #exposedField MFString
    topUrl [ ]                          #exposedField MFString
    bottomUrl [ ]                       #exposedField MFString
    set_bind                            #eventIn SFBool
    isBound                             #eventOut SFBool
}
```

7）节点的定义与使用

（1）定义语法。

```
DEF 节点名节点{}
```

（2）命名规则。

① 节点名由字母和数字序列组成，但必须以字母打头，字母区分大小写。

② 允许使用下画线，但不能使用单引号、双引号、数字运算符号、英镑符号和 VRML 中的关键字。

（3）引用语法。

```
USE   节点名
```

功能描述：通过给节点语句命名，从而重复使用。

4.3.2 常用的域

VRML 体系中有众多的域,其中常用的域可以分为两类:一类只包含单值(单值可以是一个单独的数,也可以是定义一个向量或颜色的几个数,还可以是定义一幅图像的一组数);另一类包含多个单值。单值类型的域,名称以 SF 开头;多值类型的域,名称以 MF 开头。

在 VRML 文件中,表示多值域的方法是:一系列用逗号和空格间隔开的单值,整个用方括号括起来。如果一个多值域不包含任何值,则只标出方括号([]),其中不填任何数。如果一个多值域恰好只包含一个数,可以不加括号,直接写该值。例如,表示一个多值域,其中只包含一个单独的整数 1,后面两种方式均属有效:1 或[1]。

常用的域简介如下。

1. SFBool

SFBool 域只含有一个 Bool 值。TRUE 或 FALSE,初始值是 FALSE。

2. SFColor 和 MFColor

SFColor 域是只有一个颜色值的单值域。SFColor 值和 RGB 值一样,由一组 3 个浮点数组成。每个数都是 0.0～1.0,分别表示构成颜色的红、绿、蓝 3 个分量。

MFColor 域是一个多值域,包含任意数量的 RGB 颜色值。

例如,[1.0 0.0 0.0,0 1 0,0 0 1]表示 3 种颜色红、绿、蓝的组成。

SFColor 域的输出事件的初始值是(0,0,0)。而 MFColor 域的输出事件的初始值是[]。

3. SFFloat 和 MFFloat

SFFloat 域含有一个 ANSI C 格式的单精度浮点数。

MFFloat 域含有零个或多个 ANSI C 格式的单精度浮点数,即允许空白,不赋任何值。

SFFloat 域输出事件的初始值为 0.0。MFFloat 域输出事件的初始值为[]。

4. SFImage

SFImage 域含有非压缩的二维彩色图像或灰度图像。

SFImage 域,首先列出 3 个整数值,前两个表示图片的宽度和高度,第三个整数表示构成图像格式的元素个数(1～4),随后,按(宽度×高度)的格式列出一组十六进制数,数与数之间以空格分隔,每一个十六进制数表示图像中一个单独的像素。

图像格式的元素个数表示这张图像是灰度图还是彩色图,以及是否包括透明像素或半透明像素。

单元素图像中的每一个像素用一个十六进制的字节表示,所表示的是一个像素的亮度。例如,0xFF 表示最高亮度(白色),而 0x00 表示最低亮度(黑色)。

双元素图像用两个字节表示一个像素。第一个字节表示亮度,第二个字节表示透明度。表示透明度时,字节为 0xFF 表示完全透明,而字节为 0x00 表示不透明,所以 0x40C0 表示 1/4 亮度(暗灰)和 3/4 透明度。

三元素图像的每个像素有 3 个字节表示,每个字节表示像素颜色中红、绿、蓝分量

（所以 0xFF0000 表示红色）。

四元素图像是在红、绿、蓝三色的值之外再加一个表示透明度的字节（所以 0x0000FF80 表示半透明的蓝色）。和双元素图像一样，透明度字节为 0xFF 表示完全透明，而字节为 0x00 表示完全不透明。

为了提高可读性，最好把所有的十六进制字节都写全，包括前导 0。然而，有时写出每个字节是不必要的，如可以把一个三元素图像的蓝色像速写成 0xFF，而不是 0x0000FF。

像素的排列规定从左到右、从底到顶的顺序。第一个十六进制数描述一个图像最左下角的像素，最后一个则描述右上角的像素。

例如，

```
1 2 1 0xFF 0x00
```

一个像素宽，两个像素高的灰度图像，底部像素是白的，顶部像素是黑的。

```
2 4 3 0xFF0000 0x00FF00 0 0 0 0 0xFFFFFF 0xFFFF00
```

两个像素宽，4 个像素高的 RBG 图像，左下角像素是红色，右下角像素是绿色，中间两行是黑色，左上角像素是白色的，右上角像素是黄色的。

在任何脚本节点或原型内都可以使用这种类型的域，但是，使用的具体地点只能在 PiexlTexture（像素纹理）节点。

SFImage 域的输出事件的初始值为(0,0,0)。

5. SFInt32 和 MFInt32

SFInt32 域含有一个 32 位整数。SFInt32 值是由一个十进制或十六进制（以 0x 开头）格式的整数构成的。

MFInt32 域是多值域，由任意数量的以逗号或空格分隔的整数组成。例如：

```
[17,-0xE20,-518820]
```

SFInt32 域的输出事件的初始值为 0，MFInt32 域的输出事件的初始值为[]。

6. SFNode 和 MFNode

SFNode 域含有一个单节点，必须按标准节点句法写成。

MFNode 域包含任意数量的节点。

例如：

```
[Transform{translation 1 0 0},
DEF PANDORA box{},
USE PANDORA]
```

SFNode 允许包含关键字 NULL，该值表示它不包含任何节点。

注意：组合一个变换的 children 域也就是列出一组节点的 MFNode 域。把 SFNode 域放入脚本节点，就使节点的脚本可以直接存取列在 SFNode 域的节点，而不需要 ROUTE 语句。

SFNode 域的输出事件的初始值为 NULL，MFNode 域的输出事件的初始值为[]。

7. SFRotation 和 MFRotation

SFRotation 域规定一个绕任意轴任意角度的旋转。SFRotation 值含有 4 个浮点数，各数之间以空格分隔。前 3 个数表示旋转轴（从原点到给定点的向量）；第四个数表示围绕上述轴旋转多少弧度。

例如，绕 Y 轴旋转 180°表示为：0 1 0 3.1416。

MFRotation 域可包含任意数量的这类旋转值。

注意：视点的旋转是从默认的视点方向开始的，该方向是从(0,0,10)沿 $-Z$ 轴观察。

SFRotation 域的输出事件的初始值为(0 0 1 0)，MFRotation 域的输出事件的初始值为[]。

8. SFString 和 MFString

SFString 域包含一串字符，各字符遵照 UTF-8 字符编码标准（ASCII 是 UTF-8 的子集），由于 SFString 值含有双引号括起来的 UTF-8 octets 字符串，任何字符（包括 ♯ 和换行符）都可在双引号中出现。

为了在字符中使用双引号，可在它之前加一个反斜杠\。为了在字符串中使用反斜杠，则可连续打两个反斜杠(\\)。

例如：

```
"One,Two,Three,123."
He asked, \"Who is                         #1?\"
```

MFString 域含有零个或多个单值，每个单值都和 SFString 值的格式一样。

SFString 域的输出事件的初始值为""，MFString 域的输出事件的初始值为[]。

9. SFTime 和 MFTime

SFTime 域含有一个单独的时间值。每个时间值是一个 ANSI C 格式的双精度浮点数，表示的是从 1970 年 1 月 1 日（GMT，格林威治平均时）子夜开始计时，延续当前时间的秒数。

MFTime 域包含任意数量的时间值。

SFTime 域的输出事件的初始值为-1，MFTime 域的输出事件的初始值为[]。

10. SFVec2f 和 MFVec2f

SFVec2f 域定义了一个二维向量。SFVec2f 的值是两个由空格分隔的浮点数。

MFVec2f 域是多值域，包含任意数量的二维向量值。

例如：

```
[0 0,1.2 3.4,98.6 -4e1]
```

SFVec2f 域的输出事件的初始值为(0 0)，MFVec2f 域的输出事件的初始值为[]。

11. SFVec3f 和 MFVec3f

SFVec3f 域定义了一个三维空间的向量。一个 SFVec3f 值包含 3 个浮点数，数与数之间以空格分隔。该值表示从原点到所给定点的向量。

MFVec3f 域包含任意数量的三维向量值。

例如：

[0 0 0,1.2 3.4 5.6,98.6 −461 451]

SFVec3f 域的输出事件的初始值为(0 0 0),MFVec3f 域的输出事件的初始值为[]。

4.4　VRML 的空间造型

在 VRML 的虚拟场景中的空间造型,必须使用 Shape 节点进行创建与封装,而具体的造型对象则是通过调用基本几何造型、文本造型和以点、线、面等的节点构成的。

4.4.1　基本造型

利用基本几何造型进行三维虚拟建模是最简便的方法之一。基本几何造型节点有4 种,分别为 Box(立方体)、Cone(圆锥体)、Cylinder(圆柱体)和 Sphere(球体)。如果有效组织仅有的 4 种几何体,可以组合出多种效果。

例 4.2　制作雨伞。

```
#VRML V2.0 utf8
Background{                          #立体空间背景节点
    skyAngle[                        #空间背景需要着色的位置空间角
        1.309 1.571
        ]
    skyColor[                        #天空背景着色
        1.0 1.0 1.0
        0.2 0.2 1.0
        1.0 1.0 1.0
        ]
}
#创建造型
Transform{                           #变换坐标节点
    translation 0.0 1.0 0.0          #沿 Y 轴上移 1 个单位
        children [
            Shape {
    appearance Appearance {
        material Material {
            diffuseColor    1.0 0.0 0.0
          }
        }
geometry Cone {
        bottomRadius 1.6
        height 0.5
        side   TRUE
        bottom TRUE
    }
  }
 ]
```

```
    }
    Shape{                                      #定义一个柱体节点
      appearance Appearance   {                 #设置外观
        material Material{
          diffuseColor 0.5 0.5 0.5             #设置漫反射颜色
                            }
      }
      geometry Cylinder {                       #几何柱体
                    height 1.6
                    radius 0.02               #设置半径
                }
        }
Transform{                                      #变换坐标节点
  translation 0.0 - 0.8 0.0                     #沿 Y轴下移 0.8 个单位
    children [
      Shape {
appearance Appearance {
      material Material {
          diffuseColor                          0.5 0.0 0.0
        }
    }
      geometry Cylinder {                       #几何柱体
                    height 0.2
                    radius 0.05
    }
  }
]
}
```

在该例子中,先设置了一个天空背景颜色,然后将基本造型几何体两个圆柱体制作为伞柄,一个圆锥几何体制作为伞顶。伞柄与伞顶结合生成了雨伞,运行效果如图 4.4-1 所示。需要注意的是,VRML 程序编写时对大小写字母是敏感的,伞顶沿 Y 轴上移。

图 4.4-1　雨伞效果

4.4.2 空间变换

在默认情况下,所有基本造型的几何对象中心与 VRML 坐标系的原点重合,如果要求场景中的对象改变方向或移动位置,则需要进行 VRML 的空间变换。能够进行空间变换的节点为 Transform,利用该节点可以创建新的坐标系,可以随意地 translation(平移)、rotation(旋转)、scale(缩放),该节点是 VRML 体系中应用频率最高的节点之一。

例 4.3 制作凉亭。

```
#VRML V2.0 utf8
Background{                              #立体空间背景节点
    skyColor[                           #天空着色
    1.0 1.0 1.0
        ]
    }
#创建造型
    Transform{                          #变换坐标节点
        translation -0.8  0  -0.8       #沿 X\Z 轴平移 0.8 个单位
        children  [                     #生成圆柱体
    DEF  cylinder  Shape{               #定义一个柱体节点
    appearance Appearance  {            #设置外观
     material Material{
        diffuseColor 1.0 0.0 0.0        #设置漫反射颜色
            }
    }
    geometry  Cylinder {                #创建圆柱体
    radius 0.12                         #圆柱体半径
    height 1.6                          #圆柱体高
    bottom TRUE                         #圆柱体有底
    side TRUE                           #圆柱体有柱面
        }
        }
    ]
    }
    Transform{                          #变换坐标节点
        translation -0.8 0 0.8          #沿负 X 轴方向平移 1 个单位
    children  USE   cylinder
    }
        Transform{
            translation 0.8 0.0 -0.8    #沿 Y 轴方向平移 1 个单位
    children  USE   cylinder
    }
    Transform{
        translation 0.8 0.0 0.8         #沿负 Y 轴方向平移 1 个单位
        children  USE    cylinder
```

```
        }
            Transform{
            translation  0.0 1.0 0.0
            children [
                Shape {
appearance Appearance {
        material Material {
            diffuseColor   0.0 1.0 0.0
        }
            }
geometry Cone {
            bottomRadius 1.6
            height 0.5
            side   TRUE
            bottom TRUE
        }
    }
    ]
    }
Transform{
    translation   0.0 - 0.8 0.0
    children [
        Shape {
appearance Appearance {
        material Material {
            diffuseColor    1.0 1.0 0.0
        }
        }
        geometry Box{
            size 1.9   0.05   1.9
        }
        }
    }
    ]
    }
```

该例子中, 由于所有对象都需要平移或上移、下移位置后组合成为一个凉亭, 因而每个部件在开始时都应用了空间变换节点 Transform, 其中圆柱体有 4 个相同的, 所以将圆柱体节点命名后, 再用 USE 语句调用, 可节省编程空间, 效果如图 4.4-2 所示。

4.4.3 显示文本

文本也是虚拟场景中的重要元素之一, 添加文本仍然是通过使用 Shape 节点来实现的。将 Text 节点作为 geometry 域的域值, 可以方便地显示英文文字。

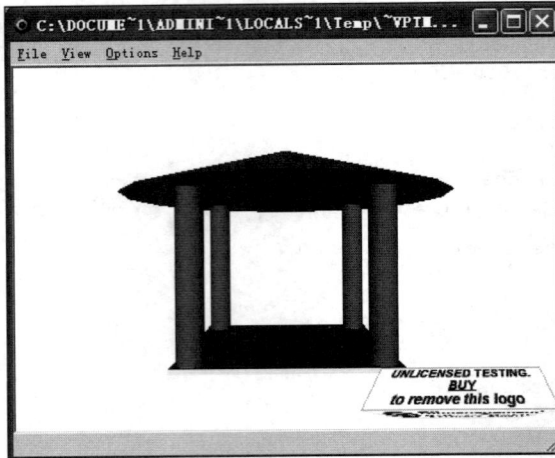

图 4.4-2　凉亭效果

例 4.4　文本显示。

```
#VRML V2.0 utf8
Background{                              #立体空间背景节点
  skyColor[                             #定义一个天空颜色,是单色调
    0.2 0.8 0.6
    ]
}
#创建文字外观造型
  Shape {                               #Shape 模型节点
     appearance Appearance{
        material   Material {           #空间物体造型外观
           diffuseColor 1.0 1.0 0.0     #一种漫反射颜色
           }
        }
        geometry Text {
           string [
           "VRML scene",
           " How are you!"               #不同的行用逗号隔开
              ]
           fontStyle FontStyle {        #文字外观造型节点
              family "SANS"             #sans 字体
              size   0.5                #文本字符高度为 0.5 单位
              style  "BOLD"             #加粗的字体
              justify[
              "MIDDLE"                  #文本造型的中心点位于 Y 轴
              "END"                     #而其下端位于 X 轴
              ]
           horizontal FALSE            #文本垂直排列
           }
```

```
            }
        }
```

在该例子中,需要注意的是,文本只能是英文,且文字有字体、大小、长度、对齐等约束条件设置,效果如图 4.4-3 所示。

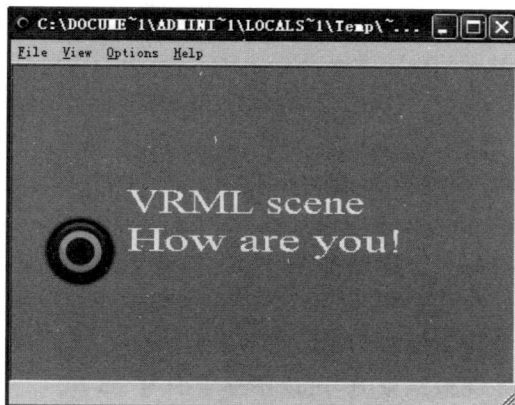

图 4.4-3 文本显示效果

4.4.4 复杂造型

基本几何造型节点可以创建多种简单结构的造型效果,但不能适应创建复杂形体的对象模型,如对于具有某些不太规范外形的对象。为此,VRML 提供了一种非常灵活、高效的节点,使用户能够通过使用点、线、面来构造几何形体。这些节点主要包括 PointSet(点)、IndexedLineSet(线)、IndexedFaceSet(面)、ElevationGrid(海拔栅格)、Extrusion(挤出造型)等。它们都是 geometry 域的域值。

例 4.5 创建三维坐标系。

```
#VRML V2.0 utf8
Shape {
    appearance Appearance{
        material   Material {              #空间物体造型外观
        diffuseColor 0.3 0.2 0.0            #一种漫反射颜色
            emissiveColor 1.0 1.0 1.0        #白色
            }
    }
    geometry IndexedLineSet {               #线节点
        coord Coordinate{                    #该节点用来进行"点"定位的三维坐标
            point[
            -5.0 0.0 0.0,5.0 0.0 0.0           #X轴
            4.5 0.2 0.0, 4.5 -0.2 0.0
            0.0 -4.0 0.0,0.0 4.0 0.0           #Y轴
            -0.2 3.5 0.0,0.2 3.5 0.0
            0.0 0.0 -8.0,0.0 0.0 5.0           #Z轴
```

131

```
              -0.2 0.0 4.5,0.2 0.0 4.5
              ]
              }
coordIndex[
    0,1,2,1,3,-1                    #X轴索引
    4,5,6,5,7,-1                    #Y轴索引
    8,9,10,9,11,-1                  #Z轴索引
]
              }
       }
```

在该例子中，X 轴、Y 轴以及 Z 轴均由画点连线后形成，比较关键的是 CoordIndex 域值设定的多条线段的索引列表。索引规则如下。

（1）每一个索引号对应一个连接点的坐标。

（2）索引号之间用逗号或空格分隔。

（3）索引号为−1，表示本线段结束。

（4）列表中最后一条线段结束时，可以不标索引号−1。

（5）默认值为空，表示不创建任何造型。

在该例中，X 轴由坐标为（−5.0 0.0 0.0）的点（索引号为 0）连接坐标为（5.0 0.0 0.0）的点（索引号为 1），再连接坐标为（4.5 0.2 0.0）的点（索引号为 2）再返回连接（索引号为1）的点，再连接坐标为（4.5 −0.2 0.0）的点（索引号为 3），结束连接标注为−1。坐标效果如图 4.4-4 所示。拖动场景中的对象，可以看到三维坐标效果。

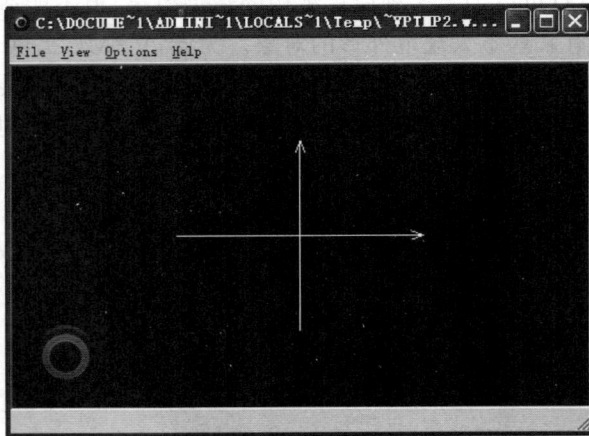

图 4.4-4　坐标效果

4.5　VRML 的场景效果

场景效果主要是指虚拟空间里对环境中的对象进行进一步渲染和融合，主要表现为设置造型纹理、添加声音效果以及灯光、视点和导航效果等。

4.5.1 纹理映射

纹理映射是一种用来加入细节的技术,根据几何体的外形,将纹理图按一定的规则映射到物体表面。使用纹理能使物体更具有真实感,产生如木纹、大理石、水面等效果。

VRML 提供了以下 3 种纹理节点。

(1) Imagetexture,图像纹理节点。

(2) PixelTexture,像素纹理节点。

(3) MovieTexture,电影纹理节点。

对于同一个造型,在同一个 Appearance 节点内只能选择一种纹理节点。

1. 纹理坐标

对于纹理映射的过程,需要首先了解纹理坐标的概念,纹理位图覆盖到几何造型的表面时,依据一定的坐标关系进行,即由一个二维平面坐标系(S, T)定义,S 表示横轴,T 表示纵轴,纹理图的左下角像素位于纹理坐标系的原点$(0, 0)$,右上角像素位于$(1, 1)$。由$(0, 0)$、$(1, 0)$、$(1, 1)$、$(0, 1)$所围成的矩形就是纹理图默认的原始区域。坐标如图 4.5-1 所示。

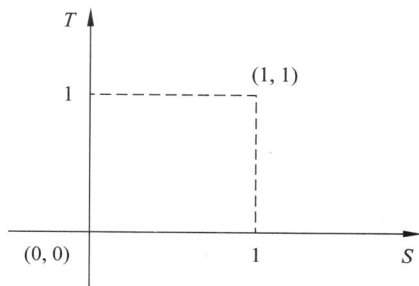

无论纹理图实际尺寸大小、如何缩放,纹理图的左下角总是位于纹理坐标系的$(0, 0)$,右上角总是位于$(1, 1)$。若使用纹理重复,相当于把原始区域的纹理图进行复制并逐次拼接,每次复制使 S 轴或 T 轴的纹理坐标加 1,负向则减 1。

图 4.5-1 纹理坐标

2. 支持的图像格式

VRML 支持的图像格式有以下几种。

(1) JPEG。这是一种适合于网格传输、图像质量较高的图像格式,扩展名为.jpg,文件较小,但没有透视度和灰度模式,只有全彩色(RGB)。

(2) GIF。适合网格传输,图像质量较低,支持透视度存储,文件较小,扩展名为.gif。

(3) PNG。改进 GIF 格式而开发的网络图像文件格式,相对 GIF,有更高的图像质量,支持单元素、双元素、三元素及四元素图像纹理,支持透明度和灰度存储,适合包含表格和文字的图片应用。

(4) MPEG。一种流行的音像文件格式,采用高效率的图像和声音压缩技术,电影文件的图像质量相当高,但不支持透明度存储。

3. 节点说明

1) 图像纹理(ImageTexture)

用于设置图像纹理的参数并将该纹理粘贴(映射)到造型表面,支持的文件格式 JPEG、PNG、GIF 文件。

语法格式如下。

```
ImageTexture{
```

```
url              [ ]                      #exposedField MFString
repeatS   TRUE                            #SFBool
          repeatT    TRUE                 #SFBool
}
```

其中，repeatS 域和 repeatT 域的作用为设定图像纹理是否沿 S 方向或 T 方向重复粘贴；默认值都为 TRUE。实际上，如果不使用 TextureTransform 纹理变换对纹理进行缩放处理，系统会自动对纹理的大小进行调整，使其恰好填满造型表面。

2）像素纹理（PixelTexture）

没有 url 域，而是将纹理位图与 VRML 文件一起存放。该节点以显示像素数组的形式定义一个二维像素纹理，并且设定将该纹理映射到造型表面时所需的参数。由于像素纹理包装需要知道各点的颜色值，使用起来不方便。因此，一般只用于比较简单的纹理。

语法格式如下。

```
PixelTexture{
image        0  0  0                      #exposedField SFImage
repeatS      TRUE                         #SFBool
repeatT      TRUE                         #SFBool
}
```

其中，image 域的域值为 SFImage 类型。具体方法为 image 域首先列出 3 个整数值，前两个表示像素纹理的横向像素个数（纹理宽度）和纵向像素个数（纹理高度），第三个整数表示像素纹理类型（可以在 0、1、2、3、4 中选择一个数值），随后列出一组十六进制数，数与数之间用空格分开。

第三个整数的意义如下。

（1）0 表示无图像。

（2）1 表示单元像素纹理，每个十六进制含一个字节，表示灰度的强度。

（3）2 表示双元像素纹理，每个十六进制含两个字节，表示灰度、alpha 透明度。

（4）3 表示三元像素纹理，每个十六进制含 3 个字节，表示 RGB。

（5）4 表示四元像素纹理，每个十六进制含 4 个字节，表示 RGB、alpha 透明度。

其中灰度数从 0x00～0xFF，表示从黑到白。

其中透明度从 0x00～0xFF，表示从不透明到透明。

3）电影纹理（MovieTexture）

将一段影片以纹理的形式映射到造型的表面，产生动态纹理的特殊效果。

节点含两部分：设置电影纹理的映射参数与电影的播放控制。

电影文件支持：MPEG1-sysytem（含声音与图像）或 MPEG1-Video（只含图像）的文件格式。如果电影文件包括伴音，则当播放时节点会为 Sound 节点的 source 域指定所需的声音文件。

语法格式如下。

```
MovieTexture{
url  [ ]                          #exposedField MFString     电影文件名
loop  FALSE                       #exposedField SFBool       循环播放设定
```

speed	1.0		#exposedField	SFFLoat	播放速度
startTime	0.0		#exposedField	SFTime	开始时间
stopTime	0.0		#exposedField	SFTime	结束时间
repeatS	TRUE		#SFBool		S 方向重复贴图
repeatT	TRUE		#SFBool		T 方向重复贴图
duration_changed			#eventOut	SFTime	电影持续时间
isActive			#eventOut	SFBool	正在播放

}

例 4.6　四色立方体。

```
#VRML V2.0 utf8
Background {
    skyColor [
        0.1 0.3 0.6
    ]
}
Transform{
    rotation 1.0 1.0 0.0 0.785
    children[
        Shape {
        appearance Appearance{
            texture  PixelTexture {
                image 2 2 3
                0xFF0000 0x00FF00
                0x0000FF 0xFFFF00
                repeatT FALSE
                repeatS FALSE
            }
        }
        geometry Box {
            size 2.0 2.0 2.0
            }
        }
    ]
}
```

执行该程序,纹理效果如图 4.5-2 所示。

4.5.2　声音技术

在 VRML 中用来添加声音的节点有音频剪辑 AudioClip 节点、MovieTexture 节点和声音 Sound 节点。其中,AudioClip 节点和 MovieTexture 节点作用于创建声源,Sound 节点用来指定声音的播放方式。AudioClip 节点和 MovieTexture 节点是 Sound 节点 source 域的域值,用于创建声源引入声音文件。

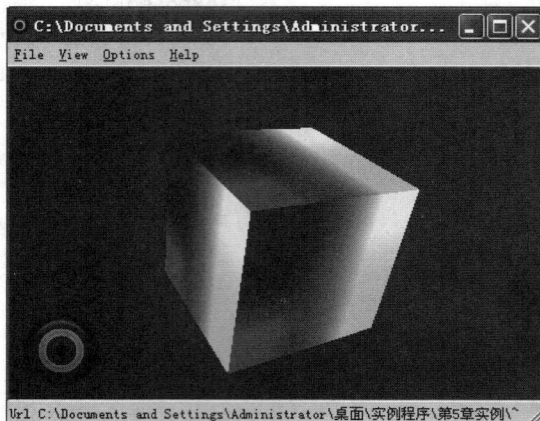

图 4.5-2　四色立方体

VRML 所支持的声音文件有 WAV、MIDI 和 MPEG-1 文件,而可以通过 AudioClip 节点引用的声音有 WAV 文件和 MIDI 文件。MPEG-1 是通过 MovieTexture 节点来引用的。

需要播放电影的发音效果时,只需要通过 Sound 节点 source 域的域值,引入电影文件为电影纹理图像产生同步的伴音即可。

例 4.7　液晶电视。

```
#VRML V2.0 utf8
Transform{
    translation 0 0 -0.1
    children[
        Shape{
            appearance Appearance{
                material Material{
                    diffuseColor 0.3 0.3 0.3
                }
            }
            geometry Box{
                size 5.1 3.4 0.2
            }                              #电视造型
        }
    ]
}
Shape{
    appearance Appearance{
        texture DEF dy MovieTexture{      #电影纹理节点
            url "ylsy.MPG"                #电影文件
            loopTRUE
        }
    }
```

```
    geometry Box{
        size 4.5 3 0.01
    }                                    #电影屏幕造型
}
Sound {                                  #声音节点
    source  USE  dy                      #引用电影纹理节点
    maxBack  10                          #设置声音沿负方向转播的最大距离
    maxFront  80                         #设置声音沿正方向转播的最大距离
    minBack  5                           #设置声音沿负方向衰减的最小距离
    minFront  30                         #设置声音沿正方向衰减的最小距离
}
```

在该例中,MPG 文件的伴音将作为 source 域的域值被调用,从而可以配合动画进行表演。音像效果如图 4.5-3 所示。

图 4.5-3　电影效果

4.5.3　灯光效果

在 VRML 中,默认自动生成一个白色的头顶光源 headlight。此光源为平行光源,与浏览者的视线同步运动,始终照亮浏览者的前方。用户可通过 NavigationInfo 节点设置 headlight 的域值来控制光源的开关,默认为打开。

VRML 创建的光源初始是无法自动产生阴影的,必须通过人为设置阴影造型模拟阴影效果。在 VRML 系统中提供了 3 种类型的光源节点,分别如下。

（1）PointLight 节点：点光源,即从一个发光点向所有方向发射光线。

（2）DirectionalLight 节点：平行光源,可创建有方向的平行光线。

（3）SpotLight 节点：锥光源,可创建从一个发光点向一个特定方向发射的光线,即以圆锥的形式发射光线。

例 4.8　模拟光照阴影。

```
#VRML V2.0 utf8
```

```
NavigationInfo {
    headlight FALSE                          #关闭默认光源
}
PointLight {                                 #创建点光源
    location 0 5 0                           #设置位置
    intensity 0.8                            #设置强度
    ambientIntensity 0.5
    on TRUE                                  #光源打开
}
Shape {
    appearance Appearance {
        material Material {
            diffuseColor 1 0 0
        }
    }
    geometry  Cone {                         #创建圆锥体
        bottomRadius 1.0
        height 2.0
        side TRUE
        bottom TRUE
    }
}
Transform {
    translation     0 - 3 0
    children [
        Shape {
            appearance Appearance {
                material Material { }
            }
            geometry Box {                   #设置平面体
                size 8 0.02 6
            }
        }
    ]
}
Transform {                                  #创建假阴影
    translation     0 - 2.99 0
    children [
        Shape {
            appearance Appearance {
                material Material {
                    diffuseColor 0 0 0
                    transparency 0.5
                }
            }
```

```
        geometry Cylinder {
            height 0.05
            side FALSE
            bottom FALSE
        }
    }
  ]
}
```

该例光照阴影效果如图 4.5-4 所示。

图 4.5-4　光照阴影效果

4.6　VRML 的动态交互

利用 Interpolator 内插器节点和 TimeSensor 时间传感器节点,再加上 ROUTE 语句,可以编写出 VRML 动画程序。利用其他传感器 Sensor 节点,人们可以编写出 VRML 交互程序。与前述的静态场景相比,动态虚拟环境具有更好的逼真效果。

4.6.1　动画设计

动画是人为设置的随时间规律变化的场景效果。VRML 依据一个给定的时间传感器以及一些类的插补器节点,对场景中的动画进行控制。基本的思想是由时间传感器给出控制动画效果的时钟,该时钟包含了动画效果的开始时间、停止时间、循环周期以及是否循环等动画控制参数,之后,通过一个时间传感器节点发出一个时间事件,输出到虚拟世界中驱动插补器节点产生相应的动画效果。

1. 动画插补器

插补器是 VRML 系统专为线性关键帧动画设计的一套机制。它采用一组关键点,且每个关键点对应一种系统关键状态,该状态允许以各种数据表示,浏览器渲染时将根据这些关键点所对应的关键状态，在场景中通过线性插值自动生成连续动画。通常浏览器在两个相邻关键帧之间生成的连续帧是线性变化的。插补器节点根据其所插补的关键状态的数据类型的不同可分为 6 种类型，并且它们的应用语法相同：

1）颜色插补器（colorinterpolator）

功能：可动态改变几何造型的颜色效果。

语法格式如下。

```
colorinterpolator{
  key[]                        #关键时刻
keyvalue[]                     #关键值
set_fraction
value_changed
}
```

2）位置插补器（positioninterpolator）

功能：可用来动态改变 Viewpoint 节点的位置或用来动态改变形体的位置，使形体动态移动。

3）方向插补器（OrientationInterpolator）

功能：可用来动态改变 Viewpoint 节点的方向或用来动态改变形体的方向，使形体旋转。

4）标量插补器（scalarinterpolator）

功能：用以产生标量改变动画，适用于对任何用单精度浮点值（如宽度、高度、半径、亮度）定义的节点域值参数的动画控制；可用来动态改变 Material 节点的 transparency 字段，从而改变形体的透明效果或用来动态改变 Fog 节点的 visibilityRange 字段，进而改变雾的影响范围。

5）坐标插补器（coordinateinterpolator）

功能：用以产生 VRML 基于坐标点的复杂造型改变动画。

6）法线插补器（normalinterpolator）

功能：用以产生法向量改变，从而导致光线明暗变化的动画。

2. 时间传感器

时间传感器节点的功能主要为创建一个虚拟的时钟，可设置开始动画、结束动画和控制动画的播放速度等属性，并向插补器节点输出时间事件，使之产生相应的动画效果。

语法格式如下。

```
TimeSensor{
enabled   TRUE                 #exposed field SFBool
loop false                     #exposed field SFBool
cycleinterval 1.0              #exposed field SFTime
starttime 0.0                  #exposed field SFTime
stoptime 0.0                   #exposed field SFTime
isActive
time
cycleTime
```

```
fraction_changed
}
```

说明如下。

域 cycleInterval 表示每个周期的长度,以秒为单位,取值大于 0。

事件 isActive 表明时间传感器当前是否在运行。若在运行,则返回 TRUE;若处于停止状态,则返回 FALSE。cycleTime 则是在每个周期开始时返回当前时间。fraction_changed 表示当前周期的完成比。从 0(周期开始)到 1(周期结束)。Time 从格林威治时间 1970 年 1 月 1 日子时(午夜 12 点)至今所经过的秒数。

3. 事件与路由

(1)事件:事件由事件值和时间戳组成。

```
节点属性
    域属性
        私有域   field
        公共域   exposedField
set_事件名      入事件
事件名_change   出事件
    事件属性
        出事件   EventOut
要求节点改变自己某个域的值
        入事件   EventIn
要求改变其他节点的域值
```

(2)路由:从某个节点的事件出口到其他节点的事件入口之间进行传递事件的通道称为路由(Route)。

语法格式如下。

```
ROUTE… TO …
```

① ROUTE 语句所引用的节点必须在 ROUTE 语句之前就已定义。

② 由一个出事件传递给一个入事件,两事件的类型必须匹配。

③ 节点必须使用 DEF 预先定义好一个名字;场景中所有使用 USE 语句引用此节点的域都会受到该事件的影响。

4. 其他常用节点

1)Inline 节点

功能:该节点可将一个复杂的 VRML 场景造型文件分隔成相对简单的独立的场景造型文件,分别设计并存储,之后再使用 VRML 内联技术将其整合在一起,以简化一个复杂场景的设计与调试工作,从而便于维护与多人开发。

语法格式如下。

```
Inline {
  url" "                          #exposedField MFString
  bboxCenter 0.0 0.0 0.0          #field SFVec3f
  bboxSize -1.0 -1.0 -1.0         #field SFVec3f
```

```
}
```

2）Viewpoint 节点

功能：在所浏览的场景中预先定义用户的观察位置及空间朝向。

语法格式如下。

```
ViewPoint {
    position 0.0 0.0 1.0                      #exposedField SFVec3f
    orientation 0.0 0.0 1.0 0.0              #exposedField SFRotation
    fieldOfView 0.785398                     #exposedField SFFloat
    jump TRUE                                #exposedField SFBool
    description " "                          #field SFString
    set_bind                                 #evenIn SFBool
    isBound                                  #eventOut SFBool
    bindTime                                 #eventOut SFTime
}
```

例 4.9 飞碟由小变大动画。

① 主程序。

```
#VRML V2.0 utf8
Group {
  children [
      Background {
          skyColor 0.2 0.3 0.6
      }
      DEF fly Transform {                    #引入飞碟造型
          children Inline{url "飞碟.wrl"}
      }
      DEF Time TimeSensor{                   #时间传感器
          cycleInterval 8.0                  #设置一个周期的时间为 8s
          loop TRUE                          #循环
      }
      DEF flyinter PositionInterpolator {    #移动位置节点
          key [                              #相对时间的逻辑值
              0.0,0.2,
              0.5,0.8,
          ]
          keyValue [                         #空间坐标的位置值与相对时间的逻辑值
              0.0 0.0 0.0,
              0.5 0.5 0.5,
              1.0 1.0 1.0,
              1.5 1.5 1.5
          ]
      }
    ]
  }
```

```
ROUTE Time.fraction_changed TO flyinter.set_fraction
ROUTE flyinter.value_changed TO fly.set_scale
```

② 子程序：飞碟造型（fd.wrl）。

```
#VRML V2.0 utf8
Background{                                    #创建背景颜色
    skyColor[
            0.2 0.5 0.6
        ]
    }
#创建飞碟造型
    Transform{
        translation 0.0 0.0 0.0
        scale 2.3 1.6 2.3
        children[
        Shape {
            appearance Appearance{
            material  Material {               #空间物体造型外观
            diffuseColor 0.3 0.2 0.0           #一种材料的漫反射颜色
            ambientIntensity 0.4               #多少环境光被该表面反射
            specularColor 0.7 0.7 0.6          #物体镜面反射光线的颜色
            shininess 0.20                     #造型外观材料的亮度
                }
            }
            geometry Sphere {                  #球体
                radius 1.0}
            }
        ]
        }
    Transform{
        translation 0.0 0.0 0.0
        scale 4.0 1.0 4.0
        children[
        Shape {
                    appearance Appearance{
            material  Material {               #空间物体造型外观
            diffuseColor 0.3 0.2 0.0           #一种材料的漫反射颜色
            ambientIntensity 0.4               #多少环境光被该表面反射
            specularColor 0.7 0.7 0.6          #物体镜面反射光线的颜色
            shininess 0.20                     #造型外观材料的亮度
                }
            }
            geometry Sphere {                  #球体
                radius 1.0}
            }
```

```
        ]
    }
```

执行该例主程序，效果如图 4.6-1 所示。

图 4.6-1　飞碟动画效果

4.6.2　传感器交互

交互是虚拟现实的主要特征之一，因而如何使浏览者按照需要进行浏览和控制场景，是 VRML 系统的基础功能之一。VRML 提供了多个传感器来检测用户在虚拟场景中的动作，再通过事件的传递，实现用户与虚拟世界的交互。

在场景图中，传感器节点一般是以其他节点子节点的身份而存在的，它的父节点称为可触发节点，触发条件和时机由传感器节点的类型确定。传感器依照检测方式可分为以下两大类。

1. 接触型传感器

该类传感器主要用于检测用户鼠标的各种操作，如单击、拖动等。

1）接触传感器（TouchSensor）

功能：主要用于开关，传递空间坐标，单位法向量，纹理坐标。

语法格式如下。

```
TouchSensor{
enabled true
isover                    #当用户操作指定设备位于被传感的三维造型上时引发该事件
isActive                  #当指向、选取并保持选取时引发该事件
touchtime                 #当选取同时保持且释放指定设备时引发该事件
hitpoint_changed              #造型表面的点空间坐标
```

```
    hitnormal_changed                      #点所在的单位法向量
    hittexcoord_changed                    #点所在位置的纹理坐标
    }
```

2）平面传感器

功能：平面传感器主要用于检测用户操作指定设备的动作，并将指定设备的选取、移动解释为造型在局部坐标系 XOY 平面上的平移。

```
    PlaneSensor{
enabled true
    offset 0.0 0.0 0.0
    autooffset true
    minposition 0.0 0.0
    maxposition -1.0 -1.0
    isActive
    trackpoint_changed                     #出事件,事件值是当前单击点的坐标位置
    translation_changed                    #出事件,事件值为当前造型平面移动的坐标位置
}
```

3）球体传感器

功能：球体传感器节点用来检测用户操纵指定设备的动作，并转换成围绕造型的某一点为中心的一个球体表面上所产生的旋转，使浏览者在一个转动的球体上进行观察。

```
    spheresensor{
enabled true
offset 0.0 1.0 0.0 0.0
  autooffset true
  isActive true
  trackpoint_changed                       #出事件,用于移动
  rotation_changed                         #出事件,用于旋转
  }
```

4）圆柱体传感器

功能：圆柱体传感器节点用来检测用户操纵指定设备的动作，并转换成在围绕造型的某根轴为旋转轴的一个圆柱面上所产生的旋转，使浏览者在围绕着一根轴旋转的一个圆柱体上进行观察，该旋转轴主要为 Y 轴。

```
    cylindersensor{
enabled true
  offset 0.0
  autooffset true
    minangle 0.0
    maxangle -1.0
    diskangle 0.262
    isActive
    trackpoint_changed
    rotation_changed
  }
```

2. 感知型传感器

1）可视传感器

功能：用来从浏览者所在的方位感知一个立方体区域在当前场景中何时可见、何时不可见，并输出多种事件。

语法格式如下。

```
VisibitySensor{
    enable true
    center 0.0 0.0 0.0              #当前坐标系中一个被感知空间区域的中心点的三维坐标
    size 0.0 0.0 0.0               #被感知空间区域的大小尺寸
    isActive                       #出事件
    entertime                      #出事件
    exittime                       #出事件
}
```

2）接近传感器

功能：用来从浏览者所在的方位感知用户何时进入、何时退出和何时移动于当前坐标系内的一个立方体区域。

语法格式如下。

```
ProximitySensor{
  enabled true
  center 0.0 0.0 0.0
  size 0.0 0.0 0.0
  isActive
  entertime
  exittime
  position_changed
  orientation_changed
}
```

3）碰撞传感器

功能：Collision 节点用于从浏览者所在的方位感知用户与该组中任何子节点造型发生碰撞动作。

语法格式如下。

```
Collision
  children []                      #exposedfield MFNode
  collide  TRUE                    #exposedfield SFBool
  proxy NULL                       #SFNode
  bboxCenter000                    #SFVec3f
  bboxsize -1-1-1                  #SFVec3f
}
```

例 4.10 旋转的圆锥体。

```
#VRML V2.0 utf8
DEF T Transform {
    children [
      Shape {
         appearance Appearance {
            material Material {
              diffuseColor 1 1 0  }
                  } geometry Cone{ height 0.5
                               bottomRadius 0.5}
                  }
    DEF touch TouchSensor {}
              ]
              }
    DEF P OrientationInterpolator {
    key [0, 0.5 1]
    keyValue [0 0 1 0,0 0 1 3.14, 0 0 1 6.28 ]
    }
    DEF TS TimeSensor {
    cycleInterval 3
    stopTime -1
    loop FALSE
    }
    ROUTE touch.touchTime TO TS.startTime
    ROUTE TS.fraction_changed TO P.set_fraction
    ROUTE P.value_changed TO T.set_rotation}
```

　　运行该程序,可以看到静止的黄色圆锥体,单击该圆锥体,则该圆锥体对象开始旋转一周后停止,效果如图 4.6-2 所示。

图 4.6-2　圆锥体旋转效果

例 4.11 视点动画。

```
#VRML V2.0 utf8
    DEF view1 Viewpoint {
        position 0 0 20
        description "view1"
}
    DEF view2 Viewpoint {
        position 5 0 20
        description "view2"
    }
Group {
  children [
    DEF box Transform {
        translation 5 0 0
            children [
                Shape {
                    appearance Appearance {
                    material Material { diffuseColor 1 0 0}
                }
                    geometry Box {}
                }
            DEF touchBox TouchSensor {}
            ]
        }
        DEF sphere Transform {
            translation 0 0 0
                children [
                    Shape {
                        appearance Appearance {
                        material Material { diffuseColor 0 1 0}
                }
                    geometry Sphere {}
                }
DEF touchSphere TouchSensor {}
        ]
    }
        DEF cone Transform {
            translation -5 0 0
            children [
                Shape {
                    appearance Appearance {
                    material Material { diffuseColor 0 0 1 }
                }
                    geometry Cone {}
                }
```

```
            ]
        }
    ]                           #end of Group children
}
ROUTE touchBox.isActive TO view2.set_bind
ROUTE touchSphere.isActive TO view2.set_bind
```

运行该程序,效果如图 4.6-3 所示。单击视图中的红色立方体或者绿色球体,将触发视点的改变,物体对象产生跳变,其基本原因是当用户选中立方体并按下鼠标左键时,接触传感器被触发,接着接触传感器从事件出口 isActive 送出一个事件 TRUE,这个事件通过路由进入视点节点 view2 的事件入口 set_bind,view2 收到 TRUE 后成为当前视点,所以在视图的场景中发生了变化。

图 4.6-3 视点动画

当松开鼠标左键时,可以看到场景恢复到原来方位,这种功能称为视点回跳,其原因是松开左键后接触传感器向 view2 发送了一个 FASLE 事件,这样 view2 当前的触发信号被解除,原来的视点又成为当前视点。如果要阻止视点回跳,可以在程序中插入脚本。

4.6.3 脚本应用

VRML 提供了 script 节点,用于实现脚本语句的编程,以方便对事件的高层处理和动画的扩展控制。一个 script 节点可以包含一段脚本程序,脚本程序则可以接受输入事件,处理事件中的信息,并产生基于处理结果的事件输出。

使用 script 节点可以描述一个由用户自定义制作的传感器或插补器,这些传感器或插补器使用相关的入事件、域和出事件,并进行相应的处理、执行所需的运算。

```
script{
    url []                      #链接
    mustevaluate false
    directoutput false
    eventIn                     #入事件
```

```
eventOut                          #出事件
field                             #内部定义的变量
}
```

script 节点说明：

（1）处理事件。

当 script 节点接受到一个输入事件时，它将事件值和时间戳传递给与输入事件同名的函数和方法，函数则通过赋值给与输出事件同名的变量向外发送输出事件。一个输出事件与调用发出输出事件函数的输入事件有相同的时间戳。

script 节点处理输入事件的一般方法是，为 script 节点内的每一个输入事件都定义一个函数。当输入事件一到，浏览器即调用同名函数进行相应的处理。

（2）url 域的域值用于设定一个 URL 列表，该列表中的 URL 值所指定的程序脚本可以是由任何 VRML 浏览器支持的语言写成的。通常 VRML 浏览器支持的语言有 Java、JavaScript、VRMLScript 等语言。

mustEvaluate 域的域值用于设定程序脚本如何进行求值。当该域值为 TRUE 时，每当由节点的 eventIn 事件接收到一个新值时，浏览器就立即对该程序脚本进行计算。当该域值为 FALSE 时，则浏览器在此脚本不影响环境中任何可视部分的情况下，推迟对脚本的计算，直到合适的时间到来。该域值的默认值为 FALSE。

directOutput 域的域值用于设定说明程序脚本的输出是否受到限制。当该域值为 TRUE 时，程序脚本可以直接对它能访问的任何节点的可见域进行写操作或对任何节点的 eventIn 事件发送事件值。另外，还可以在 VRML 场景中增加或删除一条通路。当该域值为 FALSE 时，程序脚本不能直接发送事件，不过可以访问。通常情况下，将 directOutput 域值设为 FALSE。该域值的默认值为 FALSE。

field、eventIn 和 eventOut 分别用于定义由 url 域值来显示在 Script 节点与程序脚本间的接口。field 域用于定义一个带有数据类型的接口域，包括一个接口域名和一个初始化值。eventIn 用于定义一个带有数据类型的 eventIn 接口和 eventIn 接口名。eventOut 用于定义一个带有数据类型的 eventOut 接口和 eventOut 接口名。

例 4.12 旋转的立方体。

```
#VRML V2.0 utf8
Background{                        #创建背景颜色
skyColor [   0.3 0.8 0.3]
        }
    DEF box Transform{
children [
Shape {
appearance Appearance{
material Material{
diffuseColor 0.2 0.2 0.6          #蓝色
}
}
geometry Box{                     #几何立方体
```

```
size 1.0 1.0 1.0}
  }
DEF touch TouchSensor{ }          #创建触摸节点,它的父节点为触摸节点
                       ]
                     }
    Transform{
        translation 1.0 0.0 0.0
          children [
             Shape {
 appearance Appearance{
 material Material{
diffuseColor 0.5 0.3 0.2
}
  }
geometry Text{
string "Welcome"
fontStyle FontStyle{
family "TYPEWRITER"
style "ITALIC"
}
}
}
                   ]
                 }
    DEF clock TimeSensor{        #创建时间传感器节点
cycleInterval 2.0
loop TRUE
                }
    DEF way Script{             #创建脚本节点
eventIn SFTime clicked
eventIn SFFloat now
eventOut SFRotation rotation
eventOut SFVec3f  translation
eventOut SFVec3f scale
field SFBool on FALSE
url "javascript:                #使用 Javascript 语句
function initialize()
{rotation[0]=0;
rotation[1]=0;
rotation[2]=1;
rotation[3]=0.0;
on=0;
  }
function  clicked(time)
{
```

```
on=TRUE;
}
function now(fraction)
{
if(on)
{
    rotation[3]=(fraction * 6.28);
}
} "                              #脚本结束
  }
    ROUTE touch.touchTime TO clock.startTime
    ROUTE touch.touchTime TO way.clicked
    ROUTE clock.fraction_changed TO way.now
    ROUTE way.rotation TO box.set_rotation
    ROUTE way.translation TO box.set_translation
```

运行该程序后,单击图中的几何立方体,该立方体即刻旋转起来,效果如图 4.6-4 所示。

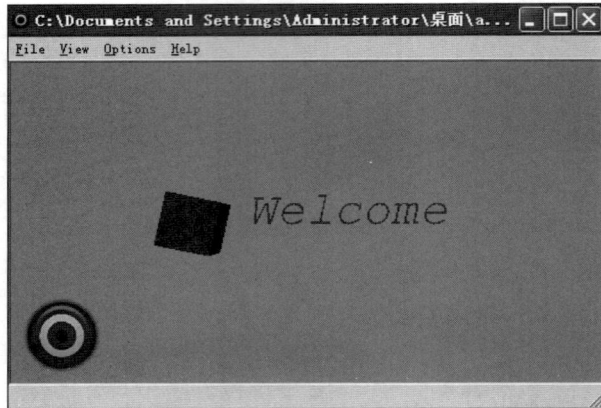

图 4.6-4　立方体旋转效果

4.6.4　实例分析

例 4.13　太阳系。

```
#VRML V2.0 utf8
Group{
  children[
    Viewpoint{
        position  30.0 5.0 9.0
        orientation 0.8 0.8 1.0 2.1
        description "sevp"
    fieldOfView  0.8
```

```
        },
#太阳
  DEF Sun Transform {
        translation 0.0 0.0 0.0
        center 0.0 0.0 0.0
        children Shape{
            appearance Appearance{
                material Material {
                    diffuseColor 1.0 0.0 0.0
                        }
                    }
            geometry Sphere{
                radius 1.2
                }
            }
        },
#水星
  DEF Planet1 Transform{
    translation 1.548 0.0 0.0
    center -1.548 0.0 0.0
    children Shape{
    appearance Appearance{
        material Material{
            diffuseColor 0.8 0.9 1.0
                }
            }
    geometry Sphere{
            radius 0.12
            }
        }
    },
#金星
  DEF Planet2  Transform{
    translation 2.9 0.0 0.0
    center -2.9 0.0 0.0
    children Shape{
        appearance Appearance{
          material Material{
            diffuseColor 1.0 0.8 0.0
            }
        }
      geometry Sphere{radius 0.3}
        }
    },
#地球＋月球
```

```
        DEF Planet3 Transform{
          translation 4.0 0.0 0.0
          center - 4.0 0.0 0.0
          children [
                   Shape{
              appearance Appearance{
                  material Material{
                      diffuseColor 0.0 0.0 1.0
                         }
                        }
              geometry Sphere{
                  radius 0.4
                    }
               }
                   DEF Moon Transform{
                     translation 0.6 0.0 0.0
                     center - 0.55 0.0 0.0
                     children Shape{
                        appearance Appearance{
                     material Material{
                        diffuseColor 1.0 1.0 0.0
                          }
                         }
              geometry Sphere{
                  radius 0.05
                      }
                   }
                }
          ]
        },
        #火星
        DEF Planet4 Transform{
            translation 6.09 0.0 0.0
            center - 6.09 0.0 0.0
            children Shape{
              appearance Appearance{
                material Material{
                    diffuseColor 1.0 0.0 0.2
                       }
                      }
              geometry Sphere{
                  radius 0.15
                    }
                 }
            },
```

```
#木星
  DEF Planet5 Transform{
    translation 16.0 0.0 0.0
    center -16.0 0.0 0.0
    children Shape{
        appearance Appearance{
        material Material{
            diffuseColor  0.4 0.5 0.1
                }
            }
        geometry Sphere{
            radius 0.8
            }
        }
    },
#动画时钟
DEF Clock0 TimeSensor{
        cycleInterval 10.0
        loop TRUE
        },
DEF Clock1 TimeSensor{
        cycleInterval 1.0
        loop TRUE
        },
DEF Clock2 TimeSensor{
        cycleInterval 3.0
        loop TRUE
        },
DEF Clock3 TimeSensor{
        cycleInterval 4.0
        loop TRUE
        },
DEF ClockM TimeSensor{
        cycleInterval 0.4
        loop TRUE
        },
DEF Clock4 TimeSensor{
        cycleInterval 8.6
        loop TRUE
        },
DEF Clock5 TimeSensor{
        cycleInterval 50.0
        loop TRUE
        },
#动画路线
```

```
DEF PlanetPath0 OrientationInterpolator{
        key[0.0 ,0.50,1.0]
        keyValue[
                0.0 0.0 1.0    0.0,
                0.0 0.0 1.0    3.14,
                0.0 0.0 1.0    6.28
                ]
        },
DEF PlanetPath1 OrientationInterpolator{
        key[0.0 ,0.50,1.0]
        keyValue[
                0.0 0.0 1.0    0.0,
                0.0 0.0 1.0    3.14,
                0.0 0.0 1.0    6.28
                ]
        },
DEF PlanetPath2 OrientationInterpolator{
        key[0.0 ,0.50,1.0]
        keyValue[
                0.0 0.0 1.0    0.0,
                0.0 0.0 1.0    3.14,
                0.0 0.0 1.0    6.28
                ]
        },
DEF PlanetPath3 OrientationInterpolator{
        key[0.0 ,0.50,1.0]
        keyValue[
                0.0 0.0 1.0    0.0,
                0.0 0.0 1.0    3.14,
                0.0 0.0 1.0    6.28
                ]
        },
DEF PlanetPath4 OrientationInterpolator{
        key[0.0 ,0.50,1.0]
        keyValue[0.0 0.0 1.0    0.0,
        0.0 0.0 1.0    3.14,
        0.0 0.0 1.0    6.28]
        },
DEF PlanetPath5 OrientationInterpolator{
        key[0.0 ,0.50,1.0]
        keyValue[ 0.0 0.0 1.0    0.0,
        0.0 0.0 1.0    3.14,
        0.0 0.0 1.0    6.28]
```

```
        },
DEF PlanetPathM OrientationInterpolator{
        key[0.0 ,0.50,1.0]
        keyValue[0.0 0.0 1.0    0.0,
        0.0 0.0 1.0    3.14,
        0.0 0.0 1.0    6.28]
        },
    ]
  }
ROUTE Clock0.fraction_changed  TO PlanetPath0.set_fraction
ROUTE Clock1.fraction_changed  TO PlanetPath1.set_fraction
ROUTE Clock2.fraction_changed  TO PlanetPath2.set_fraction
ROUTE Clock3.fraction_changed  TO PlanetPath3.set_fraction
ROUTE Clock4.fraction_changed  TO PlanetPath4.set_fraction
ROUTE Clock5.fraction_changed  TO PlanetPath5.set_fraction
ROUTE ClockM.fraction_changed  TO PlanetPathM.set_fraction

ROUTE PlanetPath0.value_changed  TO Sun.set_rotation
ROUTE PlanetPath1.value_changed  TO Planet1.set_rotation
ROUTE PlanetPath2.value_changed  TO Planet2.set_rotation
ROUTE PlanetPath3.value_changed  TO Planet3.set_rotation
ROUTE PlanetPath4.value_changed  TO Planet4.set_rotation
ROUTE PlanetPath5.value_changed  TO Planet5.set_rotation
ROUTE PlanetPathM.value_changed  TO Moon.set_rotation
```

运行该程序,可以看到中间的太阳,四周有其他的星球围绕旋转,效果如图 4.6-5 所示。

图 4.6-5　太阳系效果

习　　题

1．填空题

（1）VRML 编程的第一行语句是_____。

（2）VRML 定义了_____种基本节点。

（3）VRML 场景中的对象能对用户动作做出反应，称之为_____，一个 Script 节点包含一个叫做_____的域。相对原坐标系形成新的子坐标系，再在_____坐标系中创建所要平移的几何体就达到了平移几何体的目的。

2．选择题

（1）SpotLight 节点创建的是（　　）。

　　A．锥光源　　　　　B．平行光源　　　　C．点光源　　　　D．头顶灯

（2）建立组节点的关键字是（　　）。

　　A．Shape　　　　　B．Transform　　　C．Inline　　　　D．Group

（3）使用节点（　　）可以加载图像纹理，使用节点（　　）可以加载视频纹理。

　　A．ImageTexture　B．PixeTexture　　C．MovieTexture　D．Fog

（4）当建立一个虚拟场景时，如果不加控制，则虚拟人可以穿透任何物体，为了虚拟场景能更真实地反映现实，可以使用（　　）节点来进行碰撞检测。

　　A．Collision　　　　B．Route　　　　　C．children　　　　D．geometry

3．判断题

（1）VRML 2.0 标准中，路由是节点。　　　　　　　　　　　　　　　　（　　）

（2）在同一个场景中创建多个造型时，必须用上编组节点 Group 将场景中的各个造型进行编组。　　　　　　　　　　　　　　　　　　　　　　　　　　　　　（　　）

（3）角度单位是用来计量坐标旋转角度大小的。在 VRML 中角度单位通常使用的是弧度制。　　　　　　　　　　　　　　　　　　　　　　　　　　　　　　（　　）

（4）大多数 VRML 浏览器所支持的表面材质的几种图像格式为 JPEG、MPEG、GIF 和 BMP 这 4 种。　　　　　　　　　　　　　　　　　　　　　　　　　　　（　　）

4．简答题

（1）怎样使场景中的物体产生动画效果？

（2）如何用多个 VRML 文件组装成一个物体？

第 5 章　三维全景技术

全景(Panorama)技术是目前全球范围内迅速发展并逐步流行的一种视觉新技术。由于它给人们带来全新的真实现场感和交互式的体验，因而在互联网上得到了广泛的应用。

三维全景图也称为 360°全景图、全景环视图，是一种运用数码相机对现有场景进行多角度环视拍摄之后，再利用计算机进行后期缝合，并加载播放程序来完成的一种三维虚拟展示技术。它由多角度拍摄数张照片，使用专业三维平台建立数字模型，然后使用全景工具软件制作而成。可以使用浏览器或播放软件在普通计算机上观看，并用鼠标控制观察的角度，可任意调整远近，仿佛置身于真实的环境之中，获得全新的感受。

从人类的视觉角度出发，人们在观看三维环境和三维物体对象时，比之观看二维平面对象的效果具有更大的真实感，更容易理解和识别，可更好地进行判断和结论分析。一直以来，人们为了获取三维对象模型，通常采用复杂的编程技术，或者通过三维建模软件进行仿真建模，但无论采用什么方式，其逼真度都受到技术的限制，难以达到照片的表现效果。全景技术就是利用照相方式，对环境或物体对象进行全方位的摄像，然后将各个角度的照片进行后期缝合，使人观看物体对象时，仿佛身临其境，并可实时交互，具有最完美的真实感。

5.1　全景技术概述

采用全景技术制作的全景图具有独特的效果和种类各异的多个形式，以及广泛的适用范围，成了虚拟现实技术中的一个重要分支。

5.1.1　全景技术的特点

(1) 真实感强。通过实景采集获得的是完全真实的场景。全景图片不是利用计算机生成的模拟图像，而是通过对物体进行实地拍摄，对现实场景的处理和再现，因而展现的是完全真实的场景。相比于建模得到的虚拟现实效果，它更加真实可信，更能使人产生身临其境的感觉，从而很好地满足对场景真实程度要求较高的应用(如数字城市展示、工程验收、犯罪现场信息采集等)。

(2) 快捷高效的制作流程。全景的制作流程简单、快捷，免去了技术复杂的建模过程,通过对现实场景的采集、处理和渲染,快速生成虚拟的场景。与传统的虚拟现实技术相比效率提高了十几倍,具有制作周期短、制作费用低等特点。

（3）有较好的交互性。使用鼠标或键盘控制环视的方向,可以进行上下、左右、前后范围的漫游式浏览。

（4）一般不需要单独的插件。可以采用 Flash 文件格式直接在浏览器中观看,有些文件格式的全景照片,可以下载一个很小的插件,通过浏览器在 Internet 上观看。

5.1.2　全景技术的分类

目前,虚拟全景技术的发展异常迅速,依照全景图的外在形式,全景技术可以分为柱形全景、球形全景、立方体全景、对象全景和球形视频等。

1. 柱形全景

柱形全景是最简单的全景虚拟。柱形全景可以理解为以节点为中心,具有一定高度的圆柱形平面,平面外部的景物投影在这个平面上。用户可以在全景图像中进行浏览,在水平方向上可左右 360°的范围内任意切换视线,也可以在一个视线上改变视角,来取得接近或远离的效果。换句话说,就是用户可以用鼠标或键盘操作环水平 360°（或某一个大角度）观看四周的景色,并放大与缩小（推拉镜头）,但是用鼠标进行上下拖动时,上下的视野将受到限制,就是习惯上的说法,上看不到天顶,下也看不到地,如图 5.1-1 所示。

柱形全景图的真实感有限,但制作简单,属于全景图的早期模式应用。

2. 球形全景

球形全景是指其视角为水平 360°,垂直 180°,称为全视角 360×180°。观察球形全景时,观察者好像位于球的中心,通过鼠标、键盘的操作,可以观察到任何一个角度,让人融入虚拟环境之中。因为特殊的外形,球形全景照片的制作比较复杂,首先必须用专业的鱼眼镜头拍摄 2～6 张照片,然后再用专门的软件把它们拼接起来,做成球面展开的全景图像,最后把全景照片作品嵌入网页中。球形全景产生的效果较好,所以有专家认为球形全景才是真正意义上的全景。球形全景在技术上实现较为困难。由于球形全景效果较完美,被作为全景技术发展的标准,已经有很多成熟的软硬件设备和技术,如图 5.1-2 所示。

图 5.1-1　柱形全景示意图　　　　　　图 5.1-2　球形全景

球形全景会因拍摄效果或软件缝合时的不同,产生比较大的差异,图 5.1-3(a)、(b)、(c)所示均为球形全景图的不同表现形式。

| (a) | (b) | (c) |

图 5.1-3　球形全景

3. 对象全景

与球形全景观察景物的视角相反,球形全景是从空间内的节点来看周围 360°的景观空间所生成的视图,对象全景是以一件物体为对象中心,观察者围绕着对象物体,从 360°的球面上的众多视点来看一件物体,从而生成该对象全方位的图像信息。基于观察方式的不同,对象全景在应用场合上与其他全景图有所区别。

对象全景技术提供了一种在因特网上逼真展示三维物体的新方法。它与其他全景技术的方法不同:拍摄时瞄准对象,然后转动对象,每转动一个角度,就拍摄一张照片,拍摄完成后,如图 5.1-4 所示,需要使用专业计算机软件进行编辑,用户就可用鼠标来控制物体旋转以及对象的放大与缩小,也可以把它们嵌入网页中,发布到网站上,采用对象全景技术进行商品展示,相比其他方式效果更加精彩。

从技术应用的角度看,对象全景技术更适合在 Internet 网上的电子商务(E-Commerce)业务中。因为在电子商务的买卖过程中,与实体商店交易相比,其商品图片缺少对商品真实信息的表述,人们只能通过观看虚拟图片来判断商品的质量优劣,这一点对许多客户来说是有顾虑的。而对象全景技术则可以更全面地表现商品对象的

图 5.1-4　对象全景示意图

外观。尽管目前电子商务依然采用传统的商品展示方法,即以二维图片为主,但随着技术的进步,用对象全景技术可进行三维效果的展示,比传统模式具有无可比拟的优势。特别是在诸如服装、工艺品、电子产品、古代与现代艺术品等方面的展示上。

4. 立方体全景

这是另一种实现全景视角的拼合技术,和球形全景一样,视角也为水平 360°,垂直 180°。唯一与球形全景不同的是,立方体全景保存为一个立方体的 6 个面。与其他几种全景图制作方法相比,立方体全景照片的制作比较复杂,首先拍摄照片时,要把上、下、

前、后、左、右6个面全部拍下来，也可以使用普通数码相机拍摄，只不过普通相机要拍摄很多张照片（最后拼合成6张照片），然后再用专门的软件把它们拼接起来，做成立方体展开的全景图像，最后把全景照片嵌入展示的网页中，如图 5.1-5 所示。

图 5.1-5　立方体全景示意图

5. 球形视频

球形视频是目前全景技术的发展方向，生成的是动态的全景视频。该技术带给人们的是一种全新的感受，其效果表现为全动态、全视角、带音响的全景虚拟，目前正在快速发展过程之中。

5.1.3　全景技术的应用

三维全景技术是目前迅速发展并逐步流行的一个虚拟现实分支，可广泛应用于网络三维业务。由于它的最大特点为图像清晰，表现视角范围广阔，可交互，因此在宣传产品、引导用户行为、辅助展示主题方面具有很大的发展空间，简单归纳有以下几个方面。

1. 旅游景点虚拟导览展示

高清晰度全景三维效果可以真实地展现景区的优美环境，给观众一个身临其境的体验。结合景区游览图导览，观众可以自由穿梭于各景点之间，是旅游景区、旅游产品宣传推广的最佳创新手法。

在利用全景技术制作旅游景点虚拟导览时，为了更好地引导观众游览，还可对景区不同季节的美景进行全方位的图片拍摄，并以四季中景区最有代表性的景色予以命名，使观众通过网络浏览了美景后难抑心中的向往，纷至沓来。

2. 网上酒店三维全景虚拟展示应用

在互联网订房已经普及的时代，在网站上用全景技术展示酒店宾馆的各种餐饮和住宿设施，是吸引顾客的好办法。利用网络，客户可远程虚拟浏览宾馆的大楼外景，酒店内的大厅、客房、会议厅等各项服务场所，展现宾馆优美、舒适的环境，给客户以实在感受，促进客户预订客房。

客户通过网站选中了酒店后，还可以直接选择酒店住房进行预订，单击鼠标可事前通过全景图360°观看各个客房的设施条件，更方便客户确认和挑选客房。由于有了全景展示，客户可快速了解酒店大楼布局和火灾逃生通道，使客户对酒店服务迅速建立良好的印象。

3. 房产三维全景虚拟展示应用

房产开发销售公司可以利用虚拟全景浏览技术，展示楼盘的外观，房屋的结构、布局、室内设计，置于网络终端，购房者在家中通过网络即可仔细查看房屋的各个方面，激发潜在客户的购买欲望。

目前，许多房产开发商在推销房屋的过程中建立一个装修好的样本间，引导客户实地看房，而采用虚拟全景技术可以将虚拟的样本间全景图制作成多媒体光盘赠送给看房者，带回家与更多人分享，增加客户的满意度、忠诚度，做更精准有效的传播；也可以制作成触摸屏或者大屏幕现场演示,给购房者提供方便,节省交易时间和成本;在房交会现场用全景展示无疑可以使人感受到房产公司技高一筹的宣传效果。

如果是多期开发,将已有的成品小区做成全景漫游,对于开发者而言也是对已有产品的一种数字化整理归档,对于消费者而言,可以增加信任感,促进后期购买欲望。因此,采用全景技术制作的数字化全景图是具有最高性价比的房产广告宣传新选择。

4. 公司企业展示宣传

在公司企业招商引资、业务洽谈、人才交流等场合,如果采用全景展示宣传企业公司的环境和规模;洽谈对象、客户不是简单地通过零碎照片或效果图做出决定,也不需要逐行逐字地研究企业公司的宣传文字,新奇的全景展示会一目了然地彰显出公司的实力和魅力。

5. 商业空间展示宣传

有了三维全景虚拟展示,商城中的服装与日常用品,以及商品的陈列厅、专卖店、旗舰店等相关空间的展示就不再有时间、地点的限制,三维全景虚拟使得参观变得更加方便、快捷,只需单击鼠标就可像来到现场一样,大大节省成本,提高了效率。

6. 娱乐休闲空间三维全景虚拟展示应用

美容会所、健身会所、咖啡厅、酒吧、餐饮等环境的展示,借助全新的虚拟展示推广手法,把环境优势清晰地传达给顾客,营造超越竞争对手的有利条件。

7. 汽车三维全景虚拟展示应用

汽车内景的高质量全景展示,展现汽车内饰和局部细节。汽车外部的全景展示,可以从每个角度观看汽车外观,可以在网上构建不落幕的车展,并可以进行虚拟试驾,使更多人真实感受车的性能,使汽车销售更轻松、有效。

8. 博物馆、展览馆、剧院等三维全景虚拟展示应用

在博物馆方面,传统文字图片往往难以直观地体现馆内众多的信息,文物信息管理并不轻松。通过三维实景技术,可将博物馆内的文物信息全面、直观地记录下来,方便文物信息管理。以博物馆建筑或者剧院的平面或三维地图导航,结合全景的导览应用,观众可以自由穿梭于每个场馆之中,只需轻轻单击鼠标即可全方位参观浏览,配以音乐和解说,更加身临其境。结合物体三维全景展示技术,游客不仅可以在科博馆内浏览参观,更可以单独选择其感兴趣的文物(通过实景拍摄,不方便拍摄的可以利用三维模型软件来建模),任意旋转并放大、缩小地近距离欣赏。虚拟导览系统做成光盘,可以作为光盘礼品或宣传品赠送。同时对博物馆加以数字化的保存,也极富收藏价值。

9. 虚拟校园三维全景虚拟展示应用

在学校的宣传介绍中,有了三维全景虚拟校园展示,可以实现随时随地参观优美的校园环境,展示学校的实力,吸引更多的生源。可以发布到网络,也可以做成学校介绍光盘发送。学校领导电子名片光盘:将校园的三维实景照片制作成领导的电子名片光盘,学校领导在与贵宾交换名片时就可以把学校的多媒体宣传介绍交给对方,也提升形象,一举多得。学校多媒体教学应用:三维实景漫游系统,亦可助力于学校教学应用。例如,可对学校各实验室制作全景展示,发布到网络。学生通过网络浏览即可提前直观地了解实验室的位置、布局、试验要求安排等信息。

10. 政府开发区环境展示

政府开发区投资环境,做成虚拟导览,并可发布到网上进行展示。可把开发区的建设环境带到世界各地。将客商的介绍变得一目了然,说服力强,可信度高。

全景技术目前应用非常广泛。例如,在谷歌和百度的地图搜索中,对我国的大城市就采用了全景技术,通过平面地图,人们可以搜索到某个地点,然后可切换到三维界面或全景图界面,极大地方便了人们出行。

客观地说,全景图还不是真正意义上的 3D 技术,其交互性能也十分有限,所以它也并不能算作真正意义上的虚拟现实技术,从这点出发,该技术还有进一步改进和发展的必要。

5.2 全景技术常用的硬件与软件

全景技术是基于数字图像的一门专业技术,由于其特殊的性能特点,因此全景技术中所采用的软、硬件内容也拥有自身的特点。

5.2.1 常用的硬件

1. 数码相机

数码相机(Digital Camera,DC)是一种利用电子传感器把光学影像转换成电子数据的照相机。与传统胶片相机比较,它的拍摄成本非常低,成像快,可直接进行数字化编辑,因而广泛应用于全景技术。另外,现在除了专用的数码相机,许多电子设备也有拍照功能,如手机等。

数码相机的工作原理:①经过镜头光聚焦在 CCD 或 CMOS 上;②CCD 或 CMOS 将光转换成电信号;③经处理器加工,记录在相机的内存上;④通过计算机处理和显示器的光电转换,形成数码影像。

其中,CCD(Charge Coupled Device,电荷耦合装置)和 CMOS(Complementary Metal Oxide Semiconductor,互补金属氧化物半导体)都是由光敏元件构成的具有光电转换和信号放大功能的集成电路块,是数码相机的核心部件,数码相机的分辨率大小取决于 CCD 或 CMOS 元件的性能。一般情况下,CCD 芯片的图像质量优于 CMOS 芯片的图像质量,但拍摄速度慢于 CMOS 芯片。

2. 鱼眼镜头

鱼眼镜头指视角接近或等于 180°的镜头,视角为众多镜头之冠。绝大部分鱼眼镜头均是定焦镜头,只有少部分是变焦镜头。其镜面似鱼眼向外凸出,所视的景物,像鱼由水中看水面的效果。鱼眼镜头一般用来拍摄广阔的风景或在室内拍摄,如图 5.2-1 所示。

图 5.2-1 鱼眼镜头示意图

鱼眼镜头与常用的数码相机的广角镜头具有不同的构造。鱼眼镜头又称全景镜头，属于超广角镜头，视角不小于180°，鱼眼镜头分两种，一种是圆形鱼眼镜头，另一种是对角线鱼眼镜头。而广角镜头分为托普岗广角镜头、鲁沙广角镜头、达歌广角镜头，它们之间的构造均不同。

鱼眼镜头与广角镜头的差异还表现在：鱼眼镜头的焦距变化少，超广角镜头的焦距变化情况多。超广角与其他镜头一样，竭力校正画面边缘出现的畸变，力争使拍出的画面与实物相一致。而鱼眼镜头则有意保留影像的桶形畸变，用以夸张其变形效果，拍出的画面除了中心部位以外，其他所有的直线都会变成弯曲的弧线。

3. 全景头

全景头又名全景云台，是区别于普通相机云台的高端拍摄设备。此类云台都具备两大功能：①可以调节相机节点在一个纵轴线上转动；②可以让相机在水平面上进行水平转动拍摄；从而使相机拍摄节点在三维空间中的一个固定位置进行拍摄，保证相机拍摄出来的图像可以使用造景师软件进行三维全景的拼合。另外，全景云台需由三角支架作支撑，全景头如图5.2-2所示。

从应用角度看，全景头主要应用于三维全景展示及虚拟漫游制作的前期拍摄中，另外也可以进行普通照片的高端拍摄。

从工作原理上看，首先全景云台须具备一个具有360°刻度的水平转轴，可以安装在三脚架上，并对安装相机的支架部分进行水平360°的旋转；其次，全景云台的支架部分可以对相机进行前面的移动，从而达到适应不同相机宽度的完美效果，由于相机的宽度直接影响到全景云台节点的位置，所以如果可以调节相机的水平移动位置，那么基本就可以称之为全景云台或全景头。

图 5.2-2　全景头示意图

全景头可以分为以下两类。

（1）专用全景头。也就是专门为某种型号的相机而设计的，如 Kaidan 的 kiwi990 就是专门为 Nikon Coolpix 990 设计的、上海杰图软件的 JTS-1500 是专门为 Nikon Coolpix 4500 设计的。

（2）通用全景头。如 Manfrotto(曼富图)302 QTVR 全景头是一种三向可调节的全景头，可以根据不同相机进行具体调节。

4. 旋转平台

要制作对象全景作品，必须获得对象物体的一系列多个角度图片。在拍摄时，为了得到较好的效果，通常使用普通数码相机或数码摄像机，可采用旋转平台辅助拍摄，以保证旋转时围绕着物体的中心，如图5.2-3所示。它通常由步进电机来驱动底盘的转动，拍摄时使物体的中心轴线放在底盘的圆心上，高档的旋转平台还可以精密控制旋转的角度，进行升降控制。

5. 其他辅助设备

在拍摄过程中，有时因为需要从空中进行图像拍摄，需要某些特种设备，如航拍飞行器等，如图5.2-4所示。

航拍飞行器是一个集单片机技术、航拍传感器技术、GPS 导航航拍技术、通信航拍服

图 5.2-3　旋转平台

图 5.2-4　航拍飞行器示意图

务技术、飞行控制技术、任务控制技术、编程技术等多技术并依托于硬件的高科技产物，因此要想设计好一个飞控系统，上述技术一项都不能少。

航拍飞行器的特点是，无人直升机化、设备微型化、动力可持续化、飞控简单自动化、摄像清晰效果好。

航拍飞行器的发展趋势是，无人机航拍摄影技术作为一种空间数据获取的重要手段，具有续航时间长、影像实时传输、高危地区探测成本低、高分辨率、机动灵活等优点，在国内外已得到广泛应用。

随着我国信息化建设和科学技术的不断进步和发展，无人机的研究发展在总体设计、飞行控制、组合导航、中继数据链路系统、传感器技术、图像传输、信息对抗与反对抗、发射回收、生产制造和实际应用等诸多技术领域都有了长足的进步，达到了很高的实际应用水平，产量和种类均居世界前列。

5.2.2　常用软件

目前在全球从事全景技术开发的公司有很多，开发此类软件的著名软件公司有Pixround、IPIX、3dvista、Ulead(中国台湾友立)、Iseemedia 和 Arcsoft(虹软)等。

1. 国外开发的常见全景软件

① 3D Vista Studio。

② Corel Photo-Paint。

③ MGI Photo Vista。

④ Image Assembler。

⑤ IMoveS. P. S.。

⑥ VR Panoworx。

⑦ VRToolbox。

⑧ PTGUI。

⑨ iPIX。

⑩ Arcsoft Panorama Maker。

⑪ Photoshop Elements。

⑫ Photo Vista Panorama。

⑬ PixMaker Lite。

⑭ PixMaker。

⑮ OTVRA. Studio。

⑯ REALVRZ Stitcher。

⑰ Powerstitch。

⑱ PanEdit。

⑲ Hotmedia。

2. 国内常见的全景软件

① 杰图造景师软件。

② 大连康基数码的 ReLive。

③ 浙江大学的 Easy Panorama。

④ 北京全景互动科技有限公司的观景专家与环视专家。

⑤ 虚拟无忌网站(www.86VR.com)的环球坊等。

⑥ UleadCool 360(中国台湾)

3. 代表性的全景技术软件介绍

1) QuickTime VR

QTVR(Quick Time Virtual Reality)是美国苹果公司开发的跨平台的虚拟现实技术,支持各种格式的影片、图片、流媒体、动画、声音、虚拟现实以及具有互动效果的文件的虚拟实境技术。可以说是一种在个人计算机平台上使用,基于静态图像处理(Image Base VR)的初级虚拟实境技术。

QTVR 技术有以下 3 个基本特征。

① 从三维造型的原理上看,它是一种基于图像的三维建模与动态显示技术。

② 从功能特点上看,它有视线切换、推拉镜头、超媒体链接 3 个基本功能。

③ 从性能上看,它不需要昂贵的硬件设备就可以产生相当程度的 VR 体验。

2) iPIX 全景技术

iPIX 全景技术是由美国 iPIX 公司(Internet Pictures Corporation)研制开发的一种图像浏览技术,该技术原来在美国航空航天上应用,后来转为民用。

iPIX 全景技术的整体解决方案是它利用具有 iPIX 专利技术的鱼眼镜头拍摄两张180°的球形图片,再通过 iPIX World 软件把两幅图像拼合起来,制作成一个 iPIX 360°的全景图片,是一款"傻瓜型"制作技术。其作品可运行于网络上,产生非常逼真的环视效果,沉浸感好。

3) PixMaker 全景

PixMaker 为拍摄全景图片提供了完整而简易的解决方案。在无需昂贵专业器材或额外浏览器插件的情况下,即可在 Internet 上浏览互动的网上虚拟环境。

PixMaker 对相机型号没有特别要求,制作者可用普通相机拍下照片,就可用 PixMaker 软件制作全景 360°图片上传到 Internet 上。它的最大优点是操作的简易性。制作者只需将一组照片通过拍摄、拼接、发布 3 个步骤,即可制作出 360°环绕的画面,让网上浏览者随心所欲地利用鼠标观看空间、对象的每一个角落。另外,其发布形式也多样化,根据用户的需要可以制作成 Web、PDA、EXE、JPG 等格式。PixMaker 工作界面如图 5.2-5 所示。

图 5.2-5 PixMaker 工作界面

主界面中 3 个主要图标按钮功能如下。

Snap:导入图片。

Stitch:拼接图片。

Publish:发布。

5.3 全景图的制作

全景图的种类多,采集的素材图片形式不一,因而制作时同样也有不同的方法,通常情况下,制作软件可以利用通用的 Photoshop,或其他的专业软件。

5.3.1 照片的采集

全景照片是指视场较宽的照片,并不一定是 360°全景。在传统摄影中有 3 种拍摄全景照片的方法,一是使用专用的全景相机,在快门开启的同时,相机会左右或上下转动,记录下的图像就是全景照片;二是一些相机有全景功能(尤其是 APS 相机,曾是其宣扬的卖点),其实是遮幅,用视角很宽的广角镜头拍摄,上下遮幅,形成长条全景图像。

但是,并不是随意拍摄的任何照片都可以拼接成全景图像,应该遵循以下几点进行拍摄。

(1) 选择中段焦距 35~55mm 之间的范围拍摄。拍摄的时候一般选择在一个高点或者是场景的中央,为了能获取更多的场景信息,该点需视野开阔,另外,全景观看的时候是要旋转的,所以选择场景的几何中心,是为了避免旋转过程中给观赏者带来失重的感觉。

(2) 如果采用手动模式拍摄,好处是快门和光圈都是固定的,不会因为侧光的变化而变化,如果使用其他模式拍摄,可能会因为从太阳照射的一端一直拍到背对太阳的另一端时,而产生较大的明暗变化效果。

(3) 拍摄时要按一定顺序依次拍摄一组连贯的照片(从左到右、从上到下如 001、002、003、004 等),相邻的照片要有一定范围(约 20%)的重叠,要使用相同或相近的曝光组合,使用相同的焦距、相同的白平衡,最好使用三脚架均匀转动,这样拼接时会方便很多,无需过多调整,如果相机没有全景功能,拍摄时遵循这个原则就行了。

(4) 得到系列拍摄的照片,每张照片都通过目测得到相应的公共边界,这是拼接图片所必需的,如果是手持拍摄,那么公共边界可以少一些,如果是在三脚架支持下的拍摄,边界可以留得更多一些,因为手持拍摄可能会因为手的轻微旋转导致画面歪斜而无法拼接。

5.3.2　照片的后期制作

1. 通过 Photoshop CS4 进行处理

(1) 启动 Photoshop CS4,进入主界面,如图 5.3-1 所示。

图 5.3-1　主界面

（2）单击"文件"→"自动"→photomerge 菜单命令，打开 photomerge 对话框。单击"浏览"按钮，找到图片，全部选中加入进来，如图 5.3-2 所示。

图 5.3-2　加入照片示意图

（3）把要拼接的图片选上，从上至下为 1. jpeg、2. jpeg、3. jpeg。需要注意，对话框左侧有 6 个选项，即自动、透视、圆柱、球面、拼贴和调整位置，可选中任一选项，本例选择"自动"单选按钮，单击"确定"按钮。Photoshop CS4 系统自动拼接图片。如图 5.3-3 所示。

图 5.3-3　选择自动后界面

（4）通过裁剪工具，将图片的边缘进行平滑处理，裁剪后如图 5.3-4 所示。

图 5.3-4　裁剪后的效果

（5）单击"文件"→"另存为"菜单命令，将该图片保存为"湖景风光.jpeg"。

2. Arcsoft Panorama Maker 6 制作全景图

该软件由虹软公司开发，是一家在美国注册，专注于研发数码相机、个人电脑、外设、移动终端设备的多媒体嵌入式软件产品以及提供消费电子固件方案的著名公司。Arcsoft Panorama Maker 6 是一款专业级的全景图开发软件，可方便、快捷地将一系列重叠拍摄的图片自动拼接成一幅精美的具有高清性质的全景图片，有 5 种专业的全景图拼接模式，即自动、横向、360°、平铺、纵向等。其主要特点如下。

（1）图片自动排序和无缝拼接。

（2）支持手动对齐拼接点与手动调整拼接位置。

（3）添加边框、标题与版权信息至拼接后的图片，用于打印与共享。

（4）提供微调控键，调整拼接图片的亮度与对比度，并进行裁剪与导正操作。

（5）支持多种 RAW 格式。

（6）在水平、垂直与 360°全景图模式下，支持不限制图片数量的拼接操作。

（7）支持横幅和分页打印图片。

操作步骤如下。

（1）启动 Arcsoft Panorama Maker 6 软件，进入其工作界面，如图 5.3-5 所示。

在工作界面的左边是文件夹窗口，该窗口下方有 8 个按钮，单击这些按钮，可以打开其余的多个窗口，分别是收藏夹、等级、标签、操作记录、日历、导入历史记录、已保存的查询条件窗口，它们打开后，显示在文件夹界面下方。右边是工作区界面，编辑与显示效果均在该界面进行。

操作时，首先通过文件夹界面找到存放系列照片的文件夹，然后在工作区界面中，选择参与编辑的所有照片，如图 5.3-6 所示。

（2）单击屏幕右下方的"下一步"按钮，系统将自动连接选择的图片，连接时系统会检查图片大小、数量和图片之间的覆盖关系。如果图片太小、图片数量少或者图片相互之间覆盖关系不够，就会提示不能进入下一步操作；如果符合条件，就自动排列拼接，并显

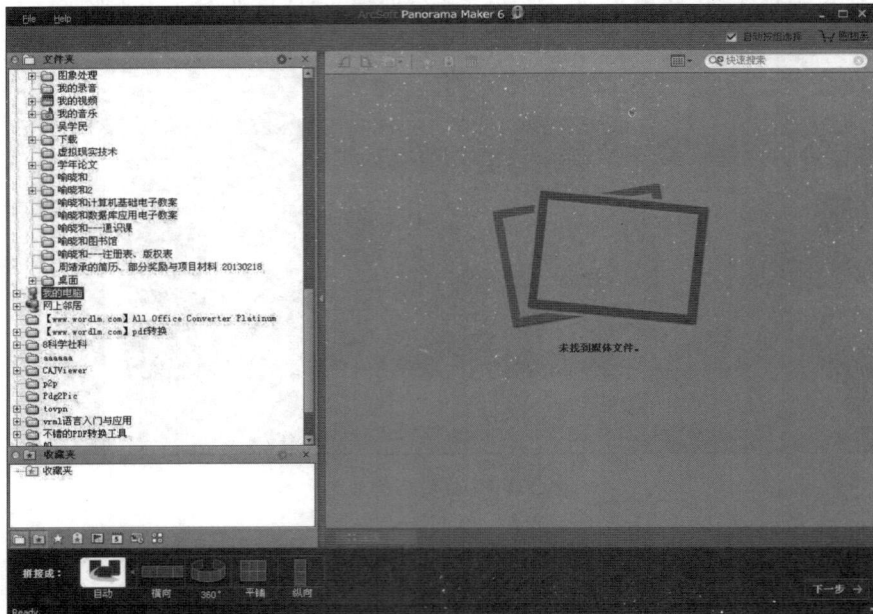

图 5.3-5　Arcsoft Panorama Maker 6 工作界面

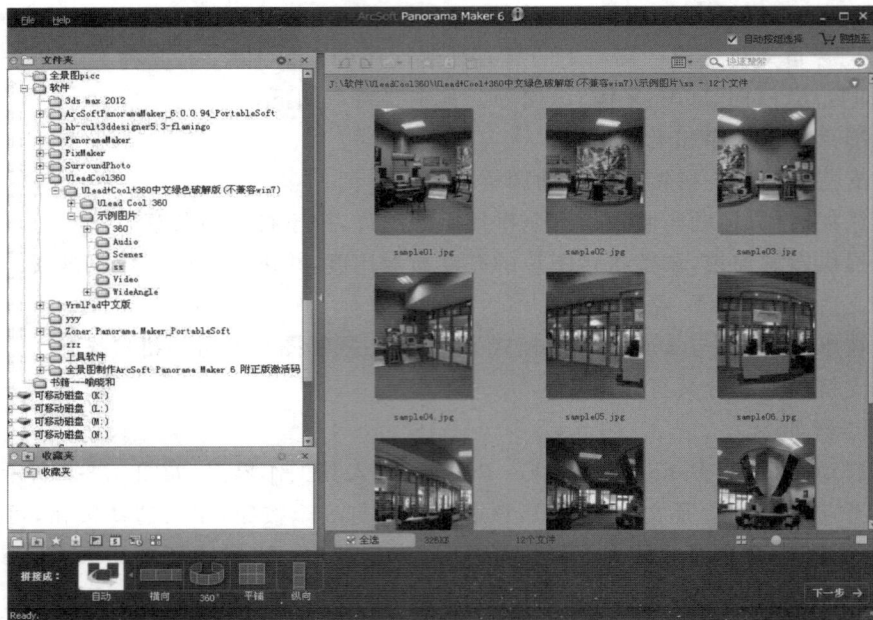

图 5.3-6　选择图片

示拼接效果，如图 5.3-7 所示。

　　（3）在拼接效果图中，下方有"手动"、"预览"、"边框"和"新建"4 个按钮，如果单击"手动"按钮，则可以重新排列图片的顺序，排列完成后，单击"完成"按钮退出。如果单击"边框"按钮，则给连接后的图片原黑色边框换成白色边框。如果单击"预览"按钮，则进

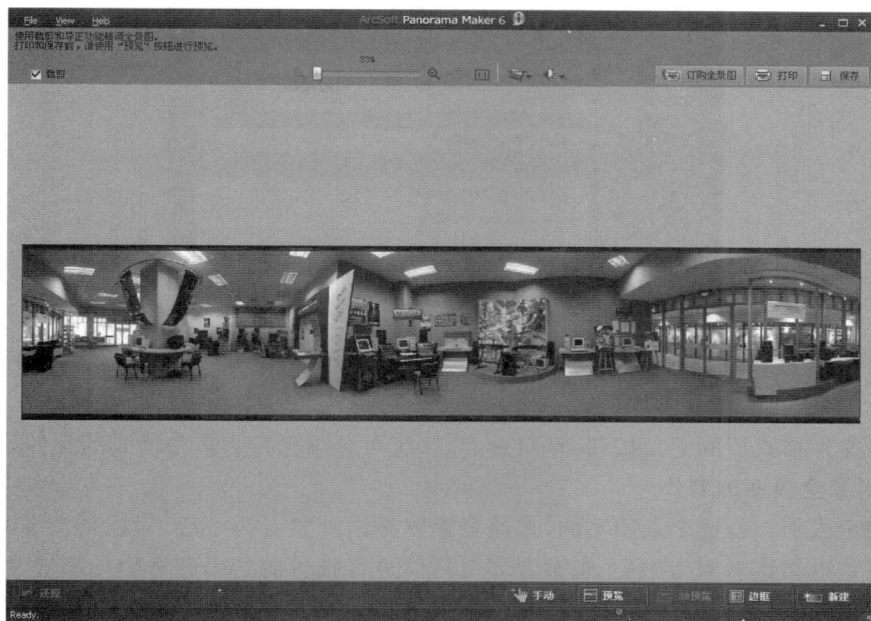

图 5.3-7 拼接效果

入演示界面,如图 5.3-8 所示。

图 5.3-8 演示界面

(4)单击▭▭▭按钮,再单击🔍按钮,可以左右移动显示的画面。

(5)单击🕸️按钮,再单击🔍按钮,可以左右循环移动显示的画面。

(6)单击✕按钮,退出演示界面,回到拼接后的界面,单击"保存"按钮,打开"保存"对话框,如图 5.3-9 所示。

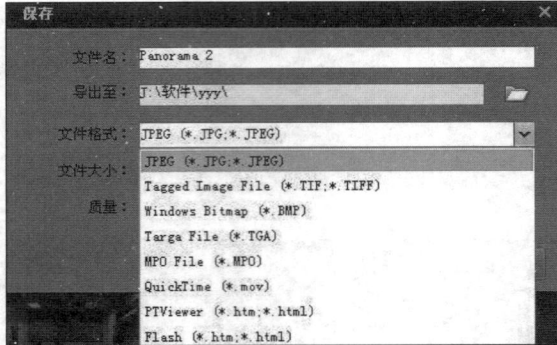

图 5.3-9　"保存"对话框

单击文件格式后的下拉按钮，可以看到，系统可导出保存为多种格式的文件。

3. 对象全景图的制作

对象全景图与普通全景图不同，普通全景图是以观察者为中心，对四周浏览拍摄，对象全景图是以物体对象为中心，观察者环视物体进行拍摄的。因此环物拍摄通常要求拍摄的图片比较多，缝合图片的软件要求也不同，Object 2VR 是制作对象全景图的常用软件之一，下面以该软件为例进行介绍。

（1）启动 Object 2VR 3.0 打开主界面，如图 5.3-10 所示。

图 5.3-10　Object 2VR 3.0 主界面

（2）单击"选择输入"按钮，打开"输入"对话框，如图 5.3-11 所示。

（3）在"输入"对话框中，"类型"框中可以有 3 个选项，分别为 Individual Images、Images Sequence 和 Quicktime VR，一般选择 Individual Images，单击 Open Light Table 按钮，打开 Light Table 对话框，设置 Columns 为 6，Rows 为 6。单击 Update 按钮，如

图 5.3-11 "输入"对话框

图 5.3-12 所示。

图 5.3-12 Light Table 对话框

（4）打开存放图片的文件夹，两个窗口并列打开，将文件夹中的图片依次拖曳到 Light Table 对话框中，如图 5.3-13 所示。

图 5.3-13 两个窗口并列打开

（5）关闭存放图片的文件夹。单击 Light Table 对话框中的"确定"按钮。关闭 Light Table 对话框。返回主界面中，设置新输出格式为 Flash：共有 3 种，分别为 HTML5、Flash、QTVR。单击"增加"按钮。打开"Flash 输出"对话框，如图 5.3-14 所示。

图 5.3-14　"Flash 输出"对话框

（6）在输出文件处单击"打开"按钮，打开"输出文件"对话框，可设置输出文件的保存位置（路径）和文件名。单击"保存"按钮后返回。单击"确定"按钮，出现一个问讯对话框，单击"是"按钮，返回主界面，如图 5.3-15 所示。在主界面的输出参数组下方增加了一个 Flash 参数组。

图 5.3-15　主界面

（7）如果新输出格式为 QTVR，会增加一个 QTVR 参数组，单击该组中的█按钮，将打开网络浏览器，在浏览器中显示效果，如图 5.3-16 所示。

图 5.3-16　在浏览器中显示效果

（8）使用鼠标，可交互式调节竹篮的显示角度，或者旋转该竹篮对象，单击显示区域，上方出现提示字符，小窗口播放和设置，单击小窗口播放，变为播放模式，如图 5.3-17 所示。单击"最大化"按钮，则切换为全屏播放模式。按 Esc 键返回小窗口播放。如果单击设置按钮，则打开设置选项菜单，可进行多项参数的设置。

图 5.3-17　小窗口播放

（9）单击"关闭"按钮，返回主界面，单击 Flash 参数组中的█按钮，打开"Flash 输出"对话框，在皮肤处，单击下拉按钮，有 4 个参数选项，可选择任一个，如选择 controllar_object_popup ggsk，如图 5.3-18 所示。单击"确定"按钮，则重新计算，完毕后覆盖原保存的文件，再进入到播放模式，播放窗口的下方会增加一些控制播放的按钮，如图 5.3-19 所示。

（10）单击＋按钮放大图像，单击－按钮缩小图像。单击方向按钮，可调整观察对象的视角，其他还有旋转、全屏幕等。

图 5.3-18　设置皮肤

图 5.3-19　小窗口播放

4. 球形全景图的制作

实际上，有很多软件可以制作球形全景图，本例中继续应用 Photoshop CS4 进行处理。

（1）启动 Photoshop CS4，打开前面保存的"湖景风光. jpeg"文件。在图层面板中双击该图片的图层，将锁住的背景图层变为可编辑图层。并用剪切工具适当剪短图片，如图 5.3-20 所示。

（2）单击"编辑"→"变换"→旋转 180°菜单命令，倒置编辑窗口中的图片。单击"滤镜"→"扭曲"→"极坐标"菜单命令，完成球形显示效果，可适当调节色彩，如图 5.3-21 所示。

图 5.3-20   湖景风光

图 5.3-21   球形显示效果

5.4   全景视频简介

全景视频又名 720°或者 360°全景视频,它是从 720°或者 360°的球形全景图技术上发展延伸而来,与球形全景图相比,球形全景视频是一种新的技术显示形式,并已经快速流行开来,如果说球形全景图给用户提供了静态的观摩方式,人们在观看球形全景图时,仿佛站在视图的中心位置,浏览水平 360°,垂直 180°的空间范围;那么球形全景视频则是一种动态的视觉效果,映入眼帘的是水平 360°,上下 180°,无缝衔接的视频影像,用户仿佛站在一个线性移动的点上,同时观看周边各方向上的景观,此时的视频影像通过全景播放器播放,用户通过单击鼠标、触摸屏幕、陀螺仪等方式实现上下、左右、放大、缩小的无死角浏览的视频模式。

在全景视频中,视频景象内容显示的是观察视点 360°周边的多幅画面效果,多幅画面内容是相互关联的、同步的、不断跟随的变化景物,同时视频画面有景深效果和声音伴随。用户观赏时会体验到很强的沉浸感。图 5.4-1 所示为某广场的全景视频。

5.4.1   全景视频的应用

全景视频是一种新型的显示模式,具有信息量大、视野开阔、观赏效果沉浸感好的特

图 5.4-1　某广场的全景视频

点,因而在许多行业发挥着其他技术无可替代的作用。全景视频目前运用较多的部门有数字展馆、数字城市、场馆仿真、地产漫游、教学科研设计、旅游景区、文物古迹、道路桥梁、水利水电、网上产品和影片拍摄等。全景视频作为当前一种爆发性很强的技术,在国外的许多著名网站上已经成为展示 3D 对象的主导方式之一。主要应用如下。

1. 在名胜古迹、旅游景区的作用

随着人们生活水平的日益提高,探访名胜古迹、游览旅游景区成为平民大众喜爱的活动之一。同时名胜古迹、旅游景区也迎来了宣传和竞争的大好机会。对于管理部门来说,如果采用普通的方式,很难全面展现名胜古迹、旅游景区的丰富信息,而采用全景视频的方式,将景区信息放置在旅游网站上,则可以较低的成本给观众提供最大的信息量,从而更好地引导他们认识名胜古迹、旅游景区的民族文化特色,绚丽多彩的奇特山水构造。因此,以动态的全景视频展现旅游景区的山川地貌,犹如观众亲历游览一般,可以将最美、最奇、最独特的风光尽览眼中。

2. 在监控领域的作用

监控作为国家治安环境的重要构成,已经广泛运用于大城市的交通、银行、企业、小区、地铁、火车和商店等处。可以这样说,需要安全的地方几乎都不可缺少监控探头的安装和存在。但是现在的监控普遍都存在盲区,也就是说,还有一些死角因各种原因而监控不到。如果将全景视频的技术运用到监控领域,很多行业的许多地方就没有必要安装摄像头了,这一方面减少了硬件设备的投入费用,另一方面提高了监控的工作效率,对于各行各业的安全无疑是一种保障。

3. 在汽车交通方面的应用

汽车 360°全景环视系统是传统倒车可视系统的升级版,传统的倒车可视系统采用一个摄像头和一个显示器构成。系统工作的时候,屏幕上会显示两条不会变化的标尺线,倒车行驶时驾驶人员难以判断车后障碍物的距离,容易发生碰撞事故。

随着图像和计算机视觉技术的快速发展,越来越多的技术被应用到汽车电子领域。为了扩大司机的视野,新的汽车 360°全景环视系统采用了 4 个摄像头分布于汽车的四边,使司机能够感知 360°全方位的境况。汽车 360°全景环视系统配备有多个视觉传感器,它们相互协同配合作用,然后通过视频合成处理,形成全车周围的一整套的全景视频图像,并集中显示在汽车的中控台上。泊车时,无论是车头先进、车尾先进还是侧方停车都能精准到位,有效防止停车时的剐蹭;司机通过全景视觉辅助系统倒车、泊车时的安全性、可操控性大大增强,未来必将取代传统的倒车可视系统。汽车全景环视系统中控显

示如图 5.4-2 所示。

图 5.4-2 汽车全景环视系统中控

5.4.2 全景视频的制作

全景视频属于视频范畴,与图形或图像不同,具有数据量大、非线性的特点,因此需要采用特殊的软、硬件设备作支撑。全景视频制作的流程是全景视频拍摄、全景视频拼接、视频剪辑与特效加工、跨平台发布。

1. 全景视频的硬件设备

随着科技的发展,单镜头的数字摄像机技术日益成熟,随着全景视频的流行,基于全景视频应用的多镜头数字摄像机迅速发展起来,由于全景视频要求 720°或 360°方向上的视频图像在行进中必须同步,且无缝连接,因此多镜头的数字摄像机需要内置图像处理单元实时地矫正和拼接所摄视频,使其直接形成一幅动态的全景视频。多镜头数字摄像机如图 5.4-3 所示。

图 5.4-3 多镜头数字摄像机图

2. 全景视频的编辑软件

作为一种全新的媒体展示形式,全景视频一亮相就受到了广大受众的喜爱,在播放器的支持下,用户不是被动观看,而是上下滚动观看,还可以左右旋转 360°观看。因此,与传统的视频编辑软件相比,全景视频编辑软件要求较高,只有专业的视频编辑软件才能较好地进行编辑。目前流行的全景视频编辑软件不是很多,主要有 Object2VR Studio Edition、Kolor Autopano Video Pro,另外,Adobe 公司 2016 年 4 月宣布 Adobe PremierePro CC 的新推版本中将新增 VR 360°全景视频编辑功能。此外,该公司的相关软件 After Effects CC and Audition CC 也将有相应的更新。

更新后的 Premiere Pro 将可以通过"视野"模式导入特殊视频,可以让编辑在平面视频和立体视频的模式中自由切换。导出时可以设置 VR-related 标签,以保证视频播放器的兼容性。

为了加快编辑进程,该软件允许在音频和视频剪辑时导入素材,还可以设置常见快捷键。Premiere 的其他改变包括支持导出至 Twitter、升级 Lumetri 色彩校正模块,还有其他更多标注选项的添加,并可支持 8K 分辨率、HDR、HFR 的内容。

3. Kolor Autopano Video Pro 简介

Kolor Autopano Video Pro 作为一款制作 360°全景视频的软件,为用户提供了视频制作的友好界面。Autopano 视频是目前最新的视频拼接软件,该软件可以将几个视频组装成一个单一的覆盖率高达 360×180°的新视频。软件的工作流程为:拖放源视频,选择一个拼接模板(包括 GoPro 模板),并适当调整全景参考点,然后就可以进行播放演示。

Kolor Autopano Video Pro 中文特别版功能一样强大,对于导入的多个全景视频素材部件,可以自动地缝合和创建成 360°全景图视频。简单易用的软件界面可以让每一个零基础人轻松上手,操作中只需要拖放源视频,选择一个拼接模板,然后进行几个简单的设置,就能制作出画面正酣的全景视频了。

Autopano Video Pro 创建的 360°环绕视频身临其境感强,能够将多个镜头组合在一起,对镜头进行渲染处理。Autopano Video Pro for Mac 为用户提供了无障碍的工作流程,同时以更快的时间利用 GPU 渲染处理。

思 考 题

1. 什么是全景技术?
2. 全景技术的类型有几种? 各有何特点?
3. 常见全景软件有哪些? 列出常用的 3 个软件并介绍其基本特点。
4. 常用的全景设备有哪些? 列出常用的 3 个并介绍其基本特点。
5. 动手拍摄素材,制作一个 360°全景图。

第 6 章　虚拟现实建模工具 3ds Max

虚拟现实系统中需要大量的三维模型,因此构建三维模型成为整个虚拟现实的基础。虽然使用 VRML、VC++ 以及 OpenGL 等语言可以编写出一个交互式的三维模型,但这种采用程序代码设计的方式不易掌握,工作量也很巨大。因此,有必要通过更简便的方法,即借助某种通用的平台或集成工具帮助用户制作三维场景和模型、动画等,并使应用系统的开发可以在已有的建模软件基础上进行。目前,用于虚拟现实建模的工具软件有很多,比较常见的有 3ds Max、Maya、Rhino 及 MultigenCreateor 等。

6.1　3ds Max 的基础知识

3D Studio Max 简称为 3ds Max。3ds Max 原由加拿大的 Discreet Logic 公司开发,后被美国 Autodesk 公司收购,目前为 Autodesk 公司基于 PC 系统开发的全功能三维计算机图形软件。它运行在 Windows 32 和 Windows 64 平台上,2007 年以后,几乎年年有升级版本推出。

3D Studio Max 的出现,使得早期高雅、复杂的 CG 制作变为了大众化的技术。该软件功能上集三维建模、材质调制、灯光设置、摄像机布局、光影粒子特效、动画表现以及渲染于一体,因此广受用户欢迎,并已大量地运用在计算机游戏和影视大片的特效制作中。据媒体报道,美国经典大片《2012 世界末日》就采用了该软件制作,成为了划时代的不朽影视作品。

3D Studio Max 的技术特点如下。

(1) 功能强大,扩展性好。建模功能强大,在角色动画方面也具备很强的优势,另外丰富的插件也是其一大亮点。

(2) 操作简单,容易掌握。与其他同样具有强大功能的软件相比,3ds Max 可以说是最容易学习的 3D 软件。

(3) 能够很好地与其他相关软件配合运作。

(4) 效果非常好,制作的模型外观逼真,同时可进行物理仿真设计。

基于以上特点,3D Studio Max 目前可以说是虚拟现实中的必备工具软件之一。

6.1.1　3D Studio Max 的工作界面

在 Windows 7 中启动运行 3ds Max 2010,就可进入 3ds Max 2010 的工作主界面,如

图 6.1-1 所示。与过去的灰色背景界面不同,3ds Max 2010 的工作界面背景呈黑色,前景为灰白色。其组成如下。

图 6.1-1　3ds Max 2010 工作界面

上方有标题栏、菜单栏、主工具栏、选项卡栏。

中部有工作视图区、命令面板。

下方有时间轴和时间滑块,再下方从左至右可分为 MAX 脚本输入区、绝对坐标显示区、动画设置区和视图控制区。

其中,中部的视图区分为 4 个关联的窗口,分别是顶视图、前视图、左视图和透视图,是建模、动画和渲染显示的主要区域。在视图区中,每个视口中均有红、绿、蓝三色组成的坐标系,红色表示 X 轴、绿色表示 Y 轴、蓝色表示 Z 轴。采用世界坐标系表示物体对象的位置。其中,顶视图中的内容是人从物体对象的正上方看到的图像,前视图是从物体正前方看到的图像,左视图是从物体对象的正左方看到的图像,透视图是人从物体对象的左上前方看到的图像,看点与 3 个视图面成 45°夹角。

1. 标题栏

标题栏位于最上方,左边是传统的应用程序按钮 ⑥,快速访问工具栏,中间是文件名称,右部是信息区。其中应用程序按钮代替了过去的文件菜单按钮,单击应用程序按钮,可打开下拉菜单,如图 6.1-2 所示。

常用命令"重置"表示清除视图中的对象,恢复到初始状态。"首选项"命令可将外部参照系插入当前场景中。"导入"是将其他作图软件编辑的文件导入到 3ds Max 场景中进行编辑;同样,"导出"是将编辑好的对象保存为其他软件格式的文件,便于其他软件编辑。

信息区中主要有"搜索"、"访问会员中心"、"通信中心"、"帮助"等。

图 6.1-2　应用程序按钮下拉菜单

2. 菜单栏

3ds Max 2010 的菜单栏中有 12 个项目,即编辑、工具、组、视图、创建、修改器、动画、图形编辑器、渲染、自定义、MAXScript、帮助等,具体介绍如下。

(1)"编辑"菜单中的命令主要用于选择和变换场景中的对象,主要有撤销、删除、全选、反选、旋转、移动等。重点是克隆,克隆的实质是复制,但不同于过去的剪切、复制和粘贴方法。单击"克隆"命令时,会打开一个对话框,可选择复制、实例、参考等方式进行复制。

如果选择"复制"进行克隆,则两个对象是独立的,如果选择"实例"进行克隆,则两个对象关联,即修改任一个对象,另一个对象同步变化,如果选择"参考"进行克隆,则源对象变化时目标对象也跟随变化,而目标对象变化,源对象不变化。

(2)"工具"菜单中有许多管理器启动命令。该菜单中有 4 个常用于空间复制的命令,分别是镜像、阵列、快照以及对齐中的间隔、克隆并对齐等,需要注意的是,这些复制对象的命令在复制对象的过程中,还完成对象在空间的布局过程。另外一个常用命令是"对齐",空间物体进行对齐操作不容易进行,利用该命令非常方便准确。

(3)"组"菜单主要用于处理群组和非群组的关系,常用的"成组"命令可以将多个对象的相对关系固定下来。

(4)"视图"菜单中常用的主要有"视口背景"命令,通过该命令可以控制场景是否显示背景图片。

(5)"创建"菜单提供了大量的基本模型、系统对象等,均可通过该菜单直接选择绘制,如菜单中的 ACE 对象下面有植物、栏杆、楼梯等。

(6)"修改器"菜单中,封装了控制面板中的所有编辑修改器。

(7)"动画"菜单将动画控制面板中的组件功能封装其中,利用该菜单可以设置正向运动、反向运动、创建骨骼和虚拟物体等。

（8）"图表编辑器"菜单中主要有"轨迹视图"、"图解视图"两个子命令项,轨迹视图可以观察和设计模型对象的运动轨迹;图解视图可以观察场景中所有对象的层次和链接关系。

（9）"渲染"菜单中提供了所有的着色渲染场景的功能,主要有渲染形式和参数的设置、环境及特效的设定、光线跟踪的设置以及渲染器的选择、Video Post 后期合成的运用等。

（10）"自定义"菜单提供用户定制操作界面的相关命令,同时也可以在首选项窗口中完成一些系统的配置工作。

（11）MAXScript 菜单里提供了 MAX 的脚本编辑环境,通过脚本设计可以完成 3ds Max 的建模、材质贴图、动画等设计工作。

（12）"帮助"菜单提供 3ds Max 2010 中的一些帮助菜单命令,包括在线帮助、系统中的插件信息及版本信息等。

3. 主工具栏

3ds Max 2010 的主工具栏默认位置在 3ds Max 工作窗口的第 3 行,只有在 1280×1024 的分辨率下,屏幕才能完整地显示工具栏上的所有按钮,否则主工具栏上的一部分按钮将被隐藏,需要左右拖动工具栏才能将隐藏的按钮显示出来。如果工具按钮的右下角有一个小黑三角,那么按住该小黑三角略微拖动,就会弹出扩展按钮。主工具栏如图 6.1-3 所示。

图 6.1-3　主工具栏

下面仅对部分常用的工具按钮予以介绍。

（1）🔲 选择对象。

（2）🔲 按对象的名称选择。

（3）🔲 选择框只需部分框住场景中的对象,该对象即被选择。

（4）🔲 矩形框选。

（5）🔲 选择并移动变换。

（6）🔲 选择并旋转变换。

（7）🔲 选择并等比缩放。

（8）🔲 选择并不等比缩放。

（9）🔲 选择并挤压。

（10）🔲 三维捕捉开关。

（11）🔲 二维捕捉开关。

（12）🔲 镜像选定对象。

（13）🔲 对齐按钮。

（14）■ 打开曲线编辑器。

（15）■ 显示关联物体的父子关系视图。

（16）■ 材质编辑器。

（17）■ 渲染设置。

（18）■ 快速渲染。

（19）■ 打开石墨建模工具。按下该按钮，屏幕显示选项卡。

6.1.2 视图区

视图区是 3ds Max 2010 中最重要的区域，不但效果在此体现，许多操作也是在视图区中进行的。视图区默认为 4 个视图窗口，各视图窗口作用如下。

（1）顶视图：显示三维场景中正上方的平面观察效果。

（2）前视图：显示三维场景中正前方的平面观察效果。

（3）左视图：显示三维场景中正左方的平面观察效果。

（4）透视图：模拟人眼从西南方向俯视 45°角观察三维场景的正常视觉效果，并提供了立体影像的透视效果。

1. 布局调整

3ds Max 2010 的系统默认布局为四方格形，可以根据需要调整布局，单击"视图"→"视口配置"菜单命令，打开"视口配置"对话框，在该对话框中选中"布局"选项卡，如图 6.1-4 所示。

图 6.1-4 "视口配置"对话框

如果用户选择某种布局窗口，单击"确定"按钮，随即调整为当前窗口。

2．视图调整

在三维对象的建模过程中，可以对各个视图进行灵活的显示控制。3ds Max 7 会按激活视图的不同类型，在视图调整工具区中自动组合成不同的视图调整按钮。视图调整工具区放置在工作界面的右下角，与主工具栏按钮相似，视图调整按钮下方有小黑三角，可以拖出隐藏的按钮。视图控制工具名称及功能如下。

（1） 缩放按钮，拖动鼠标或滚动鼠标中键可以对视图进行缩放操作。

（2） 缩放所有视图按钮，同时缩放除摄影机视图外的所有视图。

（3） 最大显示按钮，以最大化方式显示当前激活视图中的所有对象。

（4） 所有视图最大化按钮，以最大化方式显示所有视图中的对象。

（5） 视野按钮，调整透视图的 FOV（视野）值，改变视图的透视效果。

（6） 平移视图按钮，拖动鼠标或滚动鼠标中键，对视图进行平移操作。

（7） 圆弧形旋转按钮，拖动鼠标可对透视图进行旋转操作。

（8） 最大化视图切换按钮，将激活视图在最大化与最小化显示之间进行切换。

（9） 缩放区域按钮，拖动鼠标创建的矩形区域中的对象被最大化显示。

6.1.3 命令面板、快捷键

1．命令面板

命令面板位于工作界面的右边，有 6 个标签对应不同的命令操作面板。从左向右依次为创建面板、修改面板、层级面板、运动面板、显示面板和工具面板，如图 6.1-5 所示。

命令面板中最重要的是创建面板，该面板下有 7 个按钮，可以进入创建几何体、图形、灯光、摄影机、辅助对象、空间扭曲和系统对象等环境中，单击某个类型的按钮后，"对象类型"卷展栏中直接给出了各种子类别对象。按下一个子类别对象按钮就可以在视图中创建对象。

"对象类型"卷展栏上方有一个下拉菜单，通过这个下拉菜单又可以选择其他类型的子类别对象。"名称和颜色"卷展栏中不但显示了视图中被激活对象的名称和颜色，还可以对对象的名称和颜色进行修改。

图 6.1-5　命令面板

其次，命令面板中常用的面板就是修改面板，进入修改面板后，视图区中选中对象的参数就展现出来，便于修改。同时下拉列表给出系统所有与对象有关的修改器，当用户给视图区对象加载某个修改器后，调节修改器的参数就可创建模型。

再次，运动面板也是一个常用面板，在该面板中可以直接设置视图中选中对象的轨迹运动，或给对象添加动画控制器。

显示面板主要完成视图中某些对象的隐藏与显示功能。

2．快捷键

3ds Max 2010 的快捷键非常多，部分常用快捷键功能介绍如下。

（1）F10，打开渲染菜单。

（2）Alt＋6，显示/隐藏主工具栏。

（3）Ctrl＋A，选择所有物体。

（4）B，切换到底视图。

（5）C，切换到摄像机视图。

（6）Shift＋C，显示/隐藏摄像机物体（Cameras）。

（7）D，冻结当前视图（不刷新视图）。

（8）Ctrl＋D，取消所有的选择。

（9）F，切换到前视图。

（10）G，隐藏当前视图的辅助网格。

（11）L，切换到左视图。

（12）Shift＋G，显示/隐藏所有几何体（Geometry）（非辅助体）。

（13）Shift＋L，显示/隐藏所有灯光（Lights）。

（14）Ctrl＋L，在当前视图使用默认灯光（开关）。

（15）M，打开材质编辑器。

（16）P，切换到等大的透视图（Perspective）视图。

（17）Q，选择模式（切换矩形、圆形、多边形、自定义）。

（18）Shift＋Q，快速渲染。

6.1.4　石墨建模工具

单击主工具栏上的■按钮，打开石墨建模工具选项卡。该模块曾经是独立的脚本插件 PolyBoost，现在被整合进 3ds Max 2010，并更名为"石墨建模工具"。该工具为 3ds Max 2010 的 Poly 建模提供了飞跃式的增强。无论是点、边、面的操作或还是选择形式，都能面对最苛刻的制作需求。

石墨（Graphite）建模工具分为 3 个部分，即石墨建模工具、自由形式和选择。鼠标放置在对应的按钮上时，就会弹出相应的命令面板，如图 6.1-6 所示。

图 6.1-6　石墨建模工具面板

值得注意的是，这套工具还提供了雕塑和直接绘制贴图的功能。其中，雕塑功能和 Zbrush 软件的操作方式相似，可以随意控制模型表面的凸起和凹陷。3 个部分的特点表现如下。

1．"石墨建模工具"选项卡

"石墨建模工具"选项卡包含最常用于多边形建模的工具，它分成若干不同的面板，可供用户方便快捷地访问。

2.“自由形式”选项卡

“自由形式”选项卡提供用于徒手创建和修改多边形几何体的工具，可在“多边形绘制”和“绘制变形”面板上使用这些工具。另外，正常情况下，“自由形式”等选项卡下的工具面板处于隐藏状态，但可通过右键单击菜单将其显示在“自由形式”选项卡上。

3.“选择”选项卡

Modeling Ribbon 的“选择”选项卡提供了专门用于子对象选择的各种工具。例如，操作时可以选择凹面或凸面区域、朝向视口的子对象或某一方向的点等。

6.1.5 简单对象编辑应用

3ds Max 中编辑的对象以三维物体为主，系统提供了 10 种基本体和 13 种扩展基本体。针对这些基本体，可以直接进行简单的选择、复制、删除、变换、平移、旋转等操作，下面以阵列复制为例，展现 3ds Max 的强大功能。

例 6.1 阵列复制。

阵列复制是 3ds Max 中复制对象功能最强大的命令，它可以完成一维阵列、二维阵列、三维阵列和旋转阵列复制，即它不仅使得对象由一个复制成多个，复制过程中还完成对象在空间上的自然分布。

1. 一维阵列

（1）默认情况下，命令面板处于“创建”面板，几何体，下拉列表为“标准基本体”，单击“茶壶”按钮，在顶视图中画一个小的茶壶。

（2）在前视图选中该茶壶，单击“工具”→“阵列”菜单命令，打开“阵列”对话框，在“阵列”对话框中，上部为阵列变换时的参数设置区，下部为对象类型、阵列维度、预览区域。在图 6.1-7 所示的对话框中填入参数。

图 6.1-7 一维阵列参数

（3）参数填入方法为：在“阵列”对话框的增量区中，X 轴向对应移动行的方格中输入 100。在阵列维度区中，选择 1D，数量格中填入 5。单击“确定”按钮，效果如图 6.1-8 所示。

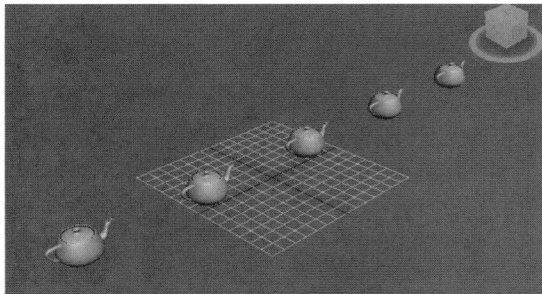

图 6.1-8　一维阵列效果

2. 二维阵列

（1）单击"应用程序"→"重置"，单击"创建面板"→"几何体"→"标准基本体"的茶壶按钮，在顶视图中画一小茶壶。

（2）选中前视图中的茶壶，单击"工具"→"阵列"菜单命令，打开"阵列"对话框，在"阵列"对话框中填入图 6.1-9 所示的参数。参数方法为：在增量区域中，X 轴向对应移动行的方格中输入 100。在阵列维度区中，选择 2D，数量格中第一行填入 5，第二行填入 8，并在增量行偏移的 Y 轴向下输入 100。

图 6.1-9　二维阵列参数

（3）单击"确定"按钮，效果如图 6.1-10 所示。

图 6.1-10　二维阵列效果

3. 三维阵列

(1) 单击"应用程序"→"重置",单击"创建面板"→"几何体"→"标准基本体"的茶壶按钮,在顶视图中画一小茶壶。

(2) 选中前视图中的茶壶,单击"工具"→"阵列"菜单命令,打开"阵列"对话框,在"阵列"对话框中填入图 6.1-11 所示的参数。参数输入方法为:在增量区域中,X 轴向对应移动行的方格中输入 50。在阵列维度区中,选择 3D,数量格中第一行填入 5,第二行填入 4,第三行中填入 3,并在增量行偏移的 Y 轴下输入 50,Z 轴下第 2 行中输入 40。

图 6.1-11 三维阵列参数图

(3) 单击"确定"按钮,效果如图 6.1-12 所示。

4. 旋转阵列复制

(1) 制作一个方桌、一把椅子,顶视图如图 6.1-13 所示。

图 6.1-12 三维阵列效果图

图 6.1-13 桌子与椅子关系

(2) 如果椅子是由多个部件组成的,一定要框选椅子的全部组件,单击"组"→"成组"。再单击命令面板中的"层次"按钮,打开"层次"面板,单击"仅影响轴"按钮。

(3) 单击主工具栏的 ✛ 按钮,选中椅子的坐标轴,平移到方桌的中心位置,如图 6.1-14 所示。

(4) 单击"工具"→"阵列"菜单命令,打开"阵列"对话框,在"阵列"对话框中,填入图 6.1-15 所示参数。参数输入方法为:在增量区域中,Z 轴下的旋转行中输入 90,在阵列维度区域中选择 1D,数量下输入 4。

图 6.1-14 平移坐标轴

图 6.1-15 旋转阵列复制参数

（5）单击"确定"按钮,效果如图 6.1-16 所示。

图 6.1-16 旋转阵列复制效果

6.2 二维图形与编辑

6.2.1 创建二维图形

二维图形是一种线性图元，属于三维物体的分支，也是三维物体对象的基础。3ds Max 2010 提供了 11 种基本样条线图元对象和两种 NURBS 曲线。

其中包括线、矩形、圆、椭圆、心形等规则形状图形，如果要创建复杂图形，就要在创建规则形状图形的基础上对图形进行编辑。线可以直接在顶点层级、线段层级、样条线层级进行编辑，其他图形则要转换为可编辑样条线或添加编辑样条线修改器，再在不同编辑层级进行编辑。

用鼠标指针单击"创建面板"中的二维图形按钮，则出现二维图形面板，如图 6.2-1 所示。

图 6.2-1 二维图形面板

当绘制样条线时，单击"创建面板"中的二维图形按钮，单击"线"按钮，命令面板下方出现对应的参数区，可折叠为 4 个卷展栏，打开"创建方法"卷展栏，如图 6.2-2 所示。

如果绘制的曲线是直线或有棱有角的曲线，可选择角点方式绘制曲线，如果绘制的是比较平滑的曲线，如圆弧形的曲线，就可以选择平滑方式，如图 6.2-3 所示。

图 6.2-2 "线"的参数区

图 6.2-3 线段图

调整"渲染"卷展栏中的厚度、边数、角度值,可以修改线条的粗细、光滑度等渲染效果,需要注意的是,在"渲染"卷展栏中,要勾选"在渲染中启用"和"在视口中启用"两个选项。

6.2.2　二维图形的编辑

3ds Max 2010系统中的11种基本样条线图元,可以通过修改器"编辑样条线"进行任意的变换与组合。调用"编辑样条线"修改器的方法如下。

(1) 单击"创建面板"中的 ![按钮] 按钮,单击某个图形按钮,如"多边形"。在顶视图中拖曳,绘制出多边形。

(2) 单击 ![按钮] 按钮,进入修改面板,从下拉列表框中可以选择"编辑样条线",完成该修改器的加载。

线修改器的参数有3个卷展栏,即选择、软选择、几何体。

(1) 选择。能够对视图中的二维图形进行3个次层级的选择,有点、分段、样条线。

(2) 软选择。通过该选项组内的命令,可以通过手工绘制的方法设定选择区域,大大提高了选择对象的灵活性,当图形变化时,可以更平滑。

(3) 几何体。从不同次层级选择了二维图形后,几何体卷展栏中给出相关命令按钮。例如,对视图中的图形加载编辑样条线,并以点模式选择,几何体卷展栏中对应常用按钮有创建线、附加、焊接、连接、圆角等。若以样条线模式选择,几何体卷展栏中对应常用按钮有创建线、附加、轮廓、布尔、镜像、隐藏等。同时,以分段、样条线模式选择,会自动增加一个曲面属性卷展栏。

例6.2　二维图形布尔运算。

(1) 在创建面板下按下 ![按钮] 按钮。单击"矩形"按钮,在顶视图中创建一个长宽适中的矩形。

(2) 单击"圆"按钮,在矩形的左部重叠处绘制一个圆图形。如图6.2-4所示。

图6.2-4　矩形、圆相交

(3) 选中矩形,单击命令面板上的 ![按钮] 按钮,在修改面板的下拉列表中选择"编辑样条线"修改器,在选择卷展栏中单击 ∿ 按钮,即样条线方式。

(4) 展开几何体卷展栏,单击"附加"按钮,再在视图中选择圆图形。将两个图形完成关联,再次单击"附加"按钮,将其关闭。

（5）再次在视图中选中矩形，然后在几何体卷展栏中单击"布尔"按钮边上的 图案，再单击"布尔"按钮，第（3）步单击视图中的圆图形，于是完成样条线的并集，如图6.2-5所示。

图 6.2-5　两个图形并集结果

注意：在布尔按钮边有3个图案： 为并集按钮； 为差集按钮； 为交集按钮。

6.2.3　图形转换三维模型

将二维图形转换为三维模型，使用的修改器有挤出、车削、倒角。

1. 挤出

挤出修改器的功能是以二维封闭的图形为轮廓，制作出相同形状，但厚度可以调节的三维模型。例如，长方形可以挤压成长方体，圆形可以挤压成为圆柱体，只要是某个方向上横截面不变的对象，都可以使用挤出方法。除了挤出修改器以外，也有一些其他修改器具有挤出功能。

例6.3　制作牌匾。

（1）单击标题栏中的 →"重置"，单击创建面板下的 按钮，再按下"文本"按钮。在文字参数卷展栏中的文本框中输入3ds Max，并将字的大小设置为60。在前视图中单击，输入文字于前视图中。

（2）再单击"矩形"按钮，在前视图中画一矩形，调整图形位置，使文字位于矩形中央，如图6.2-6所示。

图 6.2-6　文字与矩形

（3）单击命令面板上的 ![按钮] 按钮，切换到修改面板，在下拉列表框中选择"编辑样条线"修改器。

在选择卷展栏中单击 ⌄ 按钮，即样条线方式。选中矩形，单击"几何体"卷展栏中的"附加"按钮，再单击前视图中的文字，使得矩形与文字相互关联。再次单击"附加"按钮和样条线选择图案，将其关闭。

（4）在下拉列表框中选择"挤出"修改器。在"挤出"修改器的参数面板中将"数量"的值改为 10。单击工具栏中的"快速渲染"按钮 ![按钮]，透视图中的渲染效果如图 6.2-7 所示。

图 6.2-7　牌匾渲染效果

2. 倒角

倒角与挤出功能相似，以平面图形为轮廓，增加高度，同时在高度变化时对上面的轮廓进行缩放。

例 6.4　制作五角星。

（1）单击创建面板下的 ![按钮] 按钮，再单击"星形"按钮。在顶视图中画一星形，默认情况下，星形有 6 个角。

（2）单击"创建"面板下的 ![按钮] 按钮，切换到"修改"面板，修改星形的参数，设置半径 1 为 100，半径 2 为 50，点为 5。

（3）在下拉列表框中选择倒角修改器。修改倒角的参数面板，如图 6.2-8 所示。级别 1 中，高度为 2，轮廓为 −1。勾选级别 2，高度为 20，轮廓为 −50。

（4）调整五角星的颜色和方向，效果如图 6.2-8 所示。

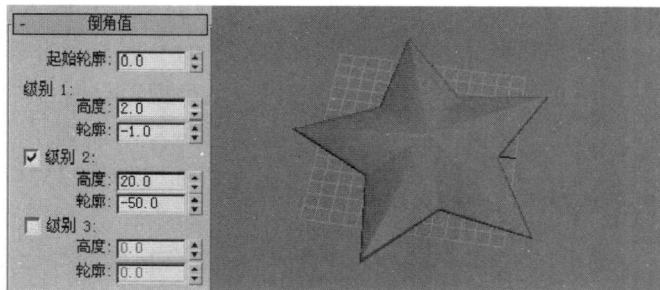

图 6.2-8　倒角的参数面板及效果

3. 车削

车削的功能是使二维图形沿着轴心旋转一周，从而塑造出物体的轮廓。

例 6.5 酒杯。

（1）单击创建面板上的"图形"按钮![图形按钮]，进入创建图形面板，单击"线"按钮，在前视图中创建酒杯的轮廓样条线，如图 6.2-9 所示。

（2）选定轮廓线，单击创建面板下的![按钮]按钮，切换到修改面板，在下拉列表框中选择车削修改器，在车削的参数面板中设置"度数"为 360，勾选"焊接内核"、"翻转法线"复选框，设置"方向"为 Y 轴，"对齐方式"为最小，分段设置为 24。

（3）右击透视图左上角的标签中的＋号，在弹出的快捷菜单中选择"配置"命令，在弹出的"视口配置"对话框中选中"强制双面"复选框，显示高脚杯内、外效果，如图 6.2-10 所示。

图 6.2-9　绘制酒杯的轮廓线　　　　图 6.2-10　酒杯模型

（4）单击"文件"→"保存"菜单命令，将该例保存为"酒杯"。

注意：强制双面选项只应用于视口显示，如果要使对象在渲染时也有双面效果，则需要使用双面材质。

6.3　三维建模

三维建模是基础。3ds Max 2010 提供了 10 种类型的标准几何体对象和 13 种扩展基本物体对象，每一种标准几何体都有控制形状和大小的参数。单击"创建"命令面板中的几何体按钮，在下拉菜单中选择"标准基本体"，"对象类型"卷展栏中提供了长方体、圆锥体、球体、几何球体、圆柱体、管状体、圆环、四棱锥、茶壶、平面等 10 种标准几何体按钮，如图 6.3-1 所示。单击一个按钮后，在视图中拖动鼠标即可创建对应几何体。对于几何体来说，有两类参数，即大小尺寸、分段数。

对于同样的一个标准基本体对象，如果参数不同，会有很大的外形变化。例如，在视图中绘制一个长方体对象，调整它的参数，可以绘制成一个地板平面，也可以绘制成一堵墙，还可以是一个长方形柱体或一个正方体等。

另外 13 种类型的扩展几何体同样都有控制形状和大小的参数。创建扩展几何体的方法是单击"创建"命令面板中的几何体按钮，然后在下拉列表中选择"扩展基本体"，"对

图 6.3-1 标准基本体

象类型"卷展栏中提供了异面体、环形结、切角长方体、切角圆柱体、油罐、胶囊、纺锤、L-Ext、球棱柱、C-Ext、环形波、棱柱、软管等 13 种扩展几何体按钮,如图 6.3-2 所示。单击一个按钮,在视图中拖动鼠标即可创建对应的扩展基本体。这些对象大多数可在顶视图中绘制,然后单击调节视图按钮。

图 6.3-2 扩展几何体

3ds Max 2010 系统除了提供基本几何体和扩展几何体外,还给出了 ACE 扩展对象,包括植物、建筑物体对象以及粒子、图形、辅助对象、角色及骨骼对象等。

6.3.1 建模方法

大千世界万物多样,3ds Max 2010 系统提供的基本几何体对象非常有限,因而更多情况下需要通过修改、编辑及复合等方式重构基本体,使其满足各种模型的需要。同时,系统也提供了多种多样的建模方法和手段,简单概括如下。

1. 参数化的基本物体对象建模

直接调节基本物体、扩展物体对象的参数,组合完成建模过程。

2. 参数化的门窗、楼梯等对象的建模

同样,利用系统提供的模型对象,调节参数来完成建模。

3. 二维图形转换三维建模

利用系统提供的二维图形功能画出基本平面图形的截面,再通过倒角、挤出、车削等方法完成建模。

4. 修改器建模。

系统提供了许多常用修改器命令,将它们加载到物体对象上,调节修改器的参数完成建模。

5. 基本工具的编辑建模

利用系统提供的阵列、复制、组合、对齐等工具完成建模。

6. 复合对象建模

利用系统提供的功能,将两个或多个基本物体对象结合起来完成建模,其中布尔运算、放样等功能强大。

7. 可编辑的网格建模

将物体对象转换为网格模型进行建模。该命令为高级修改器"编辑网格"。"编辑网格"修改器可对几何体对象进行 5 个层次的编辑,分别是顶点、边、面、多边形和元素。在不同的层级下可调节多种参数。

8. 可编辑的多边形建模

利用系统提供的编辑多边形修改器进行建模。该命令为高级修改器"编辑多边形"。"编辑多边形"修改器同样可对几何体对象进行 5 个不同层次的编辑,分别是顶点、边、边界、多边形和元素。在不同的层级下可调节多种参数。

9. 可编辑的面片建模

利用系统提供的基本面片对象,加载高级修改器"编辑面片"命令进行建模。该方法还可以利用样条线画出物体框架,然后将面片搭建在框架上完成。它是一种高级建模方法,可完成角色建模。单击"创建"→"面片栅格",可进入建模环境。

10. NURBS 建模

NURBS 是非均匀有理 B 样条曲线的字母缩写,有 NURBS 曲线和曲面两种类型。

单击"创建"→NURBS,可进入建模环境。它是一种新的曲线曲面标准,因此系统对 NURBS 提供了独立的编辑命令。

11. 石墨建模

该建模方式作为系统新增的一项,也称为建模功能区,提供了编辑多边形对象所需的所有工具。其界面提供专门针对建模任务的工具,并仅显示必要的设置,以使屏幕更简洁。功能区包含所有标准编辑/可编辑多边形工具,以及用于创建、选择和编辑几何体的其他工具。此外,还可以根据自己的喜好自定义功能区。

在上述建模方法中,1~6 为基本建模方法,7~11 均为高级建模方法。复合建模中的放样也属于高级建模。

6.3.2　常用修改器建模

常用修改器通常功能比较单一,参数比较简单,如弯曲、挤出等。当某一个常用修改器加载到几何体对象上后,可直接调节修改器的功能参数,使几何体对象变形。需要注意的是,这类修改器在编辑几何体对象时,有一个重要的前提,就是几何体对象要有一定的分段,分段数越大,变形效果越好;反之变形效果差。一个几何体对象上可加载多个不同的常用修改器。

例 6.6　钻头。

(1) 单击"创建"面板上的"几何体"按钮◉,在下拉列表中选择"标准基本体",单击"长方体"按钮,在顶视图中创建一个长、宽、高分别为 50、50、200 的长方体,设置高度分段数为 20。

(2) 选定长方体,单击"修改"按钮◉进入"修改"面板,为长方体添加"扭曲"修改器,设置扭曲角度 720°,使长方体上表面旋转 720°产生扭曲,呈现钻头上的螺纹效果。选定限制分组中"限制效果"复选框,设置上限为 200、下限为 50,将扭曲范围限制在 50~200 之间,区别钻头的头部和尾部,具体参数设置及效果如图 6.3-3 所示。

(3) 再次添加"锥化"修改器,锥化数量为-1,使用限制效果,设置限制范围在 50~200 之间。将钻头上端缩小为一个点,产生钻头尖端效果,如图 6.3-4 所示。

图 6.3-3　扭曲效果　　　　　　　　　图 6.3-4　钻头效果

6.3.3　高级修改器建模

高级修改器主要有编辑网格、编辑多边形等,它们常常联合使用。

1. 编辑网格

网格建模修改器的特点是将一个物体对象转换为网格物体,然后对网格物体中的"格"部分进行分开建模。场景中的源物体本是一个整体,添加编辑网格修改器后,物体对象被网格化了,就成为许多小的部分,然后按需要选用不同的次级方式,对源物体对象进行修改,次级方式有顶点、边、面、多边形、元素等 5 个。在不同次级模式下,编辑网格修改器的"几何体"卷展栏中给出大量相关命令按钮。

2. 编辑多边形

编辑多边形的特点与编辑网格修改器相似,同样有 5 个次级编辑方式,即顶点、边、边界、多边形、元素。与网格相比,网格建模侧重于几何体的元素对象,多边形建模针对几何体的表面进行,它们之间参数中的二次编辑方式和功能上也有差异。

例 6.7 双发战斗机。

(1) 单击"创建"面板上的"几何体"按钮⚫,在下拉列表中选择"标准基本体",单击圆柱体,在左视图中画一圆柱体,设置半径为 18,高度为 330,高度分段为 11,端面分段为 3,边数为 15,如图 6.3-5 所示。

图 6.3-5 绘制圆柱体

(2) 切换到"修改"面板,添加编辑网格修改器。在点模式下,在前视图中选中左边的两个小格,往左边拉伸约 30 个单位,并用均匀压缩工具进行压缩,如图 6.3-6 所示。再把右边 3 格略微压缩,如图 6.3-7 所示。

图 6.3-6 前视图

(3) 选择多边形模式,在前视图中按住 Ctrl 键,左部起第 3 格连续选中中间的小格,直到最后,如图 6.3-8 所示。挤出 10、挤出 10、挤出 10,连续 3 次挤出操作,透视图如

图 6.3-9 所示。

图 6.3-7 前视图

图 6.3-8 前视图

图 6.3-9 透视图

（4）把前视图切换为后视图，在步骤（3）的前视图中反面对应的地方选择后同样 3 次挤出 10。再返回前视图，透视图效果如图 6.3-10 所示。视图切换方法为：右击前视图标签中的"前"字，在打开的快捷菜单中可选择其他视图，单击"后"字，即可切换到后视图。

图 6.3-10 透视图

（5）在前视图中再次按住 Ctrl 键,左部起第 4 格连续选中中间的小格,仅选 4 格,如图 6.3-11 所示。再挤出 130,透视图如图 6.3-12 所示。

图 6.3-11　前视图

图 6.3-12　透视图

（6）把前视图切换为后视图,在步骤(5)的前视图中反面对应的地方选择后,同样挤出 130。透视图效果如图 6.3-13 所示,同时,完成上述操作后,将后视图返回为前视图。

图 6.3-13　透视图

（7）将左视图切换为右视图,按住 Ctrl 键,选择飞机尾部的边,如图 6.3-14 所示。挤出 30,顶视图如图 6.3-15 所示。

图 6.3-14　右视图

图 6.3-15 顶视图

（8）把顶视图切换到底视图，按住 Ctrl 键，选择飞机下部的区域，如图 6.3-16 所示。

图 6.3-16 底视图

（9）挤出 30，并将底视图返回为顶视图。在右视图中选择挤出部分的区域，如图 6.3-17 所示。

图 6.3-17 右视图

（10）倒角－3，挤出 170，透视效果如图 6.3-18 所示。

（11）把右视图转变为左视图，选择挤出的部分区域，如图 6.3-19 所示。

（12）倒角－5，挤出－10，单击"隐藏"按钮。切换为点模式，在前视图中选择飞机下部进气口的下面一个点，如图 6.3-20 所示，单击工具栏中的 ✛ 按钮，将该点向右略拖一点，使得进气口为斜面。

图 6.3-18　透视图

图 6.3-19　左视图

图 6.3-20　前视图

（13）变换为多边形模式,选择顶视图中图 6.3-21 所示区域,挤出 70,透视图如图 6.3-22 所示。

图 6.3-21　顶视图

（14）在前视图和后视图中选择尾翼区域的 3 个小格,挤出 65,透视图如图 6.3-23 所示。

图 6.3-22　透视图

图 6.3-23　透视图

（15）变换到点模式下，在顶视图中同时选择机翼的边点，并用工具栏上的非均匀压缩工具 ▣ 进行压缩，如图 6.3-24 所示。

图 6.3-24　顶视图

再用移动工具 ✣ 将机翼向右移动至右边缘为直线。如图 6.3-25 所示。

（16）同样的方法，把尾翼调节为图 6.3-26 所示的效果。

（17）在前视图中，用同样的方法调节尾部的方向舵，如图 6.3-27 所示。

（18）在右视图中的点模式下把飞机的方向舵向两边拉开一点，如图 6.3-28 所示。

（19）在元素模式下选择飞机整体，添加网格平滑修改器，透视图如图 6.3-29 所示。

图 6.3-25　顶视图

图 6.3-26　顶视图

图 6.3-27　前视图

图 6.3-28　右视图

图 6.3-29　透视图

（20）在顶视图中画一半球体，半径用非均匀压缩工具压缩为长形，放置在飞机前部，在左视图中画一管状体，半径 1 为 12，半径 2 为 8，高度为 50，边数为 9。给管状体添加一个锥化修改器，数量为 0.5，复制一个，两个均安装在飞机尾部，作为喷口。通过布尔运算，全部一体化，并添加一个蓝天白云的背景图片，其效果如图 6.3-30 所示。

图 6.3-30　效果图

6.4　复合对象建模

利用系统中两个以上的基本对象进行运算结合，完成构造建模。在创建面板→几何体的下拉列表中选择复合对象，其中有 12 种复合对象的运算形式，如图 6.4-1 所示，分别为变形、散布、一致、连接、水滴网格、图形合并、放样、地形、网格化、布尔、ProBoolean、ProCutter，其中最常用的为布尔运算和放样运算。

"变形"是一种动画特技，类似于 2D 动画中的中间动画技术，通过将一个网格对象中的顶点插补到第一个网格对象的顶点位置上而创建变形动画。它可以用几个三维模型进行连续、均匀地过渡，从一个形态变形到另一个形态，模拟出真实的动作变化过程。变形动画制作时，原始对象称为原对象，第二个对象称为目标对象，一个原对象可以变形为几个目标对象。需要注意的是，原对象和目标对象都必须有相同的顶点数，才能进行变

图 6.4-1　复合对象面板

形动画；否则不能进行变形。

"散布"对象是将一个对象的多个副本散布到目标对象表面的对象。散布的对象称为散布分子，散布对象放置的区域称为目标对象。通过散布控制，可以将散布分子及大量副本以各种方式散布到目标对象表面。它是一种非常快捷实用的建模工具，常用于制作需要大量杂乱复制，但使用阵列命令却达不到效果的地方，如制作草地、森林和头发等。

"一致"复合对象可以将一个对象的表面投影到另一个对象上，用来创建包裹动画，如用纸包裹食品、用布包裹静物等。创建"一致"复合对象后，被修改的对象称为包裹器对象，被包裹的对象是包裹对象。包裹器对象和包裹对象必须是网格对象或是可以转换为网格对象的物体，但它们可以不具有相同的顶点数。创建"一致"对象时，可选择要作为包裹对象的物体，在参数展卷栏中单击"选取包裹对象"按钮后，在视图中选择包裹器对象。

"连接"对象可以创建两个删除面对象之间的封闭表面，并且可以进行连接面的光滑处理。每个"连接"对象都必须有开放的面或边界作为两个对象连接的位置，因此要将两个表面完整的三维模型连接，则先要用"编辑网格"修改器删除它们的一部分面。选择其中一个对象，单击"连接"按钮，从而进入连接系统修改面板，可快速将两个对象连接起来。

"水滴网格"对象是个简单的球体，可以直接在视图中单击进行创建。创建单个的"水滴网格"对象不会产生任何效果，但是如果使用参数设置创建"水滴网格"集合，并将其融合在一起就会形成类似流动的液体或柔软的有机体效果，可以模拟水银形状的金属或其他类似物体。创建"水滴网格"对象时可以使用"水滴对象"列表下方的"拾取"或"添加"按钮在视图中选择对象。

"图形合并"复合对象是将二维对象投射到一个三维对象的表面，才产生相交或相减的效果。只有在视图中创建了网格对象或样条曲线时，这个按钮才会处于激活状态。二维图形与三维模型的相互位置至关重要。在视图中选择一个网格对象后，单击"拾取操作对象"展卷栏中的"拾取图形"按钮，在视图中选择样条曲线，即可创建"图形合并"对象。

"地形"对象是根据一组代表海拔等高线的样条曲线来创建的地形对象的。这些代表等高线的样条曲线既可以在3ds Max中直接创建，也可以使用AutoCAD等其他的二维绘图软件来创建，再通过DWG之类的格式将样条曲线导入到3ds Max 2010中，但无论使用哪种软件创建等高线都必须是封闭的曲线。创建好不同高度的样条曲线后，选定所有的样条曲线并单击"地形"按钮，即可创建"地形"对象，或者通过单击"拾取操作对象"展卷栏中的"拾取操作对象"按钮来选择要添加到"地形"对象中的样条曲线，以创建地形对象。

使用"网格化"复合对象可以将程序对象转换为网格对象。这个特性可以说是对于粒子系统的一个补充。把对象转换为网格对象以后，就可以应用"扭曲产生贴图坐标"等编辑修改器。还可以对一个"网格化"对象应用几个复杂的编辑修改器，并把它捆绑到一个粒子系统中。"网格化"对象在修改面板中只包含一个参数展卷栏。

布尔运算是计算机图形学中表达物体的重要方法，它是基于英国数学家George

Boole 发明的 Boolean Algebra(布尔代数)的原理。布尔运算是一种逻辑数学运算方式，原来应用于工程上体积的计算，即当两个物体在体积相互交叉时，可以得出 3 种不同的体积结果。布尔运算包括并集、差集和交集运算方式，利用两个三维模型进行布尔运算，从而得到新的三维模型，同时可以将运算过程制作为动画。

布尔运算中的"并集"是将两个三维模型合并为一个新的三维模型，删除它们交叉的部分，将网格焊接为一个新的完整网格体，与"附加"命令相似。

"交集"将两个三维模型相交叉的部分生成面，成为一个新的三维模型，删除它们不相交的部分。

"差集"将两个三维模型相交叉的部分删除，同时删除其中的一个三维模型。相当于在另一个三维模型进行腐蚀或切割得到一个新的三维模型。此功能最为强大。选择的对象用 A 来表示，拾取的对象用 B 来表示，其运算方式有两种，即 A－B 或 B－A。

ProBoolean 和 ProCutter 复合对象提供将 2D 和 3D 形状组合在一起的建模工具，这是很难或不可能使用其他工具做到的。ProBoolean 对象通过对两个或多个其他对象执行布尔运算将它们组合起来，还可以自动将布尔结果细分为四边形面，这有助于将网格平滑。与传统的 3ds Max 布尔复合对象相比，它具有更好的网格质量、更快捷和更容易的操作等优势。

ProCutter 对象能够执行特殊的布尔运算，主要目的是分裂或细分体积，它的运算结果尤其适合在动态模拟中使用。

在 3ds Max 中，放样建模是一种功能强大的建模方法。它来源于古希腊的造船术，是一种造船工业的术语。造船工匠为了保证船体形状的正确性，先确定主要位置的截面形状图样，按图样制造出若干个截面，用支架连接各个截面，将其固定，形成光滑的曲面过渡，从而完成整个船体的造型。放样造型被广泛地应用于虚拟现实软件的二维建模领域，在早期的 3ds Max 版本中就已经成为三维建模的锐利武器。它可以以较简单的方法取得卓越的三维模型效果，造型细腻而曲面质量优良，使很多复杂的模型可一次成型。它在三维建模中有至关重要的地位。放样建模的造型原理是先给出一个或几个平面图形作为放样的形，再将这些形沿指定的路径放置，通过插值计算，完成放样体的造型。形和路径可以为封闭图形，也可以是不封闭的线，但必须是二维图形。形可以有一个或多个，但路径只能有一条。

例 6.8　制作圆桌。

(1) 单击"创建"面板上的"图形"按钮 ，进入创建图形面板，单击"星形"按钮，在顶视图中创建一个星形。单击"圆"按钮，在顶视图中创建一个圆，设置星形参数：半径 1 为 80，半径 2 为 100，点为 40，圆角半径 1 为 10，圆角半径 2 为 10。再设置圆的参数：2 为 80。

(2) 在前视图中画一垂直线，选择该直线，单击创建面板上的"几何体"按钮 ，进入创建几何体面板，在下拉列表中选择"复合对象"，单击"放样"按钮，在"创建方法"卷展栏中单击"获取图形"按钮，单击顶视图中的"圆形"曲线，再在路径参数卷展栏中设置路径为 100，再次在"创建方法"卷展栏中单击"获取图形"按钮，单击顶视图中的"星形"曲线，于是完成两次放样操作，效果如图 6.4-2 所示。

经过放样变换，单击 按钮，进入修改面板，有 5 个卷展栏，分别为创建方法、曲面参数、路径参数、蒙皮参数、变形等。打开"变形"卷展栏,如图 6.4-3 所示,有 5 个按钮,单击其中的按钮,将打开对应的编辑窗口。

图 6.4-2　圆桌效果

图 6.4-3　"变形"卷展栏

5 个编辑按钮功能如下。

(1) 使用缩放变形可以沿着放样对象的 X 轴及 Y 轴方向使其剖面发生变化。

(2) 扭曲变形控制截面图形相对于路径旋转。操作手法同缩放方法。

(3) 倾斜变形工具能够使截面绕着 X 轴或 Y 轴旋转。产生截面倾斜效果。

(4) 倒角变形工具同 Scale 工具非常相似,都可改变放样对象的大小。

(5) 拟合是 5 个变形工具中功能最为强大的一个,使用拟合工具,只要绘出对象的顶视图、侧视图和截面图就可以创建出复杂的几何体对象。

6.5　NURBS 建模

NURBS 是非统一有理 B 样条线的英文缩写。NURBS 基本形体有两种,即 NURBS 曲线和曲面。NURBS 曲线又可分为两种,一种为受"点"控制的点曲线,另一种为受 CV 控制的 CV 曲线。同样曲面也有两种,即受"点"控制的点曲面和和受 CV 控制的 CV 曲面。与传统建模的基本体比较,NURBS 建模更适合表面精细、平滑的模型。

1. 创建 NURBS 对象方法

建立 NURBS 基本对象是建模的第一步,常用方法如下。

(1) 在创建面板的图形面板中,从下拉列表中选择 NURBS 曲线。

(2) 在创建面板下的几何体面板中,从下拉列表中选择 NURBS 曲面。

(3) 单击菜单"创建"→NURBS 命令,可以选择 NURBS 曲线或曲面。

(4) 右击视图中的二维图形样条线,在打开的快捷菜单中选择"转换为 NURBS"命令。

(5) 右击视图中的三维几何体对象,在打开的快捷菜单中选择"转换为 NURBS"命令。

2. NURBS 工具箱

单击创建面板上的"几何体"按钮█,进入创建几何体面板,在下拉列表中选择

"NURBS 曲面",单击点曲线或点曲面,在顶视图中拖画,可产生对应的 NURBS 对象,单击修改面板 按钮,进入 NURBS 修改环境,会自动打开 NURBS 工具箱,如果没有打开,可以单击参数面板中的 按钮,打开图 6.5-1 所示的 NURBS 工具箱。工具箱分为 3 个部分,点区中的按钮主要针对点次物体编辑,曲线区域中的按钮主要针对曲线次物体编辑,同样,曲面区域中的按钮针对曲面次物体编辑。

工具箱部分按钮功能说明如下。

（1）创建点:可在视图任意位置上创建点。

（2）创建曲线点:可在曲线上添加点。

图 6.5-1　NURBS 工具箱

（3）创建曲面点:可在曲面上加点,点只能在该曲面上移动。

（4）创建 CV 曲线:可在视图上任意位置上创建 CV 曲线。

（5）创建变换曲线:单击选择曲线,可复制。

（6）创建混合曲线:可在两条曲线之间建立连接。

（7）创建 CV 曲面:可在任意位置创建 CV 曲面。

（8）创建规则曲面:可在两条曲线之间创建曲面。

（9）创建封口曲面:可将封闭的曲面加盖进行封顶或封底。

（10）创建 U 向放样曲面:可在两条曲线之间创建 U 向的曲面。

例 6.9　制作饭钵。

（1）单击创建面板下的 图形按钮,再单击"圆"按钮。在顶视图中画一圆,按住 Shift 键,单击主工具栏中的 按钮,在前视图中垂直拖放复制,打开克隆选项对话框,复制 5 个副本,6 个圆成一纵列排列。

（2）单击工具栏中的均匀缩放按钮 ,对圆进行适当的等比缩放。如图 6.5-2 所示。并在前视图中,同时选中所有圆样条线,右击,在弹出的快捷菜单中选择"转换为"→"转换为 NURBS"命令。

图 6.5-2　圆等比缩放

（3）单击命令面板上的 按钮。单击参数面板中的 按钮,选择 NURBS 工具箱中的创建 U 向放样曲面 按钮,在前视图中,从上往下移动,单击第 1 条曲线,再至第 2 条线单击,最后至第 6 条线单击,完成放样建模,效果如图 6.5-3 所示,但未封底和顶。

（4）单击 NURBS 工具箱中的创建封口曲面按钮 ,选择圆口处,再在参数面板中勾

图 6.5-3　未封底

选翻转法线项，完成封口。

（5）单击透视图标签中的加号，单击"配置"→"强制双面"，单击主工具栏上的快速渲染按钮，效果如图 6.5-4 所示。

图 6.5-4　饭钵效果

6.6　材质与贴图

物体模型不仅表现在外观的几何形状上，更有颜色和材质的表达，为了精确表现物体对象的外在属性，系统提供了材质与贴图两种编辑方式，它实际上也是建模过程中的重要组成部分。

灯光是展现物体模型效果的重要方法，它的照射表现了一种环境效果，可起到营造、烘托氛围的作用，使几何造型物体可完美展现自身的品质。

6.6.1　材质与贴图编辑窗口

在主工具栏上单击按钮，或是按下键盘上的 M 键，可打开材质编辑器窗口，如图 6.6-1 所示。

从材质编辑器窗口中可以看出，材质编辑器可分为 4 个部分，即材质样本球区域、控制工具栏、编辑工具栏和参数控制区。

（1）在默认情况下，样本球视窗内显示 3×2 个样本球。拖动滚动滑块可显示 6×

图 6.6-1 材质编辑器窗口

4 个样本球。

（2）编辑工具栏中的主要按钮功能如下。

① 单击 按钮，弹出材质/贴图浏览器。

② 单击 按钮，将当前样本球上的材质赋给场景中选中的物体对象。

③ 单击 按钮，把材质编辑器中的各选项恢复到系统的默认设置。

④ 单击 按钮，在场景中显示材质贴图。

⑤ 单击 按钮，将编辑操作转移到当前材质编辑器的上一层。

注意：材质有单一材质，也有复合材质，复合材质是由多个子材质合成的，子材质又可由子材质进行复合，形成一层层的层次关系。

（3）材质参数区。

材质编辑器窗口的下方为材质参数卷展栏，共 8 个，分别为明暗器基本参数、Blinn基本参数、扩展参数、超级采样、贴图、动力学属性、DirectX、Mental Ray 等。前两个为基本参数，可完成绝大多数的材质效果编辑，其次为贴图卷展栏，最为常用。

① 明暗器基本参数卷展栏中，主要是其下拉列表框中提供了 8 种渲染方式，如果勾选双面：在通常情况下，系统只渲染物体表面法线的正方向，渲染器将忽略物体表面的法线方向，对所有的面都进行双面渲染。

② 第二个基本参数卷展栏中的内容随着第一个基本参数卷展栏中下拉列表的选择

215

而有不同的形式和参数。主要有下面 3 个参数。

- 环境光：用来控制材质阴影区的颜色，为样本球右下角区域。
- 漫反射：用来控制材质漫射区的颜色，为样本球左上角的大部分区域。
- 高光反射：代表高光部分的颜色。

在 3 个参数的右边都有颜色块，单击它们可以打开颜色选择器。在环境光与漫反射之间、漫反射与高光反射之间，各有一个锁定按钮，单击锁定按钮，则被锁定的两个反射色发生相同的变化。另外，在 3 个参数颜色块的旁边有 3 个按钮，它们是材质浏览器的开关。另外，单击漫反射、环境光或高光反射边的色块可以打开"颜色选择器"对话框，如图 6.6-2 所示。

图 6.6-2　"颜色选择器"对话框

"颜色选择器"对话框可分为左、中、右 3 个部分，左边为一个大调色板，移动小三角块可直接选定某种颜色，中部的色条可以控制所选颜色的纯度，而右边则通过各个颜色分量来精确定义所需颜色。

贴图卷展栏中，系统提供了 12 个贴图通道，如图 6.6-3 所示。可针对物体的不同部位和特性选择使用不同的贴图通道。贴图通道可分为两大类，以真彩色和灰度为界。环境光颜色、漫反射颜色、高光颜色、过滤色、反射、折射等以颜色方式来计算，而自发光、不透明和凹凸是以灰度来计算的。

图 6.6-3　贴图通道

例 6.10　制作黄铜圈。

（1）单击标题栏中的 ⑥ 按钮，单击打开菜单中的"重置"命令，恢复到系统场景的默认设置。

216

（2）单击创建面板下的◯按钮，单击"圆环"按钮，在顶视图中画一圆环。

（3）选定圆环，切换到"修改"命令面板，设置其半径 1 为 100，半径 2 为 20。

（4）单击主工具栏上的按钮，打开材质编辑器。

（5）在明暗基本参数卷展栏中的下拉列表中选择"金属"。

（6）金属参数卷展栏设置如下。

① 环境光：红 196、绿 187、蓝 91；漫反射：红 176、绿 166、蓝 52。

② 高光级别：85；光泽度：70。

（7）打开下面的贴图卷展栏，勾选"反射"复选框，设置数量为 40，单击左边的"None"按钮，打开材质/贴图浏览器，选择"光线跟踪"贴图。

（8）单击按钮，返回上级。单击按钮，将编辑的颜色材质赋予场景中的圆环，如图 6.6-4 所示。

图 6.6-4 黄铜圆环

6.6.2 材质库的应用

3ds Max 2010 系统提供的材质库中预先准备了大量材质，同时还允许用户根据需要更新和制作新的材质，加入到材质库中来。其材质功能十分强大。单击材质编辑器中的按钮，即可打开材质/贴图浏览器，如图 6.6-5 所示。

材质/贴图浏览器的左部有 4 个选择区域，它控制浏览器的不同属性，右部则为列表区，显示不同的材质和贴图。

材质/贴图浏览器的左部由上而下各项目简介如下。

（1）材质名输入框：左边最上方的白色框，可输入材质名以查找材质。

（2）材质/贴图预览框：预览右边选中的材质。

（3）"浏览自"选项区域：选择材质/贴图的来源。来源依次为"材质库"、"材质编辑器"、"当前编辑样本视窗"、"选取的物体对象"、"场景"和"新材质"。

（4）"显示"选项区域：前 3 个复选框用于显示材质和贴图，第 4、5 个复选框可对复合材质进行显示，"仅根"为只显示根材质，"按对象"指按场景中的物体显示材质。

材质/贴图浏览器的右部为材质列表区域，上方有 7 个按钮，由左至右简介如下。

（1）视图列表：以列表形式显示材质和贴图。

图 6.6-5　材质/贴图浏览器

（2）图标式列表：以列表的形式显示材质图标。

（3）查看小图标：以小图标形式显示材质。

（4）查看大图标：以大图标形式显示材质。

（5）库更新：该项仅对材质库有效。该命令可对材质库中的材质进行调整。

（6）从库中删除：该项仅对材质库有效。该命令可删除库中的选定的材质。

（7）清除材质库：该项仅对材质库有效。该命令将整个库中材质都删除。

在列表区中，以蓝色标签开头的为材质，以绿色标签开头的为贴图。其中贴图又可分为 5 个部分，分别为 2D 贴图、3D 贴图、合成器贴图、颜色修改器贴图、其他贴图。

例 6.11　制作魔方。

（1）单击标题栏中的 按钮，单击打开菜单中的"重置"命令，恢复到系统场景的默认设置。

（2）单击创建面板下的 按钮，选择"长方体"命令，在顶视图中画一正方体。

（3）单击命令面板上的 按钮，设置的长、宽、高均为 50，长、宽、高分段均为 3。

（4）右击透视图中的正方体，从弹出的对话框中选择"转换为"→"转换为可编辑多边形"命令。同时用框选方式选择正方体的所有面。

（5）切换到"修改"命令面板，选择"多边形"子对象层级。在修改面板的编辑多边形卷展栏下单击"倒角"边的设置按钮，打开"倒角多边形"对话框，在倒角类型中选择"按多边形"，高度为 2，轮廓量为−1，单击"确定"按钮。

（6）按 M 键，打开材质编辑器窗口，并激活第一个样本球。

（7）单击 Standard（标准）按钮，打开"材质"→贴图浏览器，选择"多维"→"子对象"

材质并双击。

（8）在打开的"替换材质"对话框中，选择"丢弃旧材质"项，单击"确定"按钮。

（9）接着打开图 6.6-6 所示的"多维"→"子对象材质基本参数"对话框。

（10）单击"设置数量"按钮，在设置数量界面中设置材质数量为 6。

（11）可给 6 个颜色通道设置不同颜色的材质。

（12）单击 按钮，将编辑的颜色材质赋予场景中的魔方。

（13）单击主工具栏上的 按钮，渲染效果如图 6.6-7 所示。

图 6.6-6　"多维/子对象基本参数"对话框

图 6.6-7　魔方效果

如果在系统中设置的渲染器默认为 mental ray 渲染器，则按 M 键打开材质编辑器，单击 Standard 按钮，打开材质/贴图浏览器，在列表区中，以黄色标签开头的为模板，利用系统预设的模板材质制作效果更好、更便利。

例 6.12　制作玻璃酒杯。

（1）打开例 6.5 制作的酒杯，设置默认渲染器为 mental ray，同时材质编辑器也变更为 mental ray。

（2）按 M 键打开材质编辑器。

（3）单击 Standard 按钮，打开"材质/贴图浏览器"，在列表区中双击 Arch &Design(mi)，在模板卷展栏中的"选择模板"下拉列表框中，选择"玻璃（薄几何体）"选项。

图 6.6-8　玻璃酒杯

（4）单击 按钮，将模板材质赋予场景中的圆环，单击 按钮，渲染效果如图 6.6-8 所示。

6.7　灯光的应用

在场景中，灯光不仅作为照明，还能够影响材质的颜色和纹理。3ds Max 2010 系统提供了三大类型的灯光。不同光源的差异主要表现在它们发光时的形式不同，光源外观不同，而它们的参数形式也不相同。

6.7.1 场景灯光介绍

在建模过程中,3ds Max 2010 系统给场景提供了默认的光源和光照效果,当场景中没有用户设置的光源时,系统的默认光源起着照明作用,如果用户在场景中设置了自己的光源,系统的光源将自动关闭,而删除用户设置的光源,系统默认的光源又自动打开。

系统默认的光源可以是一盏灯或是两盏灯,设置方法如下。

右击视图标签中的加号,在打开的快捷菜单中单击"配置",打开"视口配置"对话框,选择"照明和阴影"选项卡,选中"默认灯光"单选按钮。从中可选 1 或 2 的单选项,如图 6.7-1 所示。

图 6.7-1　场景灯光设置

6.7.2　灯光的类型

3ds Max 2010 系统提供了三大类型的灯光,分别是光度学灯光、标准灯光、太阳光和日光系统。它们具有各自的特点,可应用在不同场合。

1. 光度学灯光

光度学灯光使用光度学(光能)值,可以精确地定义灯光效能,用户可以创建具有各种分布和颜色特性的灯光,或导入照明制造商提供的特定的光度学文件。

单击创建面板的灯光按钮 ，在下拉列表中选择"光度学",可打开光度学灯光面板,如图 6.7-2 所示。

"光度学"灯光中有 3 种光度学灯光,即目标灯光、自由灯光和 mr Sky 门户。其中,

(1)目标灯光布局时具有投射点和目标点,通过调整投射点和目标点,可以改变灯光的照射方向。

（2）自由灯光与目标灯光的不同之处在于它没有目标投射点，可以使用变换工具来改变灯光的照射方向。

（3）mr Sky 门户中的 mr 即 mental ray，提供了一种"聚集"内部场景中的现有天空照明的有效方法，无需高度最终聚集或全局照明设置。实际上，门户就是一个区域灯光，从环境中导出其亮度和颜色。为使 mr Sky 门户正确工作，场景必须包含天光组件。此组件可以是 IES 天光、mr 天光，也可以是天光。

图 6.7-2 "光度学"灯光面板

2. 标准灯光

3ds Max 2010 系统中有 8 种标准类型，分别是目标聚光灯、自由聚光灯、目标平行光、自由平行光、泛光灯、天光、mr 区域聚光灯、mr 区域泛光灯。与光度学灯光不同，标准灯光不具有物理的强度值。

单击创建面板的灯光按钮，在下拉列表中选择"标准"，可打开光度学灯光面板，如图 6.7-3 所示。

图 6.7-3 标准灯光面板

不同类型的灯光特点如下。

（1）目标聚光灯与自由聚光灯。

聚光灯的照射方式类似于现实生活中手电筒的光线照射方式，有一个锥形的光柱，目标光则比自由光要多一个灯光投射点。

（2）目标平行光与自由平行光类似于现实生活中探照灯的照射模式，有一个圆柱形的光照效果，光线平行发射，同样，目标光则比自由光要多一个灯光投射点。

（3）泛光灯实际上是一个点光源。照射时，光线向外部所有方向发射，照射方式与现实生活中的白炽灯相似。一般情况下，泛光灯多用于辅光布设。

（4）天光主要模拟日光照射的效果，并可以设置"天空"的色彩，另外还可以给"天空"指定贴图。当使用默认扫描线渲染器，并与"光线跟踪"和"光能传递"渲染方式联合使用时，可以达到很好的效果。但是，使用 mental ray 渲染器渲染时，天光照明的对象显示为黑色，除非启用最终聚集。"最终聚集"切换选项位于"渲染设置"对话框的"最终聚集"卷展栏上。

（5）mr 区域泛光灯与 mr 区域聚光灯。

mr 区域泛光灯与 mr 区域聚光灯这两种区域灯光主要应用于 mental ray 渲染方式下，能够获得比泛光灯或聚光灯更好的效果，两者参数设置相似。

3. 太阳光和日光系统

太阳光和日光系统遵循太阳照射在地球上的物理规律，使用它可以方便地模拟出太阳光照的效果，用户可以通过设置日期、时间和指南针方向来改变日光照射效果，也可以设置日期和时间的动画，动态地模拟不同时间、不同季节太阳光的照射效果，如图 6.7-4 所示。

太阳光和日光系统的设置如下。

图 6.7-4　不同季节太阳光照射效果

在创建面板上,单击 ▓(系统)按钮,然后单击"太阳光"或"日光"。选择后在视图中进行拖画。如果添加"日光"系统并且当前无活动曝光控制方法时,3ds Max 系统将自动提示应进行适当的曝光控制设置。如果要获得最佳的当前渲染器的曝光控制,可做以下选择。

(1) 默认扫描线:对数。

(2) mental ray:mr 摄影。

另外,太阳光的辅助对象指南针应设置在顶视图或透视图/摄影机视图。

6.7.3　灯光的参数

灯光的运用与灯光的参数设置密切相关,调整灯光的参数,可以改变对象的渲染效果。

1. 光度学灯光常用参数

当在场景中布设了光度学灯光后,单击命令面板上的 ▨ 按钮,切换到修改面板,有多个参数卷展栏,简略介绍如下。

(1) 灯光模板。

展开模板卷展栏,可通过下拉列表选择灯光的类型,如图 6.7-5 所示。

通过选择模板中的对象,可方便地完成光度学灯光的设置。

(2) 图形/区域阴影。

在该卷展栏中,可设置阴影的灯光图形,有 6 种,如图 6.7-6 所示。

① 点:计算阴影时,如同点在发射灯光一样。

② 线:计算阴影时,如同线在发射灯光一样。

③ 矩形:计算阴影时,如同矩形区域在发射灯光一样。

④ 圆形:计算阴影时,如同圆形区域在发射灯光一样。

⑤ 球体:计算阴影时,如同球体在发射灯光一样。

图 6.7-5　灯光模板

图 6.7-6 可设置的灯光图形

⑥ 圆柱体：计算阴影时，如同圆柱体在发射灯光一样。

2. 灯光应用

例 6.13 灯光照明。

（1）打开一个"海边别墅"Max 文件，如图 6.7-7 所示。

（2）在创建面板中单击灯光按钮 ，单击"自由灯光"按钮，在弹出的"创建光度学灯光"对话框中单击"是"按钮。

（3）在顶视图中创建一盏灯，单击命令面板上的 按钮，切换到修改面板，在模板卷展栏中设置灯的类型为"隐藏式 75W 灯光（web）"。

（4）选中场景中的灯，单击菜单中的"编辑"→"变换输入"命令，在绝对坐标中输入相应数据，如图 6.7-8 所示。

图 6.7-7 海边别墅场景

（5）按住 Shift 键，在顶视图中用鼠标沿 X 轴拖放灯的图标，克隆两盏灯。使用步骤（4）的方法，将第 2 盏的 X 绝对坐标移至 -1.273m，将第 3 盏灯的 X 绝对坐标移至 2.757m。

（6）按数字 8 键，打开"环境和效果"对话框，在"mr 摄影曝光控制"卷展栏中设置"预设置"为"物理性灯光，户外夜间"。

（7）单击快速渲染按钮 ，如图 6.7-9 所示。

图 6.7-8 绝 对 坐 标

图 6.7-9 别墅夜景图

例 6.14 阳光照明。

(1)打开一个"海边别墅"Max 文件,如图 6.7-7 所示。

(2)在创建面板中单击灯光按钮![按钮],单击"日光"按钮,在弹出的"创建日光系统"对话框中单击"是"按钮。

(3)在顶视图中单击,并略微拖动以创建指南针。

(4)单击命令面板上的![按钮]按钮,切换到修改面板,单击日光参数卷展栏中的"设置"按钮,切换到运动面板,在"控制参数"卷展栏中设置时间为 15:00。

(5)单击菜单中的"渲染"→"渲染设置"命令,打开"渲染设置:mental ray 渲染器"对话框,单击"间接照明"选项卡,勾选"启用最终聚集"选项。单击渲染按钮![按钮],如图 6.7-10 所示。

(6)重新设置运动面板,在"控制参数"卷展栏中,设置时间为 18:20。

(7)设置"北向"为 345,单击渲染按钮![按钮],如图 6.7-11 所示。

图 6.7-10 下午阳光   图 6.7-11 傍晚日光

6.8 渲染基础

1.三维世界的照明

在广阔的田野上,光是沿直线传播的,但是在室内,光线的传播会产生反射、透射和折射,它们混合后会产生斑斓的各种明暗效果和深浅不一的颜色。因此,在三维世界里,可以有直接照明和间接照明两种。

直接照明:如图 6.8-1 所示。场景中只有一个"日光"和一个 mr Physical Sky(环境贴图)。从图中可以看到,有光照的地方明亮,无光照的地方则漆黑一片。这种渲染效果不真实,与现实生活的差异较大。

间接照明:如图 6.8-2 所示。开启了间接光照算法进行渲染,除了阳光直接照射的地方明亮以外,墙壁等其他区域也因为反射而清晰可见。这种效果更接近人们生活的自然现象。

全局照明算法:在三维空间中,要更好地模拟自然环境中的光照效果,使用具有前述间接照明效果算法进行计算的,被称为全局照明算法。在该模式下,系统计算光照效果时,要计算光照强度、光源方向、光线颜色、物体表面的漫反射、高光、反射和折射等多种

图 6.8-1　直接照明效果

图 6.8-2　间接照明效果

因素形成的特殊效果,目前主流的渲染器都使用这种算法进行光照渲染。

2. 3ds Max 渲染器介绍

单击菜单中的"渲染"→"渲染设置"命令,或者按 F10 键,打开"渲染设置"对话框,在"公用"选项卡下,单击"指定渲染器"卷展栏,可以在其中设置当前的"产品级"渲染器,有3 种可选项,即扫描线渲染器、mental ray 渲染器和 VUE 文件渲染器。

使用"渲染"可以基于 3D 场景创建 2D 图像或动画,从而可以使用所设置的灯光、所应用的材质及环境设置(如背景和大气)为场景的几何体着色。

"渲染设置"对话框中具有多个面板。面板的数量和名称会因当前渲染器的不同而异,但是始终显示以下面板。

①"公用"面板:包含任何渲染器的主要控件,不论是渲染静态图像还是动画,在此可设置渲染输出的分辨率等。

②"渲染器"面板:包含当前渲染器的主要控件。

(1)扫描线渲染器是 3ds Max 传统自带的默认扫描器,它实质上是一种多功能渲染器,可以将场景渲染为从上到下生成的一系列扫描线。如果 3ds Max 系统当前渲染器为扫描线渲染器,则按 F10 键,打开"渲染设置"对话框,在"渲染器"选项卡下只有一个"默认扫描线渲染器"卷展栏,如图 6.8-3 所示。

"默认扫描线渲染器"卷展栏中有 8 个小组的参数,分别是选项、抗锯齿、全局超级采样、对象运动模糊、图像运动模糊、自动反射/折射贴图、颜色范围限制和内存管理等。其中"选项"组中参数意义如下。

① 贴图:禁用该选项可忽略所有贴图信息,从而加速测试渲染。

图 6.8-3　"渲染设置：默认扫描线渲染器"对话框

② 自动影响反射和环境贴图：同时也影响材质贴图。默认设置为启用。

③ 自动反射/折射和镜像：忽略自动反射/折射贴图以加速测试渲染。

④ 阴影：禁用该选项后，不渲染投影阴影。这可以加速测试渲染。默认设置为启用。

⑤ 强制线框：像线框一样来渲染场景中所有的曲面，可以选择线框厚度（以像素为单位）。默认值为 1。

⑥ 启用 SSE：启用该选项后，渲染使用"流 SIMD 扩展"（SSE）。使用 SSE 可以缩短渲染时间。默认设置为禁用状态。

从上述参数的意义可以看出，渲染过程中，与材质贴图和光照设置密切相关。

（2）mental ray 渲染器是德国的 Mental Image 公司最引以为荣的具有专业电影级的产品，它可以生成令人难以置信的高质量真实感图像，特别是在光线跟踪的效果展现方面更是令人赞赏。它很早就作为 3ds Max 的插件被集成到 3ds Max 系统中。

3. mental ray 渲染器

与默认的 3ds Max 扫描线渲染器相比，mental ray 渲染器可以不用"手工"或通过生成光能传递解决方案来模拟复杂的照明效果。mental ray 渲染器为使用多处理器进行了优化，并为动画的高效渲染而利用增量变化。

按 F10 键，打开"渲染设置"对话框，在"公用"选项卡下单击"指定渲染器"卷展栏，可以在其中设置当前的"产品级"渲染器为 mental ray 渲染器。可以看到，在"渲染设置"窗口中，原"高级照明"、"光线跟踪"选项卡转换为"间接照明"、"处理"选项卡，如图 6.8-4 所示。单击"渲染器"选项卡，有 5 个卷展栏，分别是"全局调试参数"卷展栏、"采样质量"卷展栏、"渲染算法"卷展栏、"摄影机效果"卷展栏、"阴影与置换"卷展栏。

在"全局调试参数"卷展栏中可设置软阴影、光泽反射和光泽折射参数，从而提供对 mental ray 明暗器质量的高级控制。

图 6.8-4　mental ray 渲染器对话框

"采样质量"卷展栏上的控件主要是影响 mental ray 渲染器为抗锯齿渲染图像所执行的采样方式。

"渲染算法"卷展栏上的控件用于选择使用光线跟踪进行渲染,还是使用扫描线渲染进行渲染,或者两者都使用。也可以选择用来加速光线跟踪的方法,以及跟踪深度和控制每条光线被反射、折射或同时以两种方式处理的次数。

"摄影机效果"卷展栏中的控件主要用来控制摄影机效果,可设置景深和运动模糊。

"阴影与置换"卷展栏上的控件影响阴影和阴影贴图。

使用 mental ray 渲染器进行渲染,更重要的是它可实现间接光照的效果,因此在"间接照明"选项卡中有 3 个卷展栏,其功能如下。

① "最终聚集"卷展栏:最终聚集(简称 FG),该技术用于模拟指定点的全局照明。

② "焦散和全局照明"卷展栏:该卷展栏中的控件用来控制焦散和全局照明(简称 GI)。"焦散"是指当光线穿过一个透明物体时,由于对象表面的不平整,出现对象表面漫折射时产生的光子分散现象。

③ "重用(FG 和 GI 缓存)"卷展栏:该卷展栏中的控件可减少或消除渲染动画的闪烁。

由此可见,对"间接照明"选项卡中参数的设置能够更好地表现 mental ray 渲染器的特殊光照渲染功能。

另外,设置当前渲染器为 mental ray 渲染器后,在材质/贴图浏览器中提供了大量的材质模板可供用户编辑,在灯光系统中也给出了 mr 区域灯光的选项。

例 6.15　钻石。

(1) 在创建面板下单击几何体按钮 ,单击"平面"按钮,在顶视图中画一大的平面,其后在下拉列表中选择扩展基本体。

(2) 单击"异面体"按钮,在顶视图中画一异面体,单击命令面板上的 按钮,切换到修改面板,打开参数卷展栏,在系列选项中选择"十二面体/二十面体",在系列参数组中设 P 值为 0.3,轴向比率中的 Q、R 的值均设置为 108。

(3) 再从修改面板的下拉列表中选择"锥化"修改器。在"锥化"参数栏中设置数量为 2,曲线为-0.1,并单击主工具栏的 按钮,将钻石模型旋转一个角度,如图 6.8-5 所示。

(4) 按 F10 键,打开"渲染设置"对话框,在"公用"选项卡下单击"指定渲染器"卷展

图 6.8-5　钻石模型前视图

栏，可以在其中将当前的"产品级"渲染器设置为 mental ray 渲染器。

（5）按 M 键，打开材质编辑器，选择一个材质球，单击 Standard 按钮，打开材质/贴图浏览器，双击 Arch & Design。在"模板"卷展栏中打开"选择模板"下拉列表，从中选择"玻璃（实心几何体）"选项，单击 按钮，赋给场景中的模型。

（6）设置 mr 区域聚光灯，设置摄像机，并将透视图设置为摄像机视图。

（7）选中场景中的钻石模型、灯光、摄像机，右击，在弹出的快捷菜单中选择"对象属性"命令，打开"对象属性"对话框，选择"mental ray"选项卡，勾选"生成焦散"复选框，单击"确定"按钮。

（8）按 F10 键，打开"渲染设置"对话框，在"间接照明"选项卡下的焦散参数组中，勾选"启用"复选框。单击"渲染"按钮，效果如图 6.8-6 所示。

图 6.8-6　钻石效果

"焦散"是指当光线穿过一个透明物体时，由于对象表面不平整，使得光线折射并没有平行发生，出现漫折射，投影表面出现光子分散的效果。

例如，一束光照射一个透明的玻璃球，由于球体的表面是弧形的，那么在球体后的投影表面上就会出现光线明暗偏移，这就是"焦散"。焦散的强度与对象的透明度和对象与投影表面的距离、光线本身的强度有关。

焦散是三维软件中的一个名词，它主要在后期渲染的时候才会被提及。它的主要作用就是产生水波纹的光影效果，为了达到真实的效果，它可以计算很精致、准确的光影。但是好的效果都是要付出渲染时间的，它的渲染是很费时间的。

焦散现在被用于很多渲染插件中，现在的几种主流渲染插件中都会发现它的身影。其中在 mental ray 中表现的尤为突出。无论是建筑方面还是动画、游戏的渲染过程中都起到了非常重要的作用。它可以很好地模仿真实的钻石、玛瑙等贵重物品的呈色效果。

6.9 动画制作

3ds Max 的动画功能为用户提供了动态观察三维场景的条件。在 3ds Max 系统中，可以制作多种形式的动画，主要有关键帧动画、路径动画、控制器动画、粒子与空间扭曲动画、动力学动画等。实际上，只要是具有参数设定的不同状态，都可以制作动画效果。

6.9.1 关键帧动画

动画的本质就是运动的画面，它利用人类视觉中所具有的视觉暂留性的特点，把一系列相关联的静止画面快速地在人们的眼前进行切换，反映到人的大脑中，这些连贯在一起的图像就形成了运动的画面效果。而其中的每一个单幅的画面则称为帧。换句话说，帧是动画中的基本画面。动画播放时，人们看到的是画面上对象的位置、形状、颜色等发生改变的情况。这种变化是因为在不同帧上标记了不同的操作，是由程序计算产生的，而那些带有标记的帧则被称为关键帧。

1. 动画记录控制区

在 3ds Max 工作界面的右下方，是记录动画的控制区，如图 6.9-1 所示。

图 6.9-1　动画记录控制区

2. 关键帧过滤器

单击动画记录面板中的 关键点过滤器 按钮，打开"设置关键点过滤器"对话框，如图 6.9-2 所示。

从该对话框中可以看到，3ds Max 系统中，可以表现位移、旋转、缩放、材质等 9 种动画效果。如果取消某个复选框中的勾选，所对应的动画形式就不能运行，从而控制动画的表现种类。

3. 动画的参数设置

单击动画控制区中的 按钮，打开"时间配置"对话框，如图 6.9-3 所示。

在该对话框中可以对动画的时间、动画播放的制式、帧的数量进行设置。通常情况下，制作动画时都应该首先对动画的参数进行设置。

图 6.9-2　"设置关键点过滤器"对话框

4. 动画的时间轴

选择制式并设置了起始时间、结束时间及动画的长度后，时间轴上就会显示出对应参数的状况，如图 6.9-4 所示。

在时间轴的时间滑块上，数字表示了当前帧和动画的总帧数。跟随时间滑块的蓝色

图 6.9-3　"时间配置"对话框

图 6.9-4　时间轴

指针标记用来表示当前帧的位置，起到定位的作用。时间滑块上的两边有两个小按钮，单击小按钮，则时间滑块分别向前或向后移动一帧。

5．创建关键帧

关键帧动画是计算机动画中应用最为广泛的一种动画形式，关键帧动画的制作原理也很简单，它根据设计需要设置好首帧与尾帧的属性，首帧和尾帧就叫做关键帧。3ds Max 会根据首帧和尾帧的设置自动计算出中间帧，如此关键帧之间就具有了平滑的过渡动作。

3ds Max 2010 具有自动关键帧模式和设置关键帧模式两种创建关键帧的方法。使用自动关键帧模式时，在动画记录控制区中，单击自动关键点按钮，时间轴滑道以及当前激活的自动关键点按钮都以红色显示，表示已经开启了自动关键帧模式，这时只要将时间滑块拖到另外一个时间点，然后对模型进行移动、旋转或缩放等操作，系统就会自动将模型的变化记录下来。按上述步骤记录动画后，再次单击自动关键点按钮，关闭自动记录关键帧模式。这时在时间轴中的起始时间、结束时间位置和当前帧的位置就会创建包含参数变化值的关键帧标记，关键帧标记则根据场景中物体对象变化类型的不同，用不同的颜色进行显示，红色代表位置信息，绿色代表旋转信息，蓝色代表缩放信息等。

例 6.16　材质关键帧动画。

（1）重置场景，在创建面板几何体环境下按下"茶壶"按钮。在顶视图中画一水壶，单击▇按钮。在参数面板中去掉壶盖、壶嘴、壶把等项参数，生成一个茶杯。

（2）单击"关键点过滤器"按钮，打开"设置关键点"对话框。勾选"材质"选项。

（3）按 M 键打开材质编辑器，选择一个材质球，单击"漫反射"边的小按钮，打开"材质/贴图浏览器"对话框,选择"棋盘格"贴图,单击"确定"按钮。

（4）单击 ![按钮] 按钮,将贴图赋给茶杯。单击 自动关键点 按钮,时间滑道变红,开始记录动画。

（5）将时间滑块移至 100 帧处,返回到材质编辑器,在"棋盘格"的坐标卷展栏中,将 U、V 的平铺值设置为 4。

（6）单击 自动关键点 按钮,停止记录。单击播放按钮 ▶ ,动画效果中 0、50、100 帧如图 6.9-5 所示。

图 6.9-5　动画效果

6.9.2　动画控制器

1. 运动面板

3ds Max 2010 运动面板的使用方便简单。在系统的工作界面下单击运动面板按钮 ![图标] ,即进入图 6.9-6 所示的运动参数面板。

图 6.9-6　运动面板参数

该运动面板下有两个主要的按钮,一个是"参数",一个是"轨迹",单击"轨迹"按钮,可设置场景中的物体对象沿着某个轨迹线路运动,单击"参数"按钮,通过设置其中的参数,可使物体对象按某种控制器的约束运动,控制器主要有3类,即位置、旋转、缩放。

2. 指定动画控制器

3ds Max 提供了两种应用动画控制器的方法,第一种方法是通过单击⊚按钮打开运动命令面板,单击"参数"按钮,展开"指定控制器"卷展栏,窗口中"变换"项目组下有位置、缩放、旋转等子项,可任选一项,单击■(指定控制器)按钮,打开对应的指定控制器对话框。用鼠标指针选中某项后单击"确定"按钮,即可在下一步该控制器的参数面板中设置。

选择和进入控制器的第二种方法是打开轨迹视图,用鼠标指针在左部的项目窗口中右击其中的一项,在弹出的快捷菜单中选择"指定控制器"命令,将打开相应的控制器选择对话框。

例 6.17 环视民居。

(1) 自行建立或调入制作好的"民居.max"文件,场景效果如图 6.9-7 所示。

图 6.9-7 民居场景

(2) 在创建面板中单击图形按钮🕞,单击"圆"按钮,在顶视图中画一圆,将房屋对象圈住,并在前视图中将圆上移至房屋对象中部高度。

(3) 在创建面板中单击摄像机按钮🎥,单击"目标"按钮,在前视图中,画一目标摄像机,方向对准民居。

(4) 在命令面板中单击运动按钮⊚,单击"参数"按钮,在"指定控制器"卷展栏中,选择"位置",并单击"指定控制器"按钮■,打开指定位置控制器对话框,选择"路径约束",单击"确定"按钮。

(5) 在"路径参数"卷展栏中,单击"添加路径"按钮,单击场景中的"圆"图形。可以在"路径参数"卷展栏下方设置轴向为 Y 轴,适当调整其他参数,使得摄像机始终面向房屋对象。

（6）单击透视图，按 C 键，将透视图切换为摄像机视图，单击时间配置按钮[⚙]，打开"时间配置"对话框，在"播放"参数组中，选择"1/4x"，单击"确定"按钮。单击播放按钮[▶]，观看环视民居效果，如图 6.9-8 所示。

图 6.9-8　环视民居效果

6.9.3　reacter 动画

reactor 是 3ds Max 的一个插件，很早就集成到 3ds Max 系统中。它原由 Havok 公司开发，专门用于动力学效果的表现，可对场景中的三维对象模型定义物理属性、外力，主要支持刚体、软体、柔体和液体的模拟等。

1. reactor 工具栏

reactor 工具栏在 3ds Max 2010 的工作界面中以隐式方式存在，要应用该工具栏的项目，可显式调出。方法是：右击主工具栏的空白处，在打开的快捷菜单中单击 reactor 命令，该工具栏中按钮主要作用为：快速创建约束和其他辅助对象；显示物理属性；生成动画及实时预览，如图 6.9-9 所示。

图 6.9-9　reactor 工具栏

工具栏中大多数按钮在场景中运用时，会在视图中产生辅助图标。其中前面的 5 个按钮应用最多,分别如下。

(1) ![刚体集合图标] 刚体集合图标,刚体物体会抵抗外力,产生碰撞效果。

(2) ![织物集合图标] 织物集合图标,织物具有飘动的特性,柔软光滑。

(3) ![软体集合图标] 软体集合图标,软体在外力作用下会变形,外力消失后又能复原。

(4) ![绳索集合图标] 绳索集合图标,绳索在牵拉时有一定的弹性,但不能压缩。

(5) ![变形网格集合图标] 变形网格集合图标,网格物体在外力作用下,同样也会变形。

2. 命令面板

设置 reactor 属性和制作 reactor 动画主要是通过命令面板进行,在创建面板下单击辅助对象按钮![按钮],在下拉列表框中选择 reactor,则打开 reactor 设置面板。另外,在创建面板下,单击空间扭曲按钮![按钮],在下拉列表中选择 reactor,也有一个是用于“水”对象设置的空间扭曲按钮,如图 6.9-10 所示。

命令面板的修改器列表中有 3 个 reactor 修改器,分别是 reactor Cloth(布料)、reactor Rope(绳索)、reactor SoftBody(软体)。而最为重要的部分是单击工具面板按钮![按钮],在工具卷展栏中,按下 reactor 按钮,如图 6.9-11 所示。于是新增 7 个卷展栏,其中“预览与动画”卷展栏中可生成 reactor 动画,“属性”卷展栏中可设置对象的物理属性。

图 6.9-10　reactor 属性

图 6.9-11　reactor 面板

例 6.18　软体的模拟。

设置软体时,要求对场景中的对象先加载软体修改器,再添加软体集合,使其具有软体的属性。软体的特点是在外力的作用下会产生变形,外力撤去后软体则会自动复原。

(1) 单击创建面板上的几何体按钮![按钮],在下拉列表中选择“标准基本体”,单击“平面”按钮,在顶视图中创建一个平面。

(2) 同样,单击“球体”按钮,在顶视图中创建一个小球体;单击长方体,在顶视图中画一长方体,长方体的长宽高的分段数均为 5,也可以使分段数更多一些。选择前视图,单击主工具栏中的![按钮]按钮,用鼠标向上拖动球体,使得球体在最上方,长方体在中间,平面在最下方,如图 6.9-12 所示。

(3) 选择长方体,单击命令面板上的![按钮]按钮,切换到修改面板,在修改器下拉列表中选择 reactor Softbody 修改器,有两个参数卷展栏,分别是属性卷展栏和约束卷展栏。在属性卷展栏中有质量、摩擦力、阻力和避免自交叉等,此处可勾选避免自相交。

(4) 右击主工具栏的空白处,在打开的快捷菜单中单击 reactor 命令,调出 reactor 工具栏,再选择长方体,单击 reactor 工具栏上的软体集合按钮▓,视图中会出现对应的附属图标。

(5) 选择球体和平面两个对象,单击 reactor 工具栏上的刚体集合按钮▓,将球体和平面加入到刚体集中。

(6) 单击工具面板按钮▨,单击 reactor 按钮,再单击"属性"卷展栏,打开属性栏,选择前视图中上方的球体,设置质量为 10,摩擦力、阻力可用默认值。再选中场景中的平面,设置质量为 0,防止它在动画演示过程中产生下坠。在模拟几何体参数组中,可单选"凹面网格"选项。选中长方体,设置质量为 5。

(7) 单击 reactor 工具栏上的预览与动画按钮▨,按 P 键,可看到软体演示变形的效果,如图 6.9-13 所示。

图 6.9-12　场景前视图　　　　　　　图 6.9-13　软体演示效果

6.10　3ds Max 与 VRML 的数据交换

与 VRML 复杂的程序指令相比,3ds Max 是一种快捷的建模应用软件,对于一个在 3ds Max 中创建的三维场景,用户可以直接将其导出到 VRML 语句中,同样也可以将 VRML 中编辑的模型对象导入到 3ds Max 中,从而完成 3ds Max 与 VRML 之间的数据交换。

1. 将 3ds Max 的场景导出到 VRML

3ds Max 的场景可以通过导出操作,直接导出为 .wrl 格式的文件,然后再通过 VRML 编辑进行加工和修改。

例 6.19　3ds Max 场景导出到 VRML。

(1) 自行建立或调入制作好的"民居.max"文件。场景效果如图 6.9-7 所示。

(2) 单击▨按钮,单击"导出"→"导出从当前 3ds Max 场景导出外部文件格式",打开"选择要导出的文件"对话框,在"保存类型"下拉列表中,选择 VRML97(∗.wrl)。并在文件名栏中给文件命名为"民居",单击"保存"按钮,打开"VRML 导出器"对话框,保持对话框中的默认参数不变,单击"确定"按钮。

(3) 选择已经导出的"民居. wrl"文件,使用 BS contact VRML 浏览器打开,效果如图 6.10-1 所示。

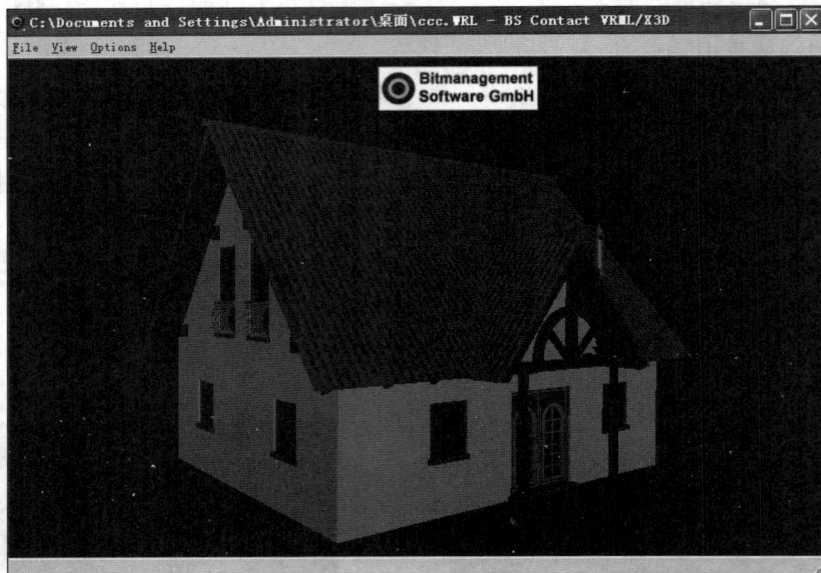

图 6.10-1　VRML 浏览器效果图

2. 将 VRML 的模型导入到 3ds Max

将 VRML 编辑的场景模型同样可以导入到 3ds Max 中进行再次编辑加工,以便进一步完善场景效果。

例 6.20　VRML 模型导入到 3ds Max。

(1) 单击◉按钮,单击"重置",使 3ds Max 系统恢复为初始状态。单击"导入"→"导入将外部文件格式导入到 3ds Max 中",打开"选择要导入的文件"对话框。

(2) 在"保存类型"下拉列表中,选择 VRML97(＊. wrl)。并通过"查找范围"中的下拉列表找到. wrl 格式文件的存储位置,选中该文件,单击"打开"按钮。完成导入过程。

3. 数据交换过程的不足

在 3ds Max 与 VRML 相互之间的数据交换过程中,依然存在一些不够完善的地方。有以下几个方面。

(1) 3ds Max 与 VRML 的制作单位不匹配。

(2) 对于 VRML 来说,3ds Max 的建模物体对象过于精细,以致转换到 VRML 文件中以后数据量比较大。

(3) VRML 中的许多简便建模方法在 3ds Max 中不成立。

(4) VRML 中的许多行为、事件,在 3ds Max 中无法实现。

(5) 3ds Max 中的丰富材质与贴图不能完全导出到 VRML 场景中,但是 VRML 中的模型材质可以导入到 3ds Max 中。

思 考 题

1. 在 3ds Max 中,复制对象有哪些方式? 试举例说出 3 种以上的方法。
2. 常用修改器和高级修改器相比,各自的特点是什么?
3. 试述 mental ray 插件的作用。
4. 试述焦散的特点和作用。
5. 试述 3ds Max 2010 系统中灯光的类型,阐述太阳光和日光各有什么特点。

第 7 章　虚拟现实制作工具 Cult3D

7.1　Cult3D 概述

Cult3D 是瑞典 Cycore 公司的一个面向电子商务的交互三维软件，主要应用于主流操作系统和应用程序的交互三维渲染。使用 Cult3D 技术，用户可以在线浏览、观察可交互的三维产品模型，同时 Cult3D 文件可以应用于网页、Office 文档、Acrobat 文档以及支持 ActiveX 的开发语言，如 VB 等。

该软件对于协助电子商务提高销量，增强销售时的产品描述效果以及做好售后服务等方面具有很大的帮助和潜力。它在低带宽的连接上提供了高品质的渲染技术，而这对于电商公司的开拓和扩展市场运作具有非常重要的意义。目前，主流电子商务网页仍然以二维的图片展示商品，客户很难通过图片了解更多的商品信息，如果借助该软件的开发，用户仅通过鼠标就可以在网络上旋转和缩放 Cult3D 制作的产品模型，并可从任意角度观察；通过单击模型的功能按钮就可以开启产品的部件、移动部件、在显示/菜单系统中漫步，还可以倾听优美的音乐和清晰的解说，具有非常诱人的前景。

7.1.1　Cult3D 技术特点与应用

1. 技术特点

2002 年 Cycore 公司发布了 Cult3D 的最新版本 Cult3D 5.3，该版本提供了一系列更方便的交互特性，制作更容易，下载速度更快。在新版本中的主要性能指标都获得了较大的提高，特点也更加突出，具体简介如下。

（1）Cult3D 支持世界上的主流三维建模工具，如 Autodesk 公司的 3D Studio Max、Maya 等；同时 Realviz 公司专为 Cult3D 开发的 Image Modeler 软件，可将平面图像转换为三维模型。

（2）使用 Cult3D 的设计工具，可以轻松地给复杂的产品添加交互动作，使用户更方便观看产品的内部结构、使用性能等。

（3）Cult3D 的内建产品配置特征，极大地方便了用户自主地开发三维产品配置和解决方案。例如，用户可以选择一个房间，然后往里面添置家具并浏览三维的最终效果。同样，也可以用于网络虚拟试衣间的解决方案。

（4）Cult3D 支持标准的后端系统和数据库界面，允许产品配置人员在线实施并和现有的数据库连接。产品属性、选件和价格的改变都可以立刻在页面上显示,并且这些用户配置可以存储到数据库中以供后来的用户参考。

（5）Cult3D 利用多重信息简化和压缩技术来降低 Cult3D 的文件大小,使其作品对象占有空间非常小,适于低带宽的连接。

（6）Cult3D 文件可以直接嵌入到 HTML 页面、微软办公系列和 PDF 文档中。

（7）Cult3D 是一种基于软件的渲染引擎,可以在多数的主流平台上运行,并且在所有的平台上都保持很高的渲染速度和品质。

（8）Cult3D 使用 Java 编写的引擎,可以调用 Java 的类(class)来实现只有在 Java3D/GL4Java 中才能表现的效果——实时阴影、顶点级动画(Vector)、矩阵级动画(Matrix)、碰撞检测(Collision Detection)。

（9）系统支持 Cult3D 对象和 JavaScript 之间进行通信。开发者可以使用熟悉的 Web 用户界面,如按钮和下拉列表框控制 Cult3D 对象的外观和行为。同样地,Cult3D 对象可以被设定为接受 JavaScript 事件,如当一个对象的某些部分被用户单击的时候可触发动作。例如,单击冰箱的门,门就打开,用户可观看内部情况。

（10）Cult3D 软件支持高质量的输出效果。Cult3D 支持光线贴图、环境贴图,这意味着人们可以做出真实的物体细节。值得夸耀的是,Cult3D 并不需要图形图像加速卡,因为这方面全是由软件控制的。通过和 Java 结合,可以做出复杂的材质变化效果,如半透明、折射、镜面反射甚至模拟光线跟踪(Ray Tracing)等,而且 Cult3D 还内置了一个粒子生成器(尽管该功能目前还不是很完善)。

2. Cult3D 的主要应用领域

1）电子商务和电子交易

Cult3D 可以帮助用户在线买卖商品。因为在电子商务买卖过程中,人们是通过虚拟网络来了解商品对象的,传统方式中,卖方以二维图片展示商品,很难使顾客掌握更多信息,而如果采用三维可交互方式全方位地展现一个商品对象,具有二维平面图像不可比拟的优势。可以想象,如果企业以三维形式在网上发布产品,不仅可全方位展现产品外形,还可以互动操作,演示产品的功能和操作,并充分利用互联网的优势来高速、快捷地推广公司的产品。对于网上电子商务而言,如果顾客对产品有更加全面的认识和了解,那么决定购买的概率必将大幅度增加,这就为销售者带来更多的利润,同时也提高了用户的满意度。

2）产品和销售展示

Cult3D 可应用于发给潜在客户的产品介绍 Office 文档或者 PDF 文档中,能增加潜在客户对产品的认知程度和产品的演示效果,更快地达成客户合作。目前,很多产品推销依靠纸制媒体或平面效果图形,很难使客户体验产品的真实感。例如,在房地产销售展示中,使用 Cult3D 实现网络上的 VR 展示,只需构建一个三维场景,人们就能够以第一视角在其中穿行。场景和控制者之间能实时交互,可为虚拟展厅、建筑房地产虚拟漫游展示提供解决方案。

3）娱乐、游戏

Cult3D 可应用于在线游戏和娱乐中,增加游戏的交互性和三维特性。娱乐游戏业今后是一个巨大的社会市场。相对现在而言,动态 HTML、Flash 动画、流式音视频等技术已经广泛应用于娱乐性网站,但大多是平面效果。三维技术的引入不仅将带来新一轮的视觉冲击,而且会使在线娱乐方式发生质的变化。游戏公司除了在光盘上发布 3D 游戏外,还可以在网络环境中运行在线三维游戏。利用互联网的优势,覆盖面可以迅速扩大。

4) 教育与传媒

在现代教育中,建设实体的实验室需要很高的成本,于是可进行虚拟实验室的搭建,对特殊的物理模型以及运动效果进行模拟。同样,Cult3D 制作的交互场景效果,特别是在表现一些空间立体化的知识,如原子、分子的结构、机械运动时,三维的展现形式可使学习过程形象化,学生更容易理解和掌握。许多实际经验表明,往往"做比听更能表达和接受抽象的信息",使用具有交互功能的 3D 课件,可以让学生在实际的动手操作中得到更深刻的体会。对计算机远程教育系统而言,引入 3D 模型内容必将达到很好的在线教育效果。Cult3D 在传媒领域同样也具有独特的作用。

7.1.2　Cult3D 的系统组成与设计流程

1. Cult3D 系统组成

Cult3D 系统由 3 个程序模块组成,分别如下。

(1) Cult3D Exporter(输出器)插件,该插件有两种,分别为支持 3ds Max 的插件和支持 Maya 的插件,主要功能是将 3ds Max 或 Maya 制作的三维模型导出为扩展名为.c3d 的格式文件,便于 Cult3D 的设计器进行加工,添加事件和行为,实现交互功能,以及其他如动画、声音等。

但是,Cult3D Exporter(输出器)插件的不足之处也很明显,目前的最新版本仅仅支持 3ds Max 的 R6、R7、R8 等,而 3ds Max 的版本更新很快,所以 Cult3D 输出器在某些性能方面与用户的期望还有些距离。

(2) Cult3D Viewer(查看器)插件,该插件支持 IE 等浏览器以及 Office、Acrobat 等查看 Cult3D 作品并展示其交互性能,适用于 Windows 系列操作系统。

(3) Cult3D Designer(设计器),该模块文件系 Cult3D 系统的核心部分,它通过导入扩展名为.c3d 的格式文件,可以将三维模型作进一步加工,从而添加交互功能,并可保存为 Cult3D 的工程文件,其扩展名为.c3p 的格式文件,还可以保存为面向 Internet 的文件,其扩展名为.co,可供 IE 浏览或其他软件嵌入使用。

2. Cult3D 设计流程

Cult3D 系统由 3 个程序模块构成,工作时,先由 Cult3D Exporter(输出器)插件将 3ds Max 或 Maya 制作的三维模型导出,生成 * .c3d 文件,然后由 Cult3D Designer(设计器)加工,给 3D 模型添加交互功能,再由系统生成 * .co 文件,同时生成 HTML 文件,这时可通过 Cult3D Viewer(查看器)插件在 IE 上浏览 Cult3D 制作的作品效果。设计流程如图 7.1-1 所示。

7.1.3　Cult3D Exporter 输出器

Cult3D 软件本身基本没有 3D 建模能力,3D 模型必须通过第三方的三维建模软件

图 7.1-1　Cult3D 设计流程

来建模,这些软件主要是 3ds Max、Maya 和 Image Modeler 等。三维模型或动画的最后输出需要借助 Cult3D 的输出器,将模型导出为 * . c3d 文件格式,供 Cult3D 设计器使用。在利用 Cult3D 的输出器进行格式输出时,应该注意 Cult3D 输出器所对应的软件类型(3ds Max 和 Maya)和软件的版本。

Cult3D Exporter 输出器的有关操作,也是 Cult3D 系统设计操作的第一步。

1. Cult3D 支持的 3D 模型的属性

通常 3D 建模工具软件功能很强,运用建模软件制作的一个完整的三维场景会包含诸多信息元素。

(1) 几何体模型结构:这使人们直接能够观看到的三维几何体的存在、形状、空间位置。

(2) 材质,贴图:材质赋予了几何体的表面属性,贴图表现出物体表面的纹理结构和颜色效果。

(3) 灯光:如同现实世界中的灯光,灯光照亮了场景,反映了物体对象的明暗效果。

(4) 摄像机:在三维场景中,人们通过虚拟的摄像机"看"世界。摄像机的位置决定了人们看物体对象的角度,看物体的角度不同,看到的景象也不同。

(5) 动画:即物体随时间在空间坐标的持续变化。

但 Cult3D 系统不能完全支持建模工具软件构建模型的所有属性,主要表现在以下几个方面。

(1) 几何体模型结构。

Cult3D 仅支持多边形结构的几何模型,对于其他结构的几何体模型都将转化为多边形结构,因而 3D 模型最好应用多边形方式建模。另外,建模过程中,如果有太多的多边形,会影响到 Cult3D 作品在网络上的下载时间和演示速度,因此最好能够控制多边形的面数,即建模时要尽量优化几何体的结构。Cult3D 在导出时,会遵循 3ds Max 建模时的单位设置。

（2）材质、贴图和纹理

Cult3D 系统支持的最大纹理贴图为 2048×2048 像素，如果贴图面积大于该值，则系统在导出时会自动缩减至该数值。另外，如果调节贴图的平铺参数，则必须是 2 的 n 次方。

Cult3D 只支持 3D Studio Max 的 Standard（标准）和 Multi/Sub-Object（多重子对象）材质类型。

Cult3D 支持的材质属性参数如下。

① Diffuse color（直接光色）：在没有表面直接光贴图的情况下，直接光色决定了物体表面的颜色。

② Ambient color（环境光色）：环境光对物体表面的整体影响。设置某种颜色的环境光色使物体处于那种色光氛围中。默认是没有环境光的（纯黑）。

③ Specular Color（高光色）：物体的高光部分表现出的颜色。

④ Opacity（透明）：物体的透明度。

⑤ Shininess（高光）：物体表面反射光线的面积强度大小。

Cult3D 支持的贴图类型如下。

① Diffuse map（直接光贴图）：直接覆盖在物体表面，将直接光色覆盖。

② Reflection map（反射贴图）：只能是指定的位图，不能是自动反射贴图。

③ Bump map（凹凸贴图）：可以表现物体表面的凹凸纹理。

注意：反射贴图和凹凸贴图两者不能在一个材质上同时使用。

（3）着色方式。

Cult3D 的着色模式是在最后 Cult3D 输出选项面板里设置。Cult3D 支持的着色（shading）模式有以下几种。

① Gouraud：默认的着色模式，适合于大多数情况。

② Phong：具有最好的画面生成质量。使用 bump（凹凸）贴图时需要选择此种着色模式。

③ Flat：忽略几何体面的光滑组，显示的物体表面是棱角分明的。

④ Constant：忽略灯光对物体表面的影响，物体表面是完全自发光（Self-Illuminated）的，没有明暗效果。

（4）灯光。

Cult3D 系统目前还不支持 3ds Max 的自定义的灯光效果，默认的灯光是照亮摄像机正前方向。

（5）摄像机。

Cult3D 可以保存多架摄像机位置、方向、运动关键帧。但在同一时刻只能有一架摄像机被激活。通过在 Cult3D Designer 中用 Select Camera Action 切换摄像机。

（6）动画。

Cult3D 支持从三维程序中建立的变换动画和节点动画。

① 变换动画：变换动画是物体在空间坐标中的位移、旋转、缩放动画。

② 节点动画：多边形网格对象的基本单元由面构成，面又由节点位置决定，三点构成一个面。节点动画是建立在这些节点层次的单独运动，其结果是改变一个物体的表面

形状。由于节点动画要记录每个节点的关键帧位置变化,需要记录的信息量比一般变换动画多得多,造成文件增大,所以要慎用。

3ds Max 运用了 FFD、skin、taper、twinst、骨骼变形系统等编辑修改器后生成的动画是节点动画。

2. 3D 模型导出应用

由于 Cult3D Exporter 输出器的最新版本只能支持 3ds Max 的 R6、R7、R8 等版本,因此在本章节的应用中,采用了 3ds Max 7 作为三维建模的工具软件,下面通过一个实例应用来说明 Cult3D Exporter 输出器将一个 3ds Max 导出为 ∗.c3d 格式文件的全过程。需要注意的是,实现 ∗.c3d 文件的输出时,必须是已经正确安装了 3ds Max 7 和对应的 Cult3D Exporter 输出器插件。

例 7.1 3D 模型导出。

(1)启动 3ds Max 7 文件,打开"石膏头像.max"文件,或自建一个石膏头像模型,如图 7.1-2 所示。

图 7.1-2 3ds Max 石膏头像模型

(2)单击"文件"→"导出"菜单命令,打开"选择要导出的文件"对话框,在"保存类型"中选择 ∗.c3d 文件格式,如图 7.1-3 所示,单击"保存"按钮。

(3)接着弹出 Cult3D Exporter 对话框和 Viewer 预览视图。Cult3D Exporter 对话框的左边是树状视图,分别为 Header、Background、Materials、Nodes、Textures 等各个对象,用户可以选择整体,也可以选择单个个体来查看。右边为参数设置窗口,当在左边选择了某个对象时,右边就显示对应的参数。例如,单击左侧的 Header,右侧显示对应参数,如果是第一次输出对象,会要求填写作者名和组织名,如图 7.1-4 所示。

(4)同样选择 Background,在参数对话框中可以设置 Viewer 预览视图的背景颜色。选择 Materials 时,可以设置模型材质的 Shading Type 参数,即输出 Cult3D 的着色模式。

图 7.1-3　导出 ＊.c3d 文件

图 7.1-4　Header 参数对话框

（5）单击 Nodes，左边界面中展开多个视图模式按钮，选择其中一个，可以在 Viewer 预览视图中切换，从不同方向查看 3D 模型的上、下、左、右等各个方面，如单击 Lift View 时，Viewer 预览视图如图 7.1-5 所示。

而 Nodes 的参数有 3 个选项卡，General 选项卡中提供了有关通过 Export 制作而成的物体模型的一般资料，可以设定 Animation 和 Visibility；Camera 选项卡中显示场景内的 Camera 的资料，可以设定摄像机的角度；Mesh 选项卡中可对各个模型进行设定，可以使多边形（polygon）的数量最优，可以设定使模型自身发生变化的动画场景。

（6）单击左边的 Texture 对象按钮，在右边的窗口中可以对材质的大小和质量进行调整，即把空间容量优化调整到最小。

当每次调整了参数以后，都要单击对话框下方的 Apply 按钮，以保证参数的设置有

图 7.1-5 Viewer 预览视图

效,全部参数设置完毕,单击 Save 按钮,完成 max to ＊.c3d 的转换。

7.2 Cult3D 设计器

Cult3D Designer 设计器是 Cult3D 系统功能的主要部分,它可以导入其他软件制作的 3D 模型,给三维模型对象添加互动元素。由于该软件采取的基本操作是以拖曳放置图标的方式,非常简单地就可以安排事件的顺序和层次,因而极易学习掌握。

7.2.1 Cult3D 界面

安装完 Cult3D Designer 5.3 后,启动运行后界面,如图 7.2-1 所示。菜单栏上共有 6 个菜单项按钮,分别是文件(File)、视图(View)、工具(Tools)、窗口(Windows)、预览(Preview)和帮助(Help)。屏幕可划分为 6 个主要子窗口,左边分别是场景窗口、行为窗口,下方是对象属性窗口,中间是事件规划窗口,右边是演示窗口、右边下方是事件窗口。

菜单项命令功能简介如下。

1. File 菜单

File(文件)菜单下的命令主要用于增加一个新的 ＊.c3d 文件、开始新的项目和保存项目以及最终输出成能发布的 ＊.co 文件。

(1) Add Cult3D Designer file(添加 Cult3D 设计文件):单击此命令可以打开一个后缀为 c3d 的原始文件。＊.c3d 文件可由 3ds Max 或 Maya 软件中导出,或由 ImageModeler 软件生成。

(2) Remove Cult3D Designer file(移去 Cult3D 设计文件):顾名思义就是把后缀为

图 7.2-1 Cult3D Designer 5.3 界面

*.c3d 的图形文件从场景中清除。

(3) Synchronization(同步)：此命令可以把一个或多个项目文件中的对象、纹理、背景、材质进行同步控制。

(4) New Project(新项目)：开始一个新的项目。

(5) Load Project(载入项目)：载入曾经保存过的项目文件,此时的项目文件可以是没有或已经给场景中的图形文件设置了事件和行为的文件。可以随时打开继续编辑或输出后缀为.c3p 的工程文件。

(6) Save Project(保存项目)：保存项目,以便继续编辑。

(7) Save Project as(保存项目为)：以其他文件名保存此时的项目文件。

(8) Save Internet file(保存为互联网文件)：此命令可以把一个项目,也就是最后的作品保存为能在互联网上发布的特定文件,后缀是.co 的文件。

(9) Preferences(属性)：此命令可以设置项目文件,如.c3d 文件、.co 文件、声音文件、Java 文件和纹理文件的存放目录。还可设置 Event Map(事件)窗口的背景、文字等颜色。

(10) Recent File(最近的文件)：此命令可以快速打开最近使用过的文件。

(11) Exit(退出)：退出 Cult3D Designer 软件。

2. View(视图)菜单

View(视图)菜单主要显示或隐藏各种相关窗口。

(1) Scene Graph(场景图形)：用于放置 Cult3D 的场景文件。

(2) Properties(属性)：用于显示场景文件的各种属性,如移动、旋转等。

(3) Events(事件)：用于给图形文件添加各种事件控制,如利用鼠标和键盘来控制。

(4) Actions(动作)：用于给图形文件添加各种动作,如使图形文件移动、旋转、动画和改变纹理等。

(5) Java Actions(Java 动作)：可以用 Java 程序来进一步设计图形文件的动作。

（6）Resources（资源）：包括图片等各种资源，以便于设计中使用。

（7）Sounds（声音）：可以为图形文件施加声音。

（8）Cursors（光标）：可以为场景选择新的光标。

（9）Expressions（表达式）：可以用表达式控制图形文件。

（10）Manipulator（操纵器）：可以改变 XYZ 的参数来移动、旋转和缩放图形。

（11）Toolbar（工具栏）：显示 Cult3D 软件的工具栏。

（12）Status Bar（状态栏）：显示场景中的具体操作情况。

3．Windows（窗口）菜单

Windows（窗口）菜单主要用来排列事件窗口和默认摄像机窗口。

（1）Cascade（层叠）：事件窗口和默认摄像机窗口呈上下叠加排列。

（2）Tile（平铺）：事件窗口和默认摄像机窗口呈上下或左右并排排列。

（3）Arrange Icons（重排图标）：以图标形式重新排列。

4．Preview（预览）菜单

主要用于预览给图形施加事件和动作后的效果。

（1）Run（运行）：开始预览。

（2）Stop（停止）：停止预览。

5．Help（帮助）

（1）Register（注册）：单击该命令，打开对话框，可以进行软件注册。

（2）About（关于）：对软件进行版本、公司、网站主页等基本情况介绍。

7.2.2　子窗口功能简介

作为 Cult3D 系统操作的主要工作区域，6 个主要子窗口提供了事件和行为元素，以及事件设置的环境空间、演示空间等，简介如下。

1．场景窗口

场景窗口（Scene Graph）由节点和节点分支构成，包含了 Cult3D 场景文件的所有元素，如图 7.2-2 所示。

该窗口中可以进行添加、删除、重命名、选择等操作，也可以在场景中选择并重新排列元素。场景图中各节点部分元素的意义简介如下。

（1）标题：这是一个文件标志，一般可用于指定创作者和项目名称。该标志中显示了当前场景中的所用资源，同时它也是窗口中其他元素的开端。

（2）根节点：列出了场景中所有的几何物体，包括网络元素、摄像机和粒子系统等。

图 7.2-2　场景窗口

（3）名称选择集：可与许多单独物体作用的动作一起作用。

（4）材质：列出了场景中定义的材质，利用它可以编辑材质属性。

（5）纹理：包括在场景中一系列可用贴图的设置，并且能够添加新的纹理贴图。

（6）世界：该节点可以配合 Actions 窗口中与场景相关的事件，与外部的 *.co 格式文件建立连接。

（7）声音：显示场景中所有可用的声音素材。Cult3D 设计中支持 *.wav 和 *.mid 文件格式，使用它来载入、选择和预览场景中的声音文件。

（8）表达式：包括场景中所有可用的表达式，表达式用于通过数值或等式来改变一个物体的属性。

（9）光标：用于载入和选择光标类型，在其他光标编辑工具中创建自己的光标，然后在此引入。

（10）工具提示：当鼠标在物体上时，激活显示的文字。"提示"可用于标记物体或为用户提供额外的提示。

（11）Java 动作：用于在设计工具中增加选择 Java 功能，Java 可用于扩展 Cult3D 的交互等功能。

（12）在场景图的上方是一个空的下拉菜单，列出了所有根节点下的元素，利用这一点可以简化定位场景图中的元素位置。单击靠近窗口的箭头，可以看见场景中所有按字母顺序排列的元素。通过按下字母键，可以自动优先选中最先匹配的项目，通过按向上和向下键可以滚动这些按字母顺序排列的元素。

2. 动作窗口

动作窗口（Actions）默认位于屏幕的左侧，场景窗口的下方，如图 7.2-3 所示。

此窗口中包括了各种行为图标，可将其拖曳到事件地图（Event Map）窗口与各事件进行连接，以控制场景对象。主要行为图标意义如下。

（1）对象运动：用于对物体和摄像机进行变换操作。

① 复位：重置一个物体的移动和旋转到原来的初始位置。

② 队列动作：设置对象连续动作。

③ 停止队列动作：设置对象停止连续动作。

④ 旋转 XYZ：在一定的时间旋转物体到特定角度，也可设置成持续旋转。

图 7.2-3　动作窗口

⑤ 旋转对齐：控制一个物体的旋转方向，使其一个方向轴时刻指向一个物体，当目标物体改变位置时此物体也随之改变方向。

⑥ 平移 XYZ：在一定时间移动物体到特定位置，也可设置成持续移动。

⑦ 缩放 XYZ：设置对象物体在 X、Y、Z 轴上的缩小与放大。

⑧ 动画播放：播放在三维建模软件中已建立的动画（旋转和移动）。

⑨ 动画"跳转"：跳转到在三维建模软件中已建立动画的特定时间和位置。当设定的持续时间大于 0 时，建立从当前时间状态到特定时间的过渡动画。

⑩ 停止：停止在播放的动画过程（由行为引发或物体本身的动画）。

（2）交互：用于控制场景对象的交互性。

① 鼠标—控制球：在窗口中拖动鼠标时旋转或移动物体。可以设置鼠标特定键的功能、旋转轴或移动方向。默认是左键旋转物体，右键拉远、拉近物体，两键同时按下时则可以移动物体。当作用对象是摄像机时能实现控制视图的导航。

② 鼠标—扩展：可以 360°转动物体（或摄像机），也可以平移和远近拉伸。

③ 鼠标/键盘—导航：使用鼠标/键盘在场景漫游。

（3）节点层级动画：控制网格物体的节点类型动画。

① 节点动画播放：播放物体在三维建模软件中建立的节点运动动画。

② 节点动画"跳转"：播放到特定时间点位置的节点动画。当持续时间为 0 时是跳跃到该时间状态，当持续时间大于 0 时，建立到该时间点状态的变形动画。

（4）摄像机：用于控制摄像机的切换和显示模式。

① 选择摄像机：选择（切换）当前摄像机的视点。

② 立体视觉特征：把摄像机显示模式变为 Stereoscopic（立体感）模式。

（5）声音：用于控制声音的播放和停止。

① 系统提示音：播放系统的警报声。

② 播放声音：播放一个已激活的声音文件，目前 Cult3D 支持的声音类型有 *.midi 和 *.wav。

③ 停止播放声音：停止指定声音的播放。

（6）世界：用于载入和卸载世界。

① 载入世界：载入一个 Cult3D 场景。

② 卸载世界：卸载一个 Cult3D 场景。

③ 隐藏/显示世界：隐藏/显示一个 Cult3D 场景。

（7）链接：用于载入 URL 和其他 *.co 文件。

① 载入 URL：打开一个 URL 地址，可以选择目标窗口。

② 载入 CO：从一个 URL 地址载入 Cult3D 的 .co 文件。

③ 发送信息到主动作：给主程序传递字符串消息，如网页中的 JavaScript 函数。

（8）事件：用于管理事件的激活状态。

① 触发事件：用行为激活一个事件。主要用于激活自定义事件。只有当事件处于初始状态时才能引发。

② 复位视觉：重置一个事件到初始状态。

③ 激活事件：事件在当前状态可以是可用的或不可用的，不可用状态时则不能接收相应事件。用此行为将不可用事件激活为可用事件。

④ 解除激活事件：把可用事件变为不可用（解除事件），不能激活与此事件相联的动作行为。

（9）渲染：用于显示或隐藏物体，同时也用于管理背景颜色和类型。

① 设置背景：设置场景背景的颜色、纹理图案。

② 隐藏对象：如果当前对象物体是隐藏状态，就显示行为所连接的物体。

③ 显示对象：将行为所连接的物体隐藏。

④ 双线性过滤：切换（打开/关闭）纹理的 Bilinear 过滤效果。

（10）纹理：用于管理显示纹理的变化。

切换热区的个性标签：在物体表面的纹理上可以设置一个特定的区域作为热区，热区内的纹理可以替换为另一图像，该行为替换此热区的纹理。

（11）表达式：用于引发表达式或检测属性中的参数值。

① 执行表达式：执行表达式运算或检测属性中的参数值。

② 条件测试：进行条件测试。对是否满足条件做相应的分支处理。

(12) 光标/指针：设置鼠标指针；改变鼠标形状。

(13) 粒子系统：启动或关闭粒子系统。

① 开始粒子发射：打开粒子系统的释放。

② 停止粒子发射：停止粒子系统的释放。

3. 事件规划地图窗口

用于对 Cult3D 对象的各种事件进行操作，在这个窗口中可以完成大多数设计工作，如用鼠标或键盘来操作或控制对象的行为方式。几乎所有的设计操作都在此窗口进行，操作很简便，只需用鼠标把物体拖曳到相应的行为和事件上，建立相互之间的连接，如图 7.2-4 所示，窗口中列出了 Cult3D 构成接收事件时的图标布局情况。

图 7.2-4 事件规划窗口

该窗口中左侧区域内的事件图标意义如下。

(1) 世界启动：在 Cult3D 场景初始化后激活它，当一开始要自动调用的事件都应该和它建立连接。当场景引入时首先执行。

(2) 世界停止：在卸载 Cult3D 场景时激活这个事件的执行。

(3) 世界步进：场景每更新一次，此事件就执行一次，该事件主要用于需要时刻监测某状态变化并激活操作的情况。

(4) 计时器：该事件在一定时间后激活。双击该图标可设置要延的时间量。

(5) 单击对象：单击一个物体时发生。该事件必须和一个几何体对象关联(拖动一个几何体到该图标上建立一连线)。

(6) 鼠标中键单击对象：鼠标中键(可以设为同时按下左、右键)单击一个物体时发生。

(7) 鼠标右击对象：鼠标右击物体时激活该事件。

(8) 对象运动完成：当一个物体运动过程结束时激活该事件。

(9) 声音播放完成：播放的声音结束时发生。

（10）键盘按键按下：按下一个或几个键时激活该事件。双击该图标设置当按下特定的键时发生。

（11）键盘按键释放：当释放特定的键时发生。双击该图标设置释放一个或几个键激活该事件。

（12）自定义：用于特定情况下由其他事件或浏览器外部事件激发。

4. 演示窗口

演示窗口（Stage Windows）如图7.2-5所示，主要用于预览和检测Cult3D场景在施加各种行为后的正确性及其结果。

图7.2-5 演示窗口

在事件规划窗口为对象制作完所有或部分程序后，可在预览窗口查看。还可以打开"摄像机"的下拉列表，从中选择不同的视图，从各个角度观看其结果。此窗口的默认视图是"默认摄像机"，当增加了Cult3D设计文件后，其摄像机下拉列表中就会出现前视图、左视图和顶视图等视图。同时在预览窗口上方的一列工具按钮用于辅助控制物体。从左到右依次如下。

（1）R 重设所有对象放大、缩小与旋转：重设放大、缩小与旋转对象的数值为初始状态。当破坏对象的原来模样时，可以单击此按钮恢复到原来的状态。

（2）r 重设放大、缩小与旋转：重设某个对象到缩放、旋转的初始状态。

（3）R 重置所有物体到初始位置：与R类似，但该按钮将清除所有用于物体的移动操作。物体被重置到从模型文件包中输出时的位置。

（4）重置物体到初始位置：与按钮（3）类似，但是仅对应于选中物体。

（5）固定所有对象：单击此按钮会固定所有预览窗口的对象，即如果移动一个或多个对象位置，单击此按钮，就可以将所有预览窗口中的对象位置固定下来。

（6）固定选取对象：单击此按钮允许在预览窗口中锁定并选取对象。

（7）选择模式按钮：单击该按钮，可在预览窗口中选取对象，可以在Scene Graph的窗口中找到所选取的对象。

（8）对象旋转、缩放、移动状态：单击此按钮，可选择对象并拖动对象进行放大、缩小和移动等操作。如果没单击此按钮，则只能用鼠标选取对象，而不能旋转与缩放。

（9）▶ 预览开始/停止：开始预览时，单击此按钮，再次单击时结束预览。

5. 事件窗口

事件窗口如图 7.2-6 所示，主要反映事件规划窗口的各个事件，这是获取和编辑事件和事件数据而不使用事件图的一种可选方法，可以直接在此窗口编辑、删除和创建新事件。当在事件规划窗口为物体加了事件后，就会自动在此窗口表现出来，若想改变其中的事件，只需在此窗口中单击 Edit 按钮。若想改变事件的时间顺序，单击 TimeLine 按钮即可。

6. 对象属性窗口

对象属性窗口如图 7.2-7 所示，用于显示当前场景中对象的各种属性，如对象名、移动旋转的坐标位置和类型等，通过结合表达式工具和定制属性来管理场景中对象的信息。

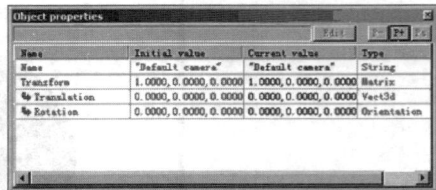

图 7.2-6　事件窗口　　　　　　　　　图 7.2-7　对象属性窗口

对象属性窗口的右上方有 4 个按钮，其意义如下。

（1）Edit（编辑）：该按钮用于编辑定制属性的参数值。

（2）P－：该按钮用于删除一个定制属性。

（3）P＋：该按钮用于添加一个新的属性。

（4）Ps：该按钮用于为已存在的属性添加一个子属性。

7. 其他工具窗口

设计工具中还有其他一些工具可以使用，通过单击 View 下拉菜单中的命令即可显示。View 菜单如图 7.2-8 所示。

这些命令的功能意义如下。

（1）Java Actions 命令：用来导入其他的 Java class 文件，在 Cult3D 中进行交互的扩充功能。

（2）Resources 命令：显示导入的资源文件，如图片、文本、网页及电影等文件。

（3）Sounds 命令：显示导入的声音文件，格式可以是 *.wav 和 *.mid 等，设计者也可以在此修改声音的属性和播放试听等操作。

图 7.2-8　View 菜单

（4）Cursors 命令：显示导入的光标文件以作链接，文件格式可以是 *.ico 和 *.cur 等。

（5）Expressions 命令：用于添加函数表达式。

（6）Manipulator 命令：用于修改物体的位移和旋转属性，更改其位置。

7.2.3　交互功能设计

给3D模型添加交互功能元素是Cult3D的特色功能,添加过程在事件规划(Event Map)窗口中进行,一般方法是首先选择菜单中的file→Add Cult3d designer file命令,将*.c3d文件导入到Cult3D系统中,可在演示窗口(Stage Windows)中查看3D模型效果,如果3D模型显示不完整,可以适当在"摄像机"的下拉列表中选择其他视图模式。编辑时,先将WorldStart图标拖放到事件规划窗口中,作为基本元素,WorldStart图标的作用好比初始化,当场景载入内存中时首先执行它,因此如果要自动调用的事件都应该和它建立连接,所以首先将它拖到事件规划窗口中。下面通过简单的实例进行说明。

例7.2　给手表添加交互事件。

(1)启动Cult3D designer,选择file→Add Cult3d designer file菜单命令,将"手表.c3d"文件导入到Cult3D系统中,在事件规划窗口中,将左侧的WorldStart图标拖放到事件规划窗口中。

(2)在动作(Actions)窗口中,选择交互(Interactivity)节点下的鼠标—控制球(Mouse-Arcball)图标拖放到WorldStart图标上,建立连线。拖放该图标时一定要在下方的WorldStart图标出现一个黑色方框时松开鼠标左键。该图标的作用是添加后,使得相关3D模型对象可以旋转、移动和缩放。

(3)在场景(Scene Graph)界面中,单击根节点(Root Node)下的WatchBody图标,拖放到Mouse-Arcball图标上,同样,当Mouse-Arcball图标出现黑色边框时松开鼠标左键,如图7.2-9所示。

图7.2-9　图标连接图

(4)在演示窗口(Stage Windows)中单击预览开始/停止按钮▶,可以使用鼠标任意旋转、移动和缩放手表模型,如图7.2-10所示。

(5)设置背景颜色,选择动作(Actions)窗口中Render节点下的Set Background,将其图标拖放到WorldStart图标上建立连线。同样,拖放该图标时,下面的WorldStart图标出现了一个黑色边框时松开鼠标左键。双击事件规划(Event Map)窗口中的Set

Background 图标，打开 Set Background action details 对话框，如图 7.2-11 所示。在该对话框中可以设置背景效果，选项包括单色（Solid Color）、纹理（Texture）、线形渐变（Linear Gradient）、径向渐变（Radial Gradient）、角渐变（Corner Gradient）和棋盘格（Checker）等多种类型。设置其中一种效果后单击 Test 按钮，可以在演示窗口（Stage Windows）中观看效果，如果满意，单击 OK 按钮，则设定背景效果。

图 7.2-10 手表模型

图 7.2-11 Set Background action details 对话框

（6）添加背景音乐，选择场景窗口（Scene Graph）中的 Sounds 节点并右击，打开快捷菜单，选择 Sound 命令，如图 7.2-12 所示。打开 Open sound files 对话框，可选择一个 ∗.wav 或 ∗.mid 音乐文件加入。

图 7.2-12 单击 Scene Graph 中的 Sounds 节点

（7）打开事件规划（Event Map）窗口，将左侧的 Left mouse click on object 图标拖放到事件规划（Event Map）窗口的工作区，这时图标更名为 ObjectLClick_1。

（8）选择动作（Actions）窗口中的 Sound 节点下的 Play Sound 图标拖放到 ObjectLClick_1 之上，拖放时下方的 ObjectLClick_1 图标出现黑色边框时松开鼠标左键。接着，再将 Scene Graph 中的 Sounds 节点下的音乐文件图标拖曳到 Play Sound 图标之上，建立连线，如图 7.2-13 所示。

（9）在事件规划（Event Map）窗口中双击 Play Sound 图标，可以打开 Play sound action details 对话框，如图 7.2-14 所示。在该对话框中可以设置声音的开始时间（Starting position）、结束时间（Ending position）和循环或重复次数。如果单击 Play 按钮，可试听当前音乐，单击 Stop 按钮，则停止播放。

（10）选择场景（Scene Graph）窗口中 Root Node 下 Watchbody 下的 Body 图标，拖

图 7.2-13　声音设置连线

图 7.2-14　Play sound action details 对话框

放到 ObjectLClick_1 图标上建立连线,Body 图标是手表模型中的表盘部分。这时在演示窗口(Stage Windows)中,单击预览开始/停止按钮 ▶。单击表盘,将听到音乐声音。

　　(11) 设置音乐停止功能。打开事件规划(Event Map)窗口,将该窗口左侧的 Right mouse click on object 图标拖放到该窗口的工作区,工作区中的图标更名为 ObjectRClick _1。选择动作(Actions)窗口中 Sound 节点下的 Stop Sound 图标,拖放到事件规划(Event Map)窗口工作区的 ObjectRClick_1 之上,建立连线。然后将事件规划(Event Map)窗口中的音乐图标(本例中为我爱北京天安门)拖放到 Stop Sound 图标上,建立连线。

　　(12) 选择场景窗口(Scene Graph)中 Root Node 下 watchbody 下的 body 图标,拖放到 ObjectRClick_1 图标上,建立连线,body 图标是手表模型中的表盘部分。完成上述操作后,事件规划(Event Map)窗口效果如图 7.2-15 所示。

　　(13) 在演示窗口(Stage Windows)中单击预览开始/停止按钮 ▶。单击表盘,将听到音乐声音。右击表盘,音乐将停止播放。演示窗口效果如图 7.2-16 所示。

图 7.2-15 手表交互设计

图 7.2-16 演示窗口效果

(14) 选择 file→Save project 菜单命令,将当前文件保存为"手表.c3p"项目文件。

例 7.3 交互式茶杯。

该实例分两步完成,第一步制作茶杯,第二步添加交互功能。

1. 制作茶杯

(1) 启动 3ds Max 7,在创建面板→几何体下单击茶壶,在顶视图画一个茶壶。

(2) 切换到修改面板,设置半径为 50,分段为 8。去掉壶盖、壶把、壶嘴的勾选项。

(3) 添加锥化修改器,设置数量为 0.8,曲线为-1.5,透视图效果如图 7.2-17 所示。

(4) 切换到创建面板→样条线,单击圆按钮,在顶视图画圆,设置半径为 62,单击工具栏中的"对齐"按钮,单击茶壶,使圆样条线与茶杯对齐,即把圆与茶杯的上方开口对齐。

(5) 选中圆,切换到修改面板,加载倒角修改器。在"倒角值"卷展栏下设置起始轮廓为0.2,级别1高度为0.5,轮廓为1.0,勾选级别2,设高度为13.5,轮廓为-61。

(6)切换到创建面板→几何体,单击球体,在顶视图画一个小球,使用工具栏的非均匀压缩工具将小圆球压缩为椭圆球,与制作的盖板先对齐,然后进行布尔并集运算,成为一体。选中制作的杯盖,在名称栏中输入中文杯盖名。最终茶杯效果如图7.2-18所示,并保存为"茶杯.c3d"。

图 7.2-17　透视图茶杯　　　　　　　　　图 7.2-18　茶杯效果

2. 添加交互功能

(1)启动Cult3D Designer,单击file→Add Cult3d designer file菜单命令,将"茶杯.c3d"文件导入到Cult3D系统中,在演示窗口(Stage Windows)中,可以看到该3D模型的效果图,如图7.2-19所示。

(2)打开事件规划(Event Map)窗口,将左侧的Left mouse click on object图标拖放到事件规划(Event Map)窗口的工作区中,这时图标更名为ObjectLClick_1。

(3)将动作(Actions)窗口中Object motion节点下的Translation XYZ图标拖放到ObjectLClick_1图标上建立连线,再在场景窗口(Scene Graph)中的Root Node节点下选择"杯盖"图标,拖放到Translation XYZ图标上建立连线。

(4)双击事件规划(Event Map)窗口中的Translation XYZ图标,打开Translation XYZ action details对话框,如图7.2-20所示。

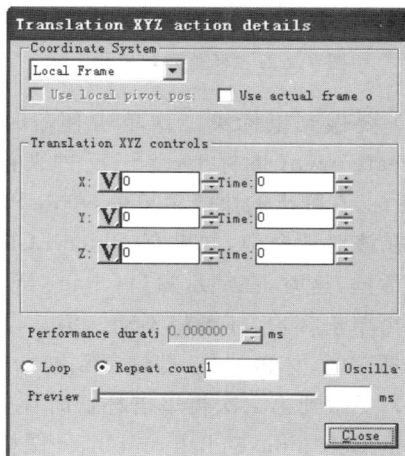

图 7.2-19　茶杯效果　　　　图 7.2-20　Translation XYZ action details 对话框

(5) 在该对话框中设置 $Z：V$ 值为 0.5。在演示窗口(Stage Windows)中单击预览开始/停止按钮 ▶。单击杯盖，会观看到杯盖弹起效果，如图 7.2-21 所示。需要注意的是，由于 Cult3D 不支持双面贴图，渲染过程中也不支持双面，因此在该效果图中，当看到茶杯内部时有破漏的感觉，如果水平旋转杯子，可以看到杯子的破损是渲染原因造成的，3D 模型是完整的。而且在 Cult3D 的用户手册中明确表明未来新版本的 Cult3D 系统将具有双面贴图的渲染功能。

(6) 在上述步骤制作的效果图中，如果第二次单击杯盖，杯盖会继续向上弹起，这种现象不符合设计者的要求，因为实际效果希望第二次单击杯盖时杯盖放下复原。为此，需要再次单击时当前鼠标左键功能失效。另外，在演示窗口(Stage Windows)中，只有单击杯盖时产生杯盖弹起效果，而不希望单击其他地方时也产生杯盖弹起效果。于是，将事件规划(Event Map)窗口中的杯盖图标拖放到 ObjectLClick_1 图标上建立连线，这样只有单击杯盖时才产生杯盖弹起效果，同时，将动作(Actions)窗口中的 Event 节点下的 Deactiveate event 图标拖放到 ObjectLClick_1 图标上建立连线，这时事件规划(Event Map)窗口中的连线如图 7.2-22 所示。

图 7.2-21 杯盖弹起效果

图 7.2-22 事件规划窗口中的连线

(7) 要做到鼠标第二次单击杯盖时失效，还要再次将 ObjectLClick_1 图标拖放到 Deactiveate event 图标上，等于反过来拖放一次，如果拖放成功，这时右击 Deactiveate event 图标，在弹出的快捷菜单中，单击 Parameters(参数)，打开 Select 对话框，如图 7.2-23 所示。在该对话框中，如果有 ObjectLClick_1 参数，表明拖放操作完成，单击 OK 按钮，关闭对话框，这时，在演示窗口(Stage Windows)中，单击杯盖，第一次有效，杯盖会弹起，第二次再单击杯盖，杯盖将不动。但从设计的角度看，依然不完美，因为人们希望第二次再单击杯盖时，杯盖复位，即恢复到初始位置。

(8) 要做到第二次再单击杯盖时杯盖复位，方法是在事件规划(Event Map)窗口中，将左侧的 Left mouse click on object 图标拖放到事件规划(Event Map)窗口的工作区中，这时图标更名为 ObjectLClick_2。与前面的操作方法相似，将动作(Actions)窗口中 Object motion 节点下的 Translation XYZ 图标拖放到 ObjectLClick_2 图标上建立连线，

图 7.2-23　Select 对话框

再在场景窗口（Scene Graph）中的 Root Node 节点下，选择"杯盖"图标拖放到 Translation XYZ 图标上建立连线。这时，因为事件规划（Event Map）窗口中有一个杯盖图标，所以第 2 个 Translation XYZ 图标会与事件规划（Event Map）窗口中原来的杯盖图标相连。

（9）双击第 2 个 Translation XYZ 图标，打开 Translation XYZ action details 对话框，在该对话框中，设置 Z：V 值为－0.5。由于 ObjectLClick_1 已经失效，这时如果在演示窗口（Stage Windows）中单击杯盖，会发觉杯盖下移了，同样办法，将动作（Actions）窗口中 Event 节点下的 Deactiveate event 图标拖放到 ObjectLClick_2 图标上建立连线，这时连线如图 7.2-24 所示。

（10）操作过程与前面一样，还要再次把 ObjectLClick_2 图标反过来拖放到事件规划（Event Map）窗口中的第 2 个 Deactiveate event 图标上，这样一个来回设置，使得 ObjectLClick_2 图标也失效了。为了不使两个鼠标操作在控制图标时产生冲突，右击 ObjectLClick_2 图标，在打开的快捷菜单中，去掉 Initial Activation 前的勾选，目的是保证在演示窗口（Stage Windows）中第一次单击杯盖时，ObjectLClick_1 的图标单击有效，如图 7.2-25 所示。

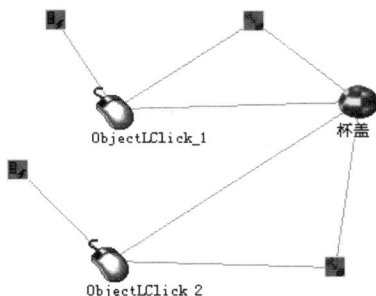

图 7.2-24　事件规划窗口中的连线　　　　图 7.2-25　快捷菜单

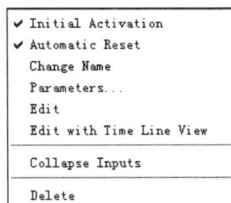

设计者希望 ObjectLClick_1 的图标与 ObjectLClick_2 图标两者间交叉有效，即第 1 次单击杯盖弹起，第 2 次单击杯盖下降复位。第 3 次单击杯盖弹起，第 4 次单击杯盖复位，如此往复。但到此为止的设计步骤中，并不能做到两个鼠标操作、轮换控制图标，需要继续设计。

(11) 将动作(Actions)窗口中 Event 节点下的 Activeate event 图标拖放到事件规划 (Event Map)窗口中 ObjectLClick_1 的图标上建立连线。再将 ObjectLClick_2 图标拖放 到该 Activeate event 图标上建立连线。

(12) 将动作(Actions)窗口中 Event 节点下的 Activeate event 第 2 个图标拖放到事件规划(Event Map)窗口中 ObjectLClick_2 的图标上建立连线。再将 ObjectLClick_1 图标拖放到该 Activeate event 的第 2 个图标上建立连线。如此操作将激活 ObjectLClick_1 图标。

经过上述步骤的设计与操作,在演示窗口(Stage Windows)中第 1 次单击杯盖,杯盖将弹起,第 2 次单击杯盖,杯盖下降复位。第 3 次单击杯盖弹起,第 4 次单击杯盖复位,如此往复。完全达到设计者的目的。

执行过程为第 1 次单击杯盖时,ObjectLClick_1 图标有效,杯盖弹起,触发了第 1 个 Deactiveate event 图标,使得 ObjectLClick_1 图标接着失效,同时也触发了第 1 个 Activeate event 图标,激活了 ObjectLClick_2 图标。反过来,第 2 次单击杯盖时, ObjectLClick_2 的图标有效,杯盖复位,接着触发第 2 个 Deactiveate event 图标,使得 ObjectLClick_2 图标接着失效,同时也触发第 2 个 Activeate event 图标,激活了 ObjectLClick_1 图标。如此反复交叉有效,完成杯盖的上下运动。事件规划窗口中的最终连线如图 7.2-26 所示。

图 7.2-26　最终连线

7.3　Cult3D Viewer 演示器

运用 Cult3D 制作的具有交互功能的 3D 作品完成后,可以直接发布到网络上,或者应用于其他的电子文档中,要使 IE 浏览器能够观看 Cult3D 制作的作品,首先需要下载并安装 Cult3D Viewer 插件,安装完成后,就可以进行交互式浏览了。

7.3.1　在网络上发布 Cult3D 作品

网络技术的快速发展,给互联网向三维空间发展带来可能。未来的网络世界将再也不是文字和图片的世界,人们可以在不久的将来,从网上看到林立的高楼大厦、喧嚣的闹市,而这一切都将得益于三维技术。可以制作三维网页的软件产品目前也有不少,如Cult3D、Viewpoint、Atmosphere、Shockwave 3D、Pulse 3D等多达几十种。其中以Cult3D最受人们的重视。因为Cult3D具有文件小、交互性能好的特点。下面通过一个实例说明在网络上发布Cult3D作品的过程。

例7.4　Cult3D作品应用于网络。

(1)启动Cult3D designer,选择菜单中的File→Load Project命令,载入"手表.c3p"项目文件。

(2)单击菜单中的File→internet file命令,打开Save Cult3D Internet file对话框,选择好路径后,设置文件名为"手表.co"后单击保存,这时将弹出Save settings对话框。如图7.3-1所示。该对话框中有对象运动(Object motions)、节点运动(Vertex motions)、声音(Sounds)、几何体(Geometries)和页面(Html)5个选项卡,在不同的选项卡下可以进行参数设置,如在几何体选项卡下可以设置压缩属性,以减小文件的容量。在页面选项卡下可以设置文件保存的路径,并可确定是否生成一个与.co文件同名的Html文件。

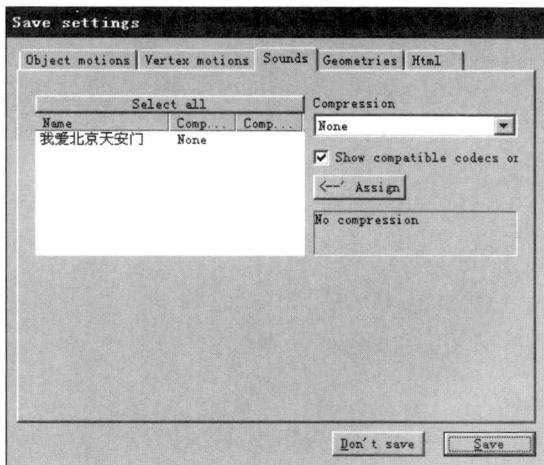

图7.3-1　Save settings对话框

(3)单击Save按钮,完成保存。接着进行网页的发布操作。实际上,可以直接打开上述步骤中保存的Html文件,也可以在网页中嵌入Cult3D的.co文件,其方法与网页中嵌入其他格式如*.swf、*.mid、*.gif、及*.wav等文件相同,即在网页中添加一段代码。编辑时,可用Windows自带的记事本或写字板编写,也可在Dreamweaver等网页编辑软件中工作。

(4)用IE浏览器查看"手表.html",可以看到Cult3D作品的网页效果,如果未能注册Cult3D软件,则网页显示时上面有未授权的标记,如图7.3-2所示。

(5)用记事本打开"手表.html"文件,可以看到代码如下。

```
<HTML>
<HEAD>
```

图 7.3-2　IE 显示"手表.html"

```
</HEAD>

<BODY>
<OBJECT ID="CultObject"
        CLASSID="clsid:31B7EB4E-8B4B-11D1-A789-00A0CC6651A8"
CODEBASE="http://www.cult3d.com/download/cult.cab#version=5,3,0,212"
        BORDER="0"
        WIDTH=308
        HEIGHT=206>
<PARAM NAME="SRC" VALUE="手表.co">
<PARAM NAME="ANTIALIASING" VALUE="0">
<PARAM NAME="PBCOLOR" VALUE="FFFFFF">
<PARAM NAME="VIEWFINISHED" VALUE="0">
<PARAM NAME="DISABLEPB" VALUE="0">
<PARAM NAME="ANTIALIASINGDELAY" VALUE="250">

<EMBED NAME=CultObject
        PLUGINSPAGE="http://www.cult3d.com/newuser/index.html"
        TYPE="application/x-cult3d-object"
        SRC="手表.co"
        ANTIALIASING="0"
        WIDTH=308
        HEIGHT=206
        PBCOLOR="FFFFFF"
        BORDER="0"
        VIEWFINISHED="0"
        DISABLEPB="0"
        ANTIALIASINGDELAY="250"
</EMBED>
```

```
</OBJECT>
</BODY>
</HTML>
```

上面的代码分为两段，一段开头用的是 OBJECT，另一段开头用的是 EMBED。用 OBJECT 开头的表明可以被 IE 浏览器识别，用 EMBED 开头的表明可被 Netscape 浏览器识别。

7.3.2　Cult3D 作品应用于 PPT

Microsoft Office 是目前应用最广泛的办公应用软件系统。而在 Office 中，PowerPoint 在教学、专题报告、产品宣传等方面具有简单易用、制作灵活的特点，深受用户欢迎。将 Cult3D 作品嵌入到 PPT 中，会起到强强合作、相互促进的作用。

系统环境说明如下。

① 在 PPT 中嵌入 Cult3D 作品需要插件，该插件与 IE 插件是同一安装包。

② 要求将 Cult3D 作品保存为 *.co 格式文件。

③ 因为 PPT 软件不同版本界面变化较大，所以在此采用 PowerPoint 2010。

下面通过一个实例表达操作的步骤。

（1）启动 PowerPoint 2010。选择"文件"→"选项"菜单命令，选择"自定义功能区"选项页，在主选项卡下勾选"开发工具"，如图 7.3-3 所示。单击"确定"按钮，关闭对话框。

图 7.3-3　"PowerPoint 选项"对话框

（2）PowerPoint 界面中增加了一个开发工具选项卡，打开该开发工具选项卡，可以看到有 4 组开发工具，分别是代码、加载项、控件和修改，如图 7.3-4 所示。

（3）单击"控件"组中的"其他控件"图标，打开"其他控件"对话框，如图 7.3-5 所示。

从列表框中选择 Cult3D ActiveX Player,单击"确定"按钮,关闭对话框。

图 7.3-4　开发工具选项卡

图 7.3-5　"其他控件"对话框

(4) 在 PPT 编辑窗口中拖画一个矩形区域,自动形成一个灰色斜纹填充。右击该区域,在打开的快捷菜单中单击"属性"命令,打开"属性"对话框。在"属性"对话框中选择"自定义",单击旁边的 ... 按钮,打开"属性页"对话框,如图 7.3-6 所示。

图 7.3-6　"属性"与"属性页"对话框

(5) 单击"属性页"对话框中的 Embed 按钮,打开 Embed Cult3D Object 对话框,调入"手表.co"文件,单击"确定"按钮,关闭对话框,完成设置。按 F5 键播放。

7.3.3　Cult3D 作品应用于 Authorware

Authorware 是美国 Macromedia 公司开发的一款优秀的交互式多媒体制作软件。

在我国,无论是专业开发人员还是非专业开发人员,都把 Authorware 作为光盘视频课件编写工具的首选。目前,Authorware 已广泛地应用在多媒体教学和商业领域的新产品介绍以及产品的模拟操作演示等方面。

　　Authorware 软件是一个图标导向式的多媒体制作工具,即使非专业人员也能很快地开发多媒体软件。它无需传统的计算机语言编程,只通过对图标的调用就可以编辑一些控制程序走向的活动流程图,将文字、图形、声音、动画、视频等各种多媒体项目数据汇在一起,从而达到多媒体软件制作的目的。Authorware 这种通过图标的调用来编辑流程图以替代传统计算机语言编程的设计思想,从某种意义上讲正是与 Cult3D 的操作模式有异曲同工之处。

　　将 Cult3D 作品应用于 Authorware 的步骤如下。

　　(1) 启动 Authorware 7,选择菜单中的"插入"→"控件"→ActiveX 命令,打开 Select ActiveX Control 对话框,如图 7.3-7 所示。这时在主流程上加入了一个 ActiveX 图标。

图 7.3-7　Select ActiveX Control 对话框

　　(2) 选中 Cult3D ActiveX Player,单击 OK 按钮。打开 ActiveX Control Properties 对话框,如图 7.3-8 所示。

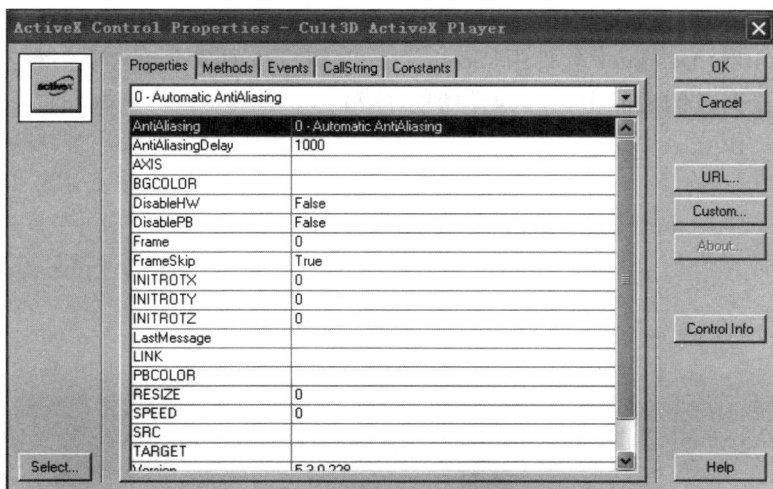

图 7.3-8　ActiveX Control Properties 对话框

（3）单击该对话框左边的 Custom 按钮，弹出"Authorware 属性"对话框，如图 7.3-9 所示。

（4）单击 Embed 按钮，打开 Embed Cult3D Object 对话框，从中可载入 ＊.co 文件。在本例中打开"手表.co"文件。单击 Filename/URL 边的按钮，打开对话框，同样将"手表.co"文件的路径加入。

（5）在流程图窗口中将 ActiveX 图标改名为 AX-co，同时从图标工具栏中拖放一个计算图标放置在 AX-co 控件图标下，如图 7.3-10 所示。双击该计算图标，输入 Callsprite (@"AX-co"，♯Loadcult3d，Filelocation^"手表.co")语句。

图 7.3-9　"Authorware 属性"对话框

图 7.3-10　流程图

（6）选择菜单中的"文件"→"另存为"命令，将编辑的 Authorware 文件保存在与手表.co 文件同一个文件夹下。单击工具栏中的"运行"按钮，演示窗口中显示可交互的手表效果。

思　考　题

1. 试述 Cult3D 的设计流程。
2. Cult3D 软件的主要功能作用是什么？
3. 在 Cult3D Designer 软件中，Scene Graph 窗口里的节点包含哪些对象？
4. 在电子商务的展品中，应该如何展示冰箱？

第 8 章　VR-Platform 12 基础

8.1　VR-Platform 入门

　　虚拟现实仿真平台（Virtual Reality Platform，VR-Platform 或 VRP）是由中视典数字科技有限公司独立研发，具有完全独立的自主知识产权，是中国第一款自主研发的虚拟现实软件，该软件打破了虚拟现实领域被国外垄断的局面，由于该软件具有适用性强、操作简单、功能强大、高度可视化、所见即所得的特点，并以极高的性价比获得了国内广大用户的喜爱，已经成为目前中国国内市场占有率最高的一款国产虚拟现实仿真平台软件。

8.1.1　VRP12 新增功能

1. 集成了增强现实技术

（1）稳定、高效的增强现实算法库：摄像机的自动标定、实时多 mark 跟踪、实时自然图片的跟踪、实时简单 3D 物体的跟踪、实时人脸面部跟踪。

（2）方便、易用的 AR-Builder 编辑器：有好的界面编辑工具、快速定制个性化 AR 案例、支持 3ds Max 和 Maya 导出动画。

（3）支持多种 AR 交互硬件：增强现实眼镜、头部跟踪器、骨骼跟踪器、红外传感系统、惯性传感系统、动作捕捉系统。

2. 无缝结合 VRP-MYSTORY 故事编辑器

（1）提供大量的精美模型库、角色库、特效库。

（2）对象化的模型操作，精美的实时渲染效果。

（3）支持直接发布各种格式的图片。

3. 支持多种工业格式数据

（1）支持模型直接从工业软件导入到 VRP 中进行编辑。

（2）支持 Maya、Pro/E、Catia、Solidworks 等。

（3）支持 VRP 模型导回到 MAX 及其他工业软件中再次修改。

4. 全新材质编辑模式。

（1）拖曳节点式的编辑模式，可编辑产生无限多种 GPU-Shader 材质效果。

（2）材质编辑人员无需掌握 GPU 显示编程原理，即可制作出所需的 GPU-Shader

效果。

(3) 支持材质库功能,包含大量的金属材质、建筑类材质、织物类材质、自然类材质,以满足各种需求。

(4) 针对美术人员的设计流程优化,提高制作效率。

(5) 支持时间动态材质效果,极大地提高 VRP 编辑器的渲染效果。

(6) 完全支持导出 DirectX 和 OpenGL 的 GPU-Shader 效果。

5. 支持实时在线烘焙

(1) 支持场景烘焙功能和贴图烘焙功能,一键更新烘焙全场景的光照贴图。

(2) 支持基于 GPU 硬件的快速烘焙技术和基于 CPU 的光线跟踪烘焙技术。

(3) 离线渲染技术与实时渲染技术友好结合,支持 VRP 中的所有灯光类型。

(4) 丰富的采样技术:均匀采样、随机采样、抖动采样、多重采样及 Hammersly 采样。

6. 支持三维的多人协作

(1) 基于事件驱动的场景制作方式,支持时间优先、主机优先的抢占式通信模式。

(2) 相机数据自动同步,场景状态同步,支持画中画相机。

(3) 场景数据自动统一,无需任何额外操作,各用户登录场景后的画面均可一致。

(4) 支持自定义标准,可以在场景中任意添加一个标注信息,并在网络上实时同步。

7. 支持更多的硬件交互

(1) 支持基于微软 Kinect for Windows 的动态手势识别及静态姿势识别。

(2) 支持数据手套 datalove,可控制三维虚拟手在场景中抓取物体,并进行交互操作。

(3) 支持反馈数据手套 CyberGlove、CyberTouch 和 CyberGrasp,具有真实触感和力反馈效果。

(4) 支持 Patriot 和 Liberty 跟踪器,精确捕捉人体的位置和动作,并在场景中控制虚拟手的运动。

(5) 支持头戴式显示器,让人有高沉浸感的立体视觉感受。

8.1.2 工作界面

VRP 平台编辑器的操作界面如图 8.1-1 所示。界面布局工整美观,由标题栏、菜单栏、工具栏、功能分类选项卡、主功能区、视图区、属性面板和状态栏等构成。其中视图区与 3ds Max 的视图区相似,可以显示一个视图,也可切换为 4 个视图,分别为透视图、顶视图、前视图和左视图。

1. 菜单栏

菜单栏共有 13 个菜单项,分别为"文件"、"编辑"、"界面"、"显示"、"相机"、"物体"、"贴图"、"特效"、"资源库"、"工具"、"脚本"、"运行"、"帮助"等,简介如下。

(1) 文件:除了打开、关闭、保存等常规的文件操作外,还有编译、发布、备份等操作命令。

(2) 编辑:常规的撤销、恢复及复制、删除等操作。

图 8.1-1 VRP 工作界面

（3）界面：包括对各分类的显示和隐藏命令。

（4）显示：包括对模型显示类型的命令。

（5）相机：包括对相机的控制命令。

（6）物体：包括对模型控制的命令。

（7）贴图：包括对贴图处理的命令。

（8）特效：包括对场景中的特效命令。

（9）资源库：包括资源上传与资源共享等命令。

（10）工具：包括操作对象的常用命令。

（11）脚本：包括对脚本编辑器的命令。

（12）运行：包括对场景的设置及运行等命令。

（13）帮助。

2. 主工具栏

主工具栏位于菜单栏的下方，可以使用鼠标拖动，使其变为浮动状态，如图 8.1-2 所示。

图 8.1-2 主工具栏

从左至右依次为打开、保存场景、分割视图、显示/隐藏地面、切换界面样式、撤销操作、重做、复制、框选、显示物体编组、绕物旋转模式、视角平移、视角前进/后退、居中最佳显示、平移物体、旋转物体、缩放物体、镜像物体、尺寸测量/修改、高精度抓图、软件抗锯齿、贴图压缩、ATX 笔记器、检查贴图更新、材质库、VRP 脚本编辑器、场景诊断、项目设置、VRPIE 设置、调试、运行、编译独立执行 exe 文件、输出为可网络发布的 VRPIE 文件。

3. 视图切换快捷键

在 VRP 环境下进行编辑时,常常需要从不同视图的角度来观察,因而需要快速切换视图,系统提供的切换视图的快捷键如下。

T=顶视图/底视图切换　　　F=前视图/后视图切换

L=左视图/右视图切换　　　P=透视图

一般情况下,编辑过程均在透视图下完成。

8.1.3　VRP 功能分类

VRP 的功能可分为 8 大类,分别是创建对象、初级界面、高级界面、数据库、时间轴、模型编辑、多人在线、物理系统。在不同类别时可完成多种操作。

1. 创建对象

创建对象选项卡下方有 11 个种类的对象可以建模,包括三维模型、相机、物理碰撞、骨骼动画、天空盒、雾效、太阳、粒子系统、形状、灯光和全景特效,如图 8.1-3 所示。

图 8.1-3　"创建对象"选项卡

(1) 三维模型:可导入导出三维模型,并可对三维模型的材质、动作、动画、阴影进行设置。

(2) 相机:用于创建、选择、编辑场景中的行走相机、飞行相机、绕物旋转相机、角色控制相机、定点观察相机以及动画相机。

(3) 物理碰撞:用于设置场景中模型的物理碰撞,在行走相机和角色相机下,使相机和物体之间产生碰撞。

(4) 骨骼动画:用于创建场景中的骨骼动画,并对骨骼动画进行导入和导出。

(5) 天空盒:用于添加或修改天空盒,从而为场景添加一个周围环境。

(6) 雾效:用于添加雾效,从而模拟场景中的景深效果。

(7) 太阳:用于添加或取消太阳光晕,从而模拟真实生活中太阳光晕的效果。

(8) 粒子系统:用于添加或修改 VRP 编辑器中自带的粒子系统。

(9) 形状:用于创建或编辑矢量直线、文字标注以及折线路径。

(10) 灯光:用于给场景添加灯光。

(11) 全屏特效:用于给场景中的物体对象添加特效,系统提供了 17 种特效。

2. 初级界面

初级界面主要用于创建和编辑场景的二维页面和加载页面,主要有新建页面、加载页面、主页面及删除、更名等,如图 8.1-4 所示。

(1) 新建页面:用于创建一个或多个新页面,常用于多方案切换。

(2) 加载页面:用于创建或编辑 VRP-DEMO 运行时的加载页面。

图 8.1-4 "初级界面"选项卡

（3）主页面：用于创建或编辑 VRP-DEMO 运行时的页面。

当选择项为主页面时，可进行以下设置。

① 创建新面板：用于创建交互时用到的按钮、导航图、图片、色块、指北针、开关及画中画等。

② 使用模板：用于调用 VRP 编辑器中自带的界面模板或者是保存自己设计好的界面模板，以便以后调用。

③ 面板列表：用于调整初级界面中控件的位置、属性等。

④ 对齐方式：用于调整初级界面中控件的对齐方式。

3. 高级界面

高级界面是图形用户界面中出现的一种组件，可以用这些组件增加用户与 VRP 编辑器的交互以及更多的功能交互，主要有窗口、控件、风格、菜单 4 个选项卡用于人机交互，以及多个场景对齐命令按钮，如图 8.1-5 所示。

图 8.1-5 "高级界面"选项卡

（1）窗口：用于创建窗口控件，并可以对当前界面进行导入、装载、合并等。

（2）控件：用于创建、调整和删除各类控件。

（3）风格：用于各类控件的风格设置，并且可以编辑当前的设计方案。

（4）菜单：用于菜单的创建、编辑和删除。

4. 数据库

数据库的使用可以使场景的交互更加丰富，当 VR 场景连接上数据库以后，可以对场景中的物体进行实时查询，并且可以将场景中修改的信息实时反馈到数据库中，如图 8.1-6 所示。

图 8.1-6 "连接数据库"选项卡

（1）连接数据库：用于连接到本地数据库文件或者网络数据库；读取并显示相关数据库信息；显示当前连接状态；设置是否把登录信息保存到 VRP 文件；以及是否在打开场景时自动连接数据库。

（2）关联操作：用于将场景的模型和数据库中的记录建立关联，以便在选择模型显示数据库信息时确定要显示的信息。

（3）搜索查询：支持标准 SQL 语句的查询，以及在值的某一范围内查询。

5. 时间轴

时间轴主要用于对场景中的模型、相机、控件等各类对象进行动画设置，如图 8.1-7 所示。

图 8.1-7　时间轴

与时间轴相关的主要有时间滑块、时间轴工具栏和时间轴列表等。

（1）时间滑块：用于添加时间轴的关键帧和脚本，同时也可以通过拖动滑块来预览设置好的关键帧动画。

（2）时间轴工具栏：集合了使用时间轴时常用的所有工具，如设置关键帧、删除关键帧、播放时间轴动画等。

（3）时间轴列表：用于时间轴的创建、显示和调整。

6. 模型编辑

模型编辑中的功能提高了用户的工作效率，可以直接在 VRP 编辑器中对模型进行编辑，并且能导入和导出 OBJ 等多种模型格式，也能将多款工业软件的模型导入到编辑器中进行编辑，如图 8.1-8 所示。

图 8.1-8　模型编辑

7. 多人在线

多人在线三维展览馆是一种全新的互联网在线展览方式，不同地域的人都可以登录到展厅中参观、交流，还可以通过服务器端的编程，实现服务器端的逻辑运算，从而实现小型网络游戏的开发。

8. 物理系统

在物理系统功能模块下，VRP 系统可以实现 3D 场景之间各物体对象的特殊计算，从而表现出物体与场景之间、物体与角色之间、物体与物体之间的运动交互和动力学特性。在物理引擎的支持下，VR 场景中的模型有了刚体效果，一个物体可以具有质量、可以受到重力、可以落在地面上、可以和别的物体发生逼真的碰撞、可以受到用户施加的推力、可以因为压力而变形、可以有液体在表面上流动等。

例 8.1　初识 VRP 系统。

（1）启动 VRP 编辑器，打开 VRP 窗口。选择功能区的"创建对象"→"三维模型"。

（2）单击"导入"按钮，从中找到 VRP 系统自带的 simple.vrp，打开后单击工具栏上的居中最佳显示按钮。

（3）单击功能区的"创建对象"→"天空盒"，在天空盒列表中双击一个图片作为背景。

（4）单击菜单中的"运行"→"运行!"命令，观察效果，并关闭窗口。

（5）单击菜单中的"文件"→"编译独立执行 exe 文件"命令，打开"编译独立执行 Exe 文件"对话框，如图 8.1-9 所示。

（6）单击"开始编译!"按钮，系统进行编译。执行效果如图 8.1-10 所示。

图 8.1-9 "编译独立执行 Exe 文件"对话框

图 8.1-10 执行效果

8.2 烘焙

3ds Max 烘培是将 3ds Max 制作的模型转换成为 VR-Platform 虚拟现实仿真平台可编辑场景的一个重要环节。其中烘培过程中的一个功能就是将 3ds Max 场景中设置的各种灯光效果变成贴图的方式并导入到 VRP 中,从而获得具有真实感的光影效果。

8.2.1 3ds Max 模型烘焙

不同版本的 3ds Max 系统的烘培操作过程略有不同,下面通过一个烘培实例,以 3ds Max 2010 系统为样本进行烘焙。

例 8.2 烘焙 3D 模型 。

(1) 在 3ds Max 中建立场景模型或打开已有模型,并进行适当的优化,如图 8.2-1 所示。

(2) 在 3ds Max 中使用扫描线渲染器对透视图进行渲染,观察模型效果。

(3) 在 3ds Max 中单击"渲染"→"渲染到纹理"菜单命令,打开"渲染到纹理"对话框,如图 8.2-2 所示。该对话框中有 5 个卷展栏,分别为常规设置、烘培对象、输出、烘焙材

图 8.2-1　3ds Max 模型

质、自动贴图等，首先打开"常规设置"卷展栏，在路径框中设置要输出的文件夹。

（4）框选 3ds Max 场景中的所有对象，打开"输出"卷展栏，单击"添加"按钮，打开"添加纹理元素"对话框，如图 8.2-3 所示。

图 8.2-2　"渲染到纹理"对话框

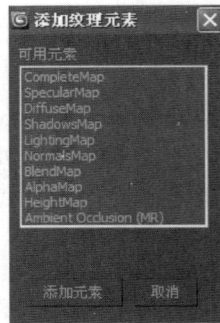

图 8.2-3　"添加纹理元素"对话框

（5）在"添加纹理元素"对话框中选择 LightingMap 或 CompleteMap，单击"添加元素"按钮，在目标贴图位置中选择"漫反射颜色"，并选择渲染大小为 512×512。

（6）打开"烘焙材质"卷展栏，在其中选择"新建烘焙材质"，并在下拉列表中选择"标准：（A）各向异性"。打开"自动贴图"卷展栏，设置"阈值角度"为 45，"间距"为 0.02。

（7）设置完毕，可单击下方的"渲染"按钮。系统进行逐帧渲染，并显示出烘焙纹理的进度视图，渲染完毕，单击 3ds Max 命令面板的工具按钮，切换到工具窗口，如图 8.2-4

所示。打开的工具窗口下方有 3 个按钮，分别为"更多"、"集"、"配置按钮集"，如果是第一次进行烘培转换，需要单击"配置按钮集"按钮，打开左侧的工具列表，从中选择[∗ VR PLATFORM ∗]，双击该按钮后，该按钮置入到"工具"卷展栏下，可关闭"配置按钮集"对话框。

（8）单击"工具"卷展栏下的[∗ VR PLATFORM ∗]按钮，在下方出现新的 VR-PLATFORM 卷展栏，如图 8.2-5 所示。

图 8.2-4　工具与配置按钮集对话框

图 8.2-5　VR-PLATFORM 卷展栏

（9）单击"导出"按钮，打开"导出为 VRP 文件"对话框，如图 8.2-6 所示。执行该步骤的过程中需要注意的是，VRP12 所搭配的 VRP-for-max 插件只能在 Windows 7 环境下安装和使用，支持 3ds Max 2010 的 32 位系统。如果是 Windows XP 操作系统，插件安装不会成功，该步骤将无法执行。

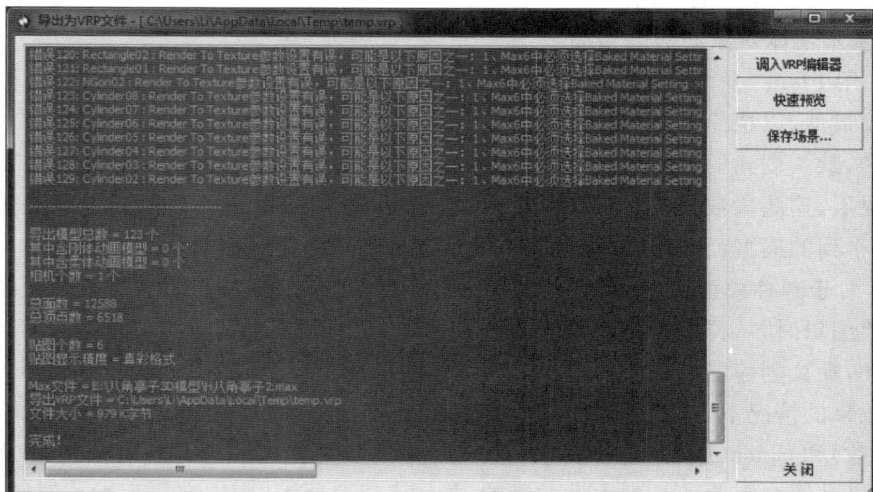

图 8.2-6　"导出为 VRP 文件"对话框

（10）单击"保存场景"按钮,选择保存文件的路径并命名文件名,保存后返回,单击"调入 VRP 编辑器"按钮,这时将启动 VRP-Builder,并装入 3ds Max 场景模型,单击工具栏的居中最佳显示按钮,添加天空背景和太阳效果,按 F5 键运行,效果如图 8.2-7 所示。

图 8.2-7　运行效果

8.2.2　3ds Max 的模型优化

烘焙过程中,需要计算机进行大量的特殊计算,比较耗时,对硬件的性能也提出了更高要求,而这些影响是可以在 3ds Max 环境中通过对场景模型的优化来解决的。

影响 VR-DEMO 最终运行速度的三大因素如下。

① VR 场景模型的总面数。

② VR 场景模型的总个数。

③ VR 场景模型的总贴图量。

1. 基本物体对象面数的精简

（1）用 Plane(平面)创建模型时,如果不对其表面进行异形编辑,就可以将截面上的段数降到最低,以精简模型的面数。

例如,默认创建的 Plane(面片)的段数是 4×4,总面数是 32;在不对其表面做其他效果的情况下,这些段数是没有存在意义的,选中该平面,可以在参数面板中将段数降到最低,最后得到的模型面数是 2,其效果并不会因此而受到任何影响。

（2）对于圆柱模型面的优化。同 Plane(面片)建模一样,如果不对其表面进行异形或浮雕效果编辑时,一样可以将其截面上的段数降到最低,以精简模型的面数。

例如,默认创建的 Cylinder(圆柱),其段数是 5×1×18,总面数是 216;在不对其表面做其他效果的情况下,这些段数是没有存在意义的,这时可以对物体的 Height Segments(高度段数)和 Sides(截面)进行精简,修改后的段数为 1×1×12,这时物体的总面数是 48,其效果并不会因此而受到太大的影响,如图 8.2-8 所示,图中右侧为默认时圆柱体,左侧为精简后圆柱。

图 8.2-8　精简和未精简圆柱体比较

（3）线模型面的正确创建。

很多时候需要用二维线来表现一些物体结构，如电线、绳索等，如果像效果图一样直接设置了 Rendering（渲染）面板下的 Thickness（厚度），渲染效果图是没问题的，但导出到 VRP 时是不识别的。

解决方法是：先根据视觉效果设置线型物体 Rendering（渲染）面板下的 Thickness（厚度），将该线型物体转换成 Editable poly（或 Mesh）后再执行"导出"操作就可以了。

（4）曲线形状模型的面数精简。

有些曲线形状的模型在制作时很麻烦，通常需要应用 Loft（放样）来实现，所以，模型的优化就需要从放样的路径及截面着手进行，在保证视觉效果不受太大影响的情况下，适度减少放样物体的 Shape Steps（形状步幅）和 Path Steps（路径步幅）参数，以达到精简放样物体总面数的目的。

2. 建模时的精简

（1）做简模，然后通过贴图的方法减少模型的复杂程度，从而减少模型的面数。

（2）删除模型之间的重叠面。

将选择物体转换成 Mesh 或 Poly，然后切换到 Polygon（面）级别下，删除各物体之间重叠的面。

（3）删除模型底部看不见的面。

将选择物体转换成 Mesh 或 Poly，然后切换到 Polygon（面）级别下，删除该物体向下或其他朝向看不到的面。

（4）删除物体之间相交的面。

将选择物体转换成 Mesh 或 Poly，然后切换到 Polygon（面）级别下，删除该物体之间相交的面。

（5）单面窗框的创建。

窗框是室外建筑必不可少的一个组成元素，如果按常规的二维挤出一个厚度，得到这个模型，接下来还需要再通过删除看不见的面来达到优化窗框的目的，工作量不但很大，也很繁琐。以下是一个快速创建单面窗框的方法，由此方法得到的窗框不需要再通过删除面达到优化模型的目的。

简单来说，可首先用图形中的矩形绘制，然后转换成多边形，再利用编辑多边形修改器进行建模。

8.2.3 CompleteMap 与 LightingMap 的区别

（1）LightingMap 烘焙方式的优点是：可以保留材质清晰的纹理特点，光感稍弱，耗显存低。

缺点是：只支持 3ds Max 默认的材质（要表现出好的和表面丰富的效果，可以通过 PS 进行绘画修饰）。所消耗的资源比 CompleteMap 烘焙方式多。

适用的范围：适用于大面积的砖墙、室内外的地面等，当物体面数比较多的情况下，尽量不选择 LightingMap 烘焙。

（2）CompleteMap 烘焙方式优点是：烘焙出来的效果光感好，更接近于渲染图的效果。

缺点是：贴图模糊，要达到好的效果，就需要烘焙的尺寸大一些才可以；否则会很模糊。耗显存高。

适用的范围：适用于小物件及对质感要求比较高的物体。

（3）两种不同的烘焙类型在 VRP 里的形式。

LightingMap 用的是两张贴图，CompleteMap 用的是一张贴图。在烘焙尺寸同样大小时，LightingMap 比 CompleteMap 消耗的显存量高 1 倍，因为是两张贴图。但经过 VRP 的优化后，LightingMap 的劣势就会转为优势了，因为 VRP 可以把 LightingMap 压缩得很小，而 CompleteMap 已经比较模糊了，再压也没多少意义了。

8.2.4 烘焙过程中的注意事项

烘焙能把在非实时环境中渲染完成的灯光材质等效果转换到实时交互的环境中去，因此烘焙纹理的质量直接影响最终效果，提高烘焙技术非常重要。影响烘焙质量的几个因素如下。

1. 物体的 UV 平铺

烘焙选项中的 Automatic Unwrap Mapping UV 能自动将物体的 UV 进行平铺。自动、成批量的平铺是它带给人们最大的好处，但效果并不是很理想。如多边形和面细密的物体在被自动平铺时会产生很多非常小的簇，渲染时受精度影响而忽略这些过小的簇，其结果会出现很多黑块与黑斑。

解决方法是：一是适当提高"阈值角度"的值，可以在一定程度上减少零散的簇；二是使用其他的 UV 平铺方法或工具，如手工对簇进行调节，效果也会好很多。但是手工调节是一件耗费时间和精力的事情，对于速度和质量的平衡只有熟练者才能在实际工作中处理。

2. UV 簇在烘焙纹理中的面积

纹理的大小是有限的，簇的面积越大，空隙越少，利用率则越高，纹理的相对精度也有所提高，但根本改善的方法仍是手工调节或使用其他工具或方式。

3．纹理大小

默认的烘焙纹理的大小是 256×256，这一参数对于烘焙次要的或小型物体是可以的，但对重要的或大体积的物体则需要提高烘焙的纹理尺寸，即使用 512×512 或 1024×1024 甚至更高。精度提高，文件量也随之急剧增长，巨大的纹理虽然让画面质量提高了，但对于有限的设备资源，无法进行流畅的交互也是惘然。VRP 对纹理大小原则上没有限制，完全取决于用户的硬件设备，而且还提供了高效的纹理压缩方案，可以在硬件设备不足的情况下提供合适的解决方案，考虑到各方面的兼容性，建议尽量不要超过 1024×1024。

4．烘焙对模型的要求

3ds Max 烘焙对模型是有一定要求的。例如，它不支持 NURBS 物体，在自动平铺时对过于细小的面容易出错并产生黑斑、图像扭曲拉伸等现象。因此，用户在建模初期就要做一些必要的处理，尽量避免过于密集地分布多边形和狭长的多边形，以便烘焙工作能高质、高效地完成而不必做过多的调整。

值得注意的是，烘焙纹理只是作为创造良好效果、高品质纹理的一种方式，实际上 VRP 对于使用其他方式绘制的纹理贴图同样是兼容的。不仅如此，VRP 还能够兼容更多的绘制纹理，拥有进一步改善纹理质量的方法或其他纹理编辑工具。

8.3　VRP 的材质编辑

构建虚拟现实环境，给场景中的三维对象赋予合适的材质，是制作虚拟现实的重要一环，因为相同物体的不同外部纹理和色彩，会给人们传递不一样的信息。

8.3.1　材质面板

"材质"面板如图 8.3-1 所示。材质有多种样本类型，主要用于控制实例窗口中样本的形态。材质的形态包括球体、柱体、长方体和平面 4 种，同时，VRP 编辑器中还包括 Normal、Multipass、Bump 和 Fx shader 4 种材质类型。

通常情况下，Normal 材质类型使用得比较多，对于常用的金属、玻璃、陶瓷、地板、布料等材质都是用 Normal 材质类型；Multipass 材质类型也常用于作为水的材质，比较特殊，因而使用得不是很多，经常使用的是 Fx shader 中的菲涅尔水材质，该材质类型常用于菲涅尔水材质、法线贴图、顶点设置、高级金属反射等材质的制作；Bump 材质类型常用于凹凸材质贴图。

VRP 材质面板下方有 5 个主卷展栏，分别为一般属性、动态光照、第一层贴图、第二层贴图、反射贴图等。

1．一般属性

一般属性主要用于模型的显示与填充模式的设置，勾选"双面渲染"复选框可以让模型双面都显示材质。

模型的填充模式分别有实体、实体＋线框、线框和点 4 种。

（1）实体：使选中的模型以实体的方式在视图中显示。

（2）实体＋线框：使选中的模型以实体加线框的方式在视图中显示。

（3）线框：使选中的模型以线框的方式在视图中显示。

（4）点：使选中的模型以顶点的方式在视图中显示。

2. 动态光照

动态光照主要用于调节模型的动态光照的颜色属性，如图8.3-2所示。

图 8.3-1　"材质"面板

图 8.3-2　动态光照卷展栏

（1）启用：开启或关闭所选择模型的动态光照。

（2）Ambient：用于设置模型的动态光照周围的环境颜色。

（3）Diffuse：用于设置模型动态光照漫反射的颜色。

（4）高光：用于设置动态光照后，模型所产生的高光颜色。

（5）系数：用于设置高光的强弱程度，值越大，高光越强。

（6）自发光：用于设置模型的自发光颜色。

（7）启用高亮模型材质：一般结合"模型高亮模式"脚本进行，当模型添加了触发脚本之后，再次单击模型，会在高亮模型材质显示出调整的颜色。

3. 第一层贴图

第一层贴图设置所选择的模型的第一层贴图的格式、透明、色彩调整。如果模型烘焙的是 CompleteMap 类型，该层显示的是烘焙贴图（纹理贴图与光影贴图合成后的贴图）；如果模型烘焙的是 LightingMap 类型，该层显示的是纹理贴图，如图8.3-3所示。

图 8.3-3　第一层贴图卷展栏

说明：在导入 VRP 编辑器之前，所有的模型贴图需要已经添加好,在经过烘焙导入到 VRP 编辑器之后,贴图只可以进行更换操作。在 VRP 编辑器中,不能对没有赋予贴图的模型进行添加贴图的操作。

(1) UV 通道:设置贴图的 UV 通道(一般情况下都是自动展开的,不需要用户对其操作)。

(2) 过滤方式:纹理显示的过滤方式,包括无、线性、Mipmap 3 种方式。

其中,无表示直接显示,没有进行特殊的算法和优化。

线性表示以线性过滤方式显示纹理贴图。

Mipmap 表示以 Mipmap 过滤方式显示纹理贴图。

说明:"线性"过滤方式在运行时,会出现贴图闪烁现象,故一般最好不将"线性"过滤方式用于三维模型贴图的显示上,但可以使用在二维界面元素贴图的显示方式上。

(3) 关键色:选择一个颜色,可以将贴图上面相应的颜色进行镂空显示。

(4) 透明:设置模型贴图的透明模式及透明度。

其中:整体透明表示设置模型为整体透明模式。

使用贴图 Alpha:打开模型材质 Alpha 通道,以显示贴图的镂空效果。

其他:通过 Alpha 混合的方式获得各种各样的效果,如透明效果。

不透明度:设置所选择模型的不透明度值。255 为不透明,0 为完全透明。

Z Write:设置模型在 VR 场景中的深度缓冲。三维场景转到二维屏幕上需要通过这个值表现模型的 Z 坐标,要不就重叠在同一平面上了。

物体类型:选择物体的相应类型。

"其他"类型可以通过透明度为零的物体透视。

"地板或地面"类型不可以通过透明度为零的物体透视。

说明:如果模型没有第一层贴图,则"整体透明"选项前的复选框为灰色不可选,就不能对模型进行透明属性的设置操作。另外,为了使用 Alpha 混合方式,必须设置以下两个参数,即 Src Mode 为 Alpha 混合系数、Ksrcdst Mode 为 Alpha 混合系数 Kdst。两者分别与当前颜色和目标颜色进行运算后才能实现各种各样的效果。

(5) 色彩调整:用于调整第一层贴图色彩的比例、亮度、对比度及 Gamma 值。

其中,全部表示对贴图的红、绿、蓝 3 个颜色同时进行调节。

红:对贴图的红色通道进行调节。

绿:对贴图的绿色通道进行调节。

蓝:对贴图的蓝色通道进行调节。

比例:对贴图的色彩比例进行调节。向左拖动滑块,色彩比例降低;向右拖动滑块,色彩比例提高。用户也可以直接在后面的文本框中输入一个数值进行精确的调节。单击 O 按钮将恢复比例调节为 0。

亮度:对贴图色彩的亮度进行调节。向左拖动滑块,色彩亮度降低;向右拖动滑块,色彩亮度提高。用户也可以直接在后面的文本框中输入一个数值进行精确调节。单击 O 按钮将恢复亮度调节为 0。

对比度:对贴图色彩的对比度进行调节。向左拖动滑块,色彩对比度减小;向右拖动滑块,色彩对比度加大。用户也可以直接在后面的文本框中输入一个数值进行精确调节。单击 O 按钮将恢复对比度调节为 0。

Gamma 值：对贴图色彩的 Gamma 值进行调节。向左拖动滑块，色彩的 Gamma 值提高。用户也可以直接在后面的文本框中输入一个数值进行精确调节。单击 O 按钮将恢复 Gamma 值降低调节为 0。

Gamma 值系数：调节 Gamma 值系数。

还原：将所有的调节参数恢复为原始参数 0。

试验：用于测试并预览调节后的参数效果。

4．第二层贴图

第二层贴图主要用于选择贴图混合模式。与第一层贴图不同的是，第二层贴图可以设置贴图的混合模式，并且多了一项"其他"，如图 8.3-4 所示。

说明：第二层贴图中与第一层贴图许多参数一样，意义也一样。下面仅对不同的参数进行解释。

图 8.3-4　第二层贴图卷展栏

（1）混合模式：共有 13 种混合模式，主要用来设置第一层贴图与第二层贴图的混合模式。

其中，混合系数表示用于设置不同混合模型的混合强弱程度。

（2）其他：用于设置其他的效果。

其中，交换 1、2 层贴图表示将第一层贴图与第二层贴图进行交换。

说明：交换贴图后会影响混合后输出的颜色。针对不同的混合模式，交换后的反差效果是不一样的。

5．反射贴图

反射贴图用于添加反射贴图，用来模拟模型的反射效果，如图 8.3-5 所示。

图 8.3-5　"反射贴图"卷展栏

说明：反射贴图中参数与第一层贴图的参数同样有许多的相同。下面仅对不同的参数进行解释。

（1）实时反射：用于设置场景中实时反射的效果。

（2）开启实时反射：开启所选模型的实时反射。

（3）选择反射组：添加模型所反射的物体。

（4）背景颜色：设置模型实时反射的背景颜色。

（5）翻转法线：调整模型的法线，让反射正确显示。

说明：使用实时反射的时候，需要先开启反射；否则实时反射为不可使用状态。

8.3.2　常用材质的创建

1．金属材质的创建

制作项目时，金属材质的使用比较广泛。制作金属材质时，3ds Max 中可以给模型的漫反射通道添加一张纹理贴图，或者调整漫反射颜色，两种情况可以任选其一。金属材质的模型是可以不烘焙的，然后可以结合 VRP-For-Max 插件，将其导入到 VRP 编辑器中进行编辑。下面通过一个具体的例子，在 VRP 环境中设置金属效果。

例 8.3　在 VRP 编辑器中制作金属材质。

（1）在 3ds Max 中制作或导入已制作好的模型，通过烘培并导出到 VRP 环境中，工艺品模型如图 8.3-6 所示。

图 8.3-6　工艺品模型

（2）在 VRP 编辑器中选择"创建对象"→"三维模型"面板，选中需要设置成金属的对象模型，本例中选择下部立方体，接着打开该模型的"材质"属性面板，设置"材质类型"为 Normal（普通）材质，然后开启动态光照，并设置 Ambient（环境色）和 Diffuse（漫反射颜色）的颜色为白色，设置时单击颜色块，打开小的颜色调节窗口，在其中把红、绿、蓝都调节为最大值即可。

（3）设置高光的 RGB 值为 249、249、208，自发光为白色，系数为 5。

（4）打开"反射贴图"选项，启用反射贴图，并单击贴图通道，在弹出的菜单中单击"选择"→"从 windows 文件管理器"命令，添加名为"金属.jpg"的图片。

（5）打开"反射贴图"选项，然后调整"UV 通道"为平面反射，接着打开"混合模式"选项，调整"混合模式"为 Use Blend Facter，设置"混合系数"为 128。

操作步骤完成后，效果如图 8.3-7 所示。

2. 玻璃材质的创建

玻璃材质在实际生活中，使用同样非常普遍。从外墙窗户到室内屏风、门扇等都会用到。玻璃材质一般情况下是不需要烘焙的，但是如果这个玻璃是场景中主要表现的物体，为了使效果更好，可以进行烘焙。

例 8.4　在 VRP 编辑器中制作玻璃材质。

（1）继续例 8.3 的 VRP 文件，如图 8.3-6 所示。

（2）在 VRP 编辑器中选择"创建对象"→"三维模型"面板，选中需要设置成玻璃的模型，本例中选择上部抽象造型部分，打开"第一层贴图"下面的"透明"选项，开启物体的透明状态，并调整为"整体透明"。

图 8.3-7　金属材质效果

说明：在这个实例中，玻璃烘焙的是 LightingMap，因此会有两层贴图，第一层是纹理贴图，第二层是光影贴图。

（3）在"材质"面板中打开"反射贴图"选项，启用反射贴图，并单击贴图通道，在弹出的菜单中单击"选择"→"从 Windows 文件管理器"命令，添加名为"玻璃.jpg"的图片。

（4）打开"反射贴图"选项，调整"UV 通道"为"曲面反射"，接着打开"混合模式"选项，调整"混合模式"为 Use Blend Facter，设置"混合系数"为 173，效果如图 8.3-8 所示。

3. 地板材质的创建

在制作项目时，地板材质也是使用较多的一种材质。在做虚拟现实项目时，地板材质一般只需要在 3ds Max 中给模型添加一张漫反射贴图，然后对模型进行烘焙。其他的地板属性（如反射属性）可以在 VRP 中进行制作。下面的实例主要介绍地板的实时反射材质的制作。

图 8.3-8　玻璃材质效果

例 8.5　在 VRP 中制作地板反射材质。

（1）在 3ds Max 中制作一个圆桌，并赋予木纹贴图，设置一个平面为地板，赋予棋盘格贴图。烘培并保存为 VRP 文件"圆桌.vrp"，如图 8.3-9 所示。

图 8.3-9　圆桌.vrp 效果

（2）在 VRP 编辑器中，选择地面以上的物体，单击工具栏上的"显示物体编组"按钮，将选择的模型进行编组，并设置名称为 group1。

（3）再选择"地面"，在"材质"面板中打开"反射贴图"选项，启用反射贴图，然后调整"UV 通道"为 ComPos。

（4）开启实时反射，并添加 group1 组。

（5）打开"混合模式"选项，调整"混合模式"为 Use Blend Facter，将"混合系数"设置为 100。完成场景中地板的实时反射的效果制作，如图 8.3-10 所示。

图 8.3-10　地板反射效果

8.3.3　材质库

材质在虚拟现实系统中是一个重要的内容，因而 VRP 不仅提供了材质面板，更有材质库，可以快速、方便地给场景中的模型对象直接赋予各种材质，在 VRP12 系统中，共有 16 种材质类型。单击工具栏的材质库 按钮，打开材质库，如图 8.3-11 所示。

图 8.3-11　材质库

利用材质库给场景中的模型赋予材质时，方法为：选择场景中的模型对象，打开材质库，双击其中的某一个材质，该材质将赋予场景中的模型对象上。

8.4 角色库的应用

VRP 编辑器中有一个角色库，用户可以随意地从角色库里调用这些角色到 VR 场景里，并给角色添加多种行为动作，模拟场景与角色之间的相互关系。另外，用户也可以将 3ds Max 里自定义的角色导入到角色库中。

8.4.1 角色库的调用

在 VRP 编辑器中将"角色库"中的角色添加到 VR 场景中比较方便，下面通过一个具体实例介绍操作步骤。

例 8.6 角色库应用。

（1）打开一个"场景.vrp"文件，如图 8.4-1 所示。

图 8.4-1 场景效果

（2）单击功能分类中的"骨骼动画"按钮，再单击主功能区中的"角色库"按钮，在弹出的"角色库"对话框中选择某个角色模型，将鼠标放在其图上右击，在弹出的快捷菜单中选择"引用应用"命令，即可将该角色模型添加到当前的 VR 场景中。本例中选择亚洲休闲装平跟鞋女士。

（3）在将角色模型添加到场景之后，用户可以用 VRP 编辑器中的"移动物体"、"旋转物体"、"缩放物体"等工具对其进行编辑以匹配当前的场景尺寸，完成角色的添加，如图 8.4-2 所示。

图 8.4-2 角色与场景

8.4.2 动作库

VRP 编辑器中不仅只有角色库,还有动作库,通过动作库中对象的选择,可以给场景中的角色赋予不同的人物动作,如走路、跑步等。此外,用户还可以将 3ds Max 里设置的、以自定义的动作导入到动作库中。

1. 动作库中的相关命令

选择了角色后,在属性面板上单击动作,进入动作面板,再单击"动作库"按钮,打开"动作库"对话框,如图 8.4-3 所示。

图 8.4-3 "动作库"对话框

在该对话框中,各参数的意义如下。

(1) 显示方式:主要用来设置动作在动作库中的显示方式。

① 列表:设置动作在动作库中以列表的方式显示。

② 图标:设置动作在动作库中以图标的方式显示。

(2) 显示范围:主要用来设置动作在动作库中的显示范围。

① 仅显示匹配动作:设置在动作库中仅显示与角色所匹配的动作。

② 显示所有动作:设置在动作库中显示所有的动作。

③ 所有类型:可以设置根据角色类型显示相匹配的动作。

（3）信息预览：主要作来显示动作的相关信息。

（4）动作设置：在动作名称上右击，可以在弹出的快捷菜单中对当前的动作进行设置。

① 动作预览：对当前所选中的动作进行预览。

② 添加到动作库：将当前所选中的动作添加到动作库中。

③ 设为默认动作：将当前所选中的动作设为默认动作。

④ 设为行走动作：将当前所选中的动作设为行走动作。

⑤ 设为跑步动作：将当前所选中的动作设为跑步动作。

⑥ 设为跳跃动作：将当前所选中的动作设为跳跃动作。

⑦ 修改动作名称：对当前所选中的动作名称进行修改。

⑧ 删除动作：删除当前选中的动作。

⑨ 设置表情权重：设置骨骼动作的影响范围。

（5）关节自动朝向：勾选"开始自动朝向"复选框后，下面的相应项为可用状态，可设置相关参数。

① 角度范围：设置骨骼面对相机的最大角度。

② 骨骼索引：设置控制骨骼的索引号。

③ 触发范围：设置骨骼产生效果的最大范围。

2. 动作的加载

用户从 VRP 编辑器的角色库中调用了一个角色模型之后，就可以从动作库中为该角色模型添加一个或者多个动作。具体操作步骤如下。

（1）用 VRP 编辑器打开一个"场景.vrp"文件，如图 8.4-1 所示。

（2）选择角色模型，使角色对象与场景匹配，然后在其属性面板界面的"动作"面板中单击"动作库"按钮，打开"动作库"对话框，对话框左侧可先采用默认选择，在右侧从中选择跳舞（平跟女士），双击后将该动作加载到场景中的角色对象上。

（3）添加动作完成后，可以在动作库按钮下方看到添加的动作列表，右击该列表项，打开快捷菜单，选择"动作预览"命令，可以看到场景中角色翩翩起舞的动作效果，如图 8.4-4 所示。

图 8.4-4　动作效果

8.4.3 路径动画的创建

1. 路径的参数

在前述的动作设置中,效果都是角色在原地进行表演,没有真正离开原地。而在路径动画中,用户可以在 VRP 编辑器中绘制一条曲线作为路径,然后将角色绑定到该路径上,控制该角色对象沿着路径运动,产生更加真实的行走或跑步动画效果。

绘制路径的方法是将视图窗口从透视图切换到顶视图,按键盘上的 T 键。接着放大窗口中的场景图像,在功能区单击"形状",在视图的左边有创建形状,单击"折线-路径"按钮,此时会弹出一个"操作说明"提示对话框,用户单击"确定"按钮即可,随即便可在场景中按下 Ctrl+鼠标左键进行路径绘制。绘制完成后,在视图右侧出现路径编辑面板,如图 8.4-5 所示。

其中的参数意义如下。

(1) 路径编辑:主要用来给创建好的路径添加锚点或者是删除锚点。

① 创建锚点:通过设置鼠标工具,在场景中按住 Ctrl+左键的方式在当前路径尾部创建锚点。

② 添加锚点:直接在当前选中的锚点后插入一个新的锚点。

③ 删除锚点:删除当前选中的锚点。

除了路径编辑面板以外,在属性面板下还有路径平滑系数、高程编辑工具、锚点坐标编辑和路径运动选择 4 个参数组,如图 8.4-6 所示。

图 8.4-5 路径编辑面板

图 8.4-6 4 个参数组

其中的参数意义如下。

(2) 路径平滑系数:主要用于调整路径的平滑程度。

自动闭合路径:勾选该复选框之后,绘制的路径是闭合的。

(3) 高程编辑工具:调整锚点的编辑类型与位置。

① 编辑类型:"所有点高程加上"是在 Y 轴原有的基础上再加数值;"所有点高程置为"是将 Y 轴置为 0,重新修改 Y 的数值。

② 高程数据:调整锚点 Y 轴的数值。

（4）锚点坐标编辑：主要用于调整路径上锚点坐标的位置。

① 世界坐标：用于设置锚点的世界坐标位置。

② 设置为运动起始点：用于将选中的锚点设置为运动的起点。

（5）路径运动选择：主要用于设置绑定物体的路径和路径动画的速度及方向。

① 绑定物体选择：用于将选择的物体绑定在路径上面。

② 绑定物的位移速率：用于设置路径动画的位移速度。

③ 跟随（沿路径切线方向）：勾选之后，绑定的物体沿着路径所绘制的方向运动。

④ 自动平滑路径切线：勾选之后，绘制的路径自动平滑。

2. 路径动画的设置

在 VRP 编辑器中创建路径动画时，可通过一个实例来学习操作方法和步骤。

例 8.7 路径动画的编辑。

（1）从 VRP 编辑器的角色库中调用一个角色模型，本例中采用了亚洲休闲装平跟女士，然后在其属性面板的"动作"面板中单击"动作库"按钮，打开"动作库"对话框，对话框左侧所有类型中选择平跟女士，其他参数可先采用默认选择，在右侧从中选择"原地行走（平跟女士）"，双击后将该动作加载到场景中的角色对象上。

（2）绘制场景中的路径。首先在功能分类中单击"形状"、单击"折线-路径"命令。按住 Ctrl 键，将鼠标放在场景中单击，以绘制角色行走路径，绘制完毕双击结束路径绘制操作。

（3）创建完路径后，可以双击选择某一路径锚点，然后用"移动物体"工具调整其位置。

（4）拖动路径属性面板中的"路径平滑系数"滑块，调节路径的平滑系数，以便得到一个平滑的路径。

（5）在路径属性面板中单击"路径运动选择"下"绑定物体选择"后面的按钮 ，在打开的"选择物体"对话框左边的列表中选择人物对象，在右边选择"骨骼模型"模型，最后单击"确定"按钮，即可将选择的角色模型约束到路径上，如图 8.4-7 所示。将角色模型绑定到路径时，需要注意角色的 Z 轴坐标方向与路径锚点的 Z 轴坐标方向成 $90°$。

图 8.4-7　角色模型约束到路径

（6）设置角色模型的"绑定物的位移速率"为 $1.50(cm/s)$，同时勾选"跟随（沿路径切线方向)"复选框,使角色模型永远沿路径的方向行走。

(7)单击路径前面的图即可隐藏路径,显示场景中隐藏的树后再按 F5 键,切换到播放器中浏览角色模型沿路径行走效果,从预览效果可以看到已经成功地将角色模型约束到路径上,如图 8.4-8 所示。

图 8.4-8　角色模型沿路径行走效果

8.4.4　创建路径动画的锚点事件

在 VRP 编辑中,不仅可以将角色绑定到绘制好的路径上,还可以设置角色到达某一个锚点时执行另外一个动作。下面继续借用前述角色模型,使该平跟女士角色行走到达某一锚点之后执行跳舞动作,完成这些行为之后,继续执行行走的动作,具体操作步骤如下。

(1)继续使用前面的场景文件,从角色库中调出亚洲休闲装平跟女士,然后在其属性面板界面的"动作"面板中单击"动作库"按钮,打开"动作库"对话框,在对话框左侧所有类型中选择平跟女士,其他参数可先采用默认选择,在右侧中选择"原地行走(平跟女士)",双击后将该动作加载到场景中的角色对象上。再选择"跳舞(平跟女士)",同样双击加载动作到角色对象上。接着把行走动作设置为默认动作。

(2)测试一下动画效果,看看角色是否向前行走,如果正常行走,表明设置正确。在路径前方再选中其中一个锚点,如图 8.4-9 所示。打开"动作"面板,在"锚点到达"边单击"脚本"按钮,打开对应的 VRP 脚本编辑器对话框。

图 8.4-9　路径前方选中一个锚点

（3）在打开的 VRP 脚本编辑器对话框中单击"插入语句"按钮，打开 VRP 命令行编辑器，单击"形状"按钮，打开"形状"选项，添加"路径动画暂停"脚本，并设置路径名称为 path01 和选项为 1＝暂停，如图 8.4-10 所示。

图 8.4-10　VRP命令行编辑器

（4）单击"确定"按钮，返回"VRP 脚本编辑器"对话框。再单击"插入语句"按钮，单击"骨骼动画"按钮，打开"骨骼动画"选项，在选项中选择"插播骨骼动作"，并设置它的各个选项，如图 8.4-11 所示。

图 8.4-11　设置插播骨骼动作

（5）单击"确定"按钮，返回"VRP 脚本编辑器"对话框。单击"保存"按钮，关闭对话框，可以预览动画效果。可以看到，平跟女士行走并在锚点到达后跳舞，完毕原地行走，没有继续前进。

（6）再次打开"动作"面板，在"锚点到达"边单击"脚本"按钮，打开对应的 VRP 脚本编辑器对话框。选择"自定义函数"选项卡，单击"新建"按钮，打开"命名"对话框，命名为001，单击"插入语句"按钮，单击"形状"选项，添加"路径动画暂停"脚本，并设置路径名称为 path01 和选项为 0＝继续。单击"确定"按钮，返回 VRP 脚本编辑器对话框。再单击"插入语句"按钮，单击"骨骼动画"按钮，打开"骨骼动画"选项，在选项中选择"只播放默认动作"，并设置对应的参数，单击"确定"按钮，返回 VRP 脚本编辑器对话框。

（7）单击"保存"按钮，关闭对话框，可以预览动画效果。可以看到，平跟女士行走并在锚点到达后跳舞，完毕后原地行走，仍然没有继续前进。

（8）这时需要添加时间控制器。打开"动作"面板，在"锚点到达"边单击"脚本"按钮，打开对应的 VRP 脚本编辑器对话框。单击"插入语句"按钮，选择"杂项"，打开后选择"删除定时器"，在它的参数定时器 id 中填入 1，单击"确定"按钮，返回 VRP 脚本编辑器对话框。再次单击"插入语句"按钮，选择"杂项"，打开后选择"设置定时器"，在它的参数中填入对应数据，如图 8.4-12 所示。

图 8.4-12　设置定时器

说明：在使用"设置定时器"命令时，必须先使用"删除定时器"命令，其中定时器 id 可以自选设置，但是"删除定时器"命令与"设置定时器"命令这两个的定时器 id 必须一致。定时器的时间间隔设置 5000ms，是因为跳舞正好为 5s，两者相等。定时器调用的函数是步骤（6）中自定义的函数，函数名为 001。

（9）单击"确定"按钮，返回 VRP 脚本编辑器对话框，如图 8.4-13 所示。单击"保存"按钮，关闭对话框，按 F5 键运行，可以看到平跟女士先行走一段距离，在某个锚点停下来,跳舞 5s 后继续向前行走。

图 8.4-13　"VRP 脚本编辑器"对话框

8.5　VRP 相机

VRP 相机类似于 3ds Max 相机的作用,主要功能是浏览场景。VRP 相机分为行走相机、飞行相机、绕物旋转相机、角色控制相机、跟随相机、定点观察相机和动画相机等,如图 8.5-1 所示。

图 8.5-1　相机列表

8.5.1　各类相机简介

1. 行走相机

在制作虚拟现实场景的时候,如果用户需要以第一人称的视角进行观察,或者在整个 VR 场景中漫游时,就可以创建一个行走相机来实现这种功能。

1) 行走相机的创建

(1) 在主功能区中,单击"创建对象"→"相机"。打开相机面板。在"创建相机"列表中单击"行走相机",弹出的 Camera name 对话框如图 8.5-2 所示,从中可输入所创建相机的名称,因为实际工作过程中,相机可能使用多个,为了不至于混乱,一般应该重新命名。如果不命名,VRP 系统会自动将创建的相机命名为 Camera01、Camera02 等。

（2）一旦相机创建完成后，在场景中会有一个虚拟小人，首先按下键盘上的 P 键切换到透视图中，可使用工具栏的"缩放物体"工具，适当调整相机虚拟人的位置和大小，使其在场景中的比例符合正常人的大小，如图 8.5-3 所示。

图 8.5-2　相机命名对话框

图 8.5-3　调整虚拟人的大小

2）行走相机的参数

行走相机的参数面板有 4 个卷展栏，分别为基本参数、移动速度、形状碰撞、立体视觉等。

（1）基本参数：主要用于设置相机的视角、长宽比及裁剪等参数。

① 水平视角：设置相机水平视角范围。一般正常人眼观看的范围在 75° 左右。

② 长宽比系数：设置相机画面的长宽比例。

③ 近裁剪面：相机视图中能看见的最近距离，从近裁剪面的值到远裁剪面的值是相机视图能观看到的范围。

④ 远裁剪面：相机视图中能看见的最远距离。

（2）移动速度：主要用于控制相机手动控制和动画播放的速率。

① 移动速度：设置相机的运动速度。

② 动画速度：这个参数是专门针对调整动画相机的速度的。1 为正常的速度，2 为 2 倍速度，依此类推。

（3）形状、碰撞：主要用于调整相机身高和相机模式。

① 身高：设置相机的身高。

② 行走（具有重力）：设置行走相机的模式为行走模式。对于行走相机，默认切换为不加碰撞的飞行状态。

③ 飞行：设置行走相机的模式为飞行模式。如果不开启碰撞检测，相机切换为不加碰撞的飞行状态。

④ 相机自动落地：相机自动落到地面上。

（4）立体视觉：用于设置立体视觉参数。

① 显示立体相机（全局）：此复选项是针对立体模块的。勾选此复选框可以显示立体相机。

② 双眼间距：调整立体相机双眼的间距来控制立体的视觉。

③ 参照物：用来选择参照物，参照物将会显示在屏幕画布上。

④ 固定值：设置参照物离相机的固定距离。

例 8.8 行走相机应用。

（1）启动 VRP 系统，打开"八角亭.vrp"文件，单击"创建对象"→"相机"。打开相机面板。在"创建相机"列表中单击"行走相机"，在弹出的 Camera name 对话框中，采用默认的命名。

（2）在场景中调整虚拟小人，使虚拟人与建筑物大小与位置匹配，这一点很重要。

（3）设置相应的行走相机参数，水平视角为 74°，身高调整到与亭子匹配。在形状、碰撞卷展栏中，选择行走（具有重力）模式，因为选择该模式碰撞检测就会开启，这时相机小人在 VR 场景中行走时再也不会出现陷到地下或穿墙而过的现象了，即使撞到墙壁上也会沿着墙壁继续向前行走。

（4）按 F5 键，运行过程中，按光标控制键，可以体会到人行走穿过亭子的感觉。

2. 角色控制相机

在浏览 VR 场景时，还可以借助角色控制相机，实现控制一个人在场景中漫游。

1）角色控制相机的创建

（1）首先打开主功能区里的"骨骼动画"面板，然后单击"角色库"按钮，弹出"角色库"对话框，从该对话框中选择一个双击，如"亚洲小男孩"，将此角色添加到场景中，如图 8.5-4 所示。

图 8.5-4　角色与场景视图

（2）单击工具栏中的居中最佳显示按钮，调整角色的大小和位置，使其比例与场景中的环境相匹配。

（3）给角色添加动作。在右侧的"动作"面板中，单击"动作库"按钮，打开"动作库"对话框，如图 8.5-5 所示。

（4）在左侧的"所有类型"中选择"男士"，然后在右侧双击选择"跑动原地（男士）"、"空闲站立（男士）"、"行走原地（男士）"3 个动作，并将其加入到角色模型中。

（5）设置角色动作。右击"跑动原地（男士）"，在弹出的快捷菜单中选择"跑步动作"

图 8.5-5 "动作库"对话框

命令,用同样的方法将"站立空闲(男士)"设置为"默认动作","原地行走(男士)"设置为"行走动作",如图 8.5-6 所示。

(6)创建角色控制相机。单击主功能区的"相机"栏下的"角色控制相机"按钮,弹出 Camera name 对话框,在该对话框中将相机更名为"角色控制相机 01"。

(7)设置相机控制角色。选择"角色控制相机 01",打开右侧相应的属性面板,单击"跟踪控制"选项下的"选择跟踪物体"右侧按钮,在弹出的"选择物体"对话框中,设置名称为"亚洲小男孩",单击"确定"按钮。

(8)制作完成后,按下键盘上的 F5 键运行场景。按 C键,在弹出的"相机列表"对话框中选择"角色控制相机 01"对角色进行控制。

使用键盘上的 W、S、A、D 键可分别控制角色往前、后、左、右行走,也可以直接单击位置让角色自行走过去。按键盘上的~键可以切换到跑步状态。

图 8.5-6 设置角色动作

2)角色控制相机的相关参数

"跟踪控制"卷展栏参数如下。

(1)选择跟踪物体:角色控制相机要控制的对象。

(2)跟踪物体视点高度:控制相机目标点的高度。

(3)开启控制碰撞:选择是否开启角色碰撞。

(4)开启重力:选择是否开启角色碰撞。

(5)跳跃高度:设置角色在执行跳跃动作时跳跃的高度。

(6)重力值:设置角色的重力值大小。

(7)开启视线碰撞:默认是开启的。勾选该复选框时,在开启模型碰撞的情况下,相机视线无法穿越模型。取消勾选则相机视线可以穿越碰撞模型。

(8)使用默认动作名称映射键盘:开启键盘默认按键控制角色。

(9)交换鼠标左右键控制:控制角色时交换鼠标左右键的控制功能。

（10）初始状态为跑：勾选则人物在初始状态下为跑步。

（11）跑/走速率比：跑动和走动速度的比值。为 1 时两者的速度相等。

（12）最远视线倍数：在角色控制相机视图下滚动鼠标中键，角色离相机最远的视线倍数，默认为 6，范围为 3.000～100.000。

8.5.2 其他相机

1. 飞行相机

制作室外 VR 场景时，通常需要对场景的整个外貌进行全局鸟瞰浏览，此时就要用到飞行相机。飞行相机的创建方法与行走相机一样，其特点是可以在场景中任意穿越，不加碰撞检测。飞行相机的属性面板调整方法也与行走相机一样。

2. 绕物旋转相机

浏览 VR 场景时，有时需要锁定一个目标建筑物，然后围绕这个建筑物进行环绕浏览。这时就需要在场景中创建一个旋转相机，利用旋转相机对建筑物进行环绕浏览。绕物旋转相机的创建方法同行走相机。

与行走相机相似，绕物旋转相机有 4 个参数卷展栏。在"旋转参数"卷展栏中，要拾取旋转的参照物，单击 none 按钮进行。

另外，该卷展栏中的参数最低高度表示设置旋转相机在 Z 轴上的旋转限制值，正值为旋转范围为 0 点以上的高度范围；负值为 0 点以下的高度范围。

3. 跟随相机

在 VR 场景中，跟随相机是通过相机跟随目标物体（如车、人等）的移动来实现浏览场景的。跟随相机的特点是相机和相机的目标点随着目标物体一起移动。

4. 定点观察相机

定点观察相机的创建方法同跟随相机，属性面板和跟随相机也相同。唯一不同的是定点观察的相机本体不移动，只是相机目标点跟随目标移动物体一起移动。

5. 动画相机

在 VR 场景中，动画相机的作用是以动画的方式来浏览整个场景。动画相机可以录制多个。

例 8.9 动画相机应用。

（1）启动 VRP 编辑器，并打开系统自带的 simple.vrp 文件，按下键盘上的 F5 键运行场景，接着按下键盘上的 F11 键开始录制动画相机，运行界面的左上角有时间提示，在录制过程中，可以用鼠标移动场景中的物体对象，快速旋转，从而产生动画效果。

（2）再次按下键盘上的 F11 键停止录制，此时会弹出对话框提示"动画相机录制完成，是否保留"，单击"是"按钮，弹出"请输入动画相机的名称"对话框，在其中给动画相机命名，命名完毕，在 VRP 编辑器的"相机列表"里就会出现刚刚录制好的动画相机，到此动画相机就录制完毕。

（3）这时，单击 C 键，切换到摄像机视图，可以看到先前录制的动画效果。

8.6 脚本编辑

在 VRP 系统中,为了给虚拟现实场景增加交互性能,提供了脚本编辑器,用户可以按照项目需求给虚拟场景添加脚本语句,使得虚拟系统具有最佳的交互性能。

8.6.1 脚本编辑器

单击菜单中的"脚本"→"脚本编辑器"命令,或者按 F7 键,打开脚本编辑器,如图 8.6-1 所示。脚本编辑器界面简洁,以调用函数方式编程,简单易用。

图 8.6-1 脚本编辑器

在脚本编辑器中,各按钮功能如下。

(1)保存:保存当前编辑的脚本语句。

(2)查看:查看当前编辑的脚本语句。

(3)恢复:如果当前脚本有错误,单击该按钮可以恢复为默认值。

(4)系统函数:可以查看当前脚本语句所调用的系统函数。

(5)触发函数:可查看当前脚本语句所调用的触发函数。

(6)自定义函数:可查看当前脚本语句中由用户自定义的函数。

(7)测试区:测试脚本函数执行结果。

(8)函数名称:显示创建或使用的函数。

(9)新建:新建一个函数。

(10) ✕ :删除选择的函数。

(11) I :编辑光标所在行。

(12)插入语句:插入脚本语句。

(13)顺序运行:从当前命令行往下顺序执行。

(14)运行函数:运行当前脚本窗口内编辑的所有语句。

（15）运行光标所在行：只运行光标所在行的函数。

8.6.2　系统函数

VRP 的脚本语句是以函数调用形式构建基本交互功能的,而系统函数又是其中的主体部分。因此,了解系统函数的性能和特点非常重要。当按 F7 键打开脚本编辑窗口时,再单击"新建"按钮,可以看到系统函数分为六大类,单击其中的某个按钮,将进入该类函数的对话框,并可以选择具体的函数,如图 8.6-2 所示。

其中各函数的性能如下。

（1）窗口消息函数：指在 VRP 窗口创建和销毁时自动调用的脚本函数,用于处理 VRP 窗口创建或销毁时所进行的初始化或删除等操作。例如,窗口运行时进行的变量赋值等操作和窗口销毁时的释放变量等操作都在此处进行。

① "♯初始化"：就是打开 VRP 播放器时,创建 VRP 窗口所进行的初始化操作,如 DEMO 开始运行需要执行这些脚本函数,这些脚本函数都须写入"♯初始化"函数里。

图 8.6-2　系统函数类型

② "♯关闭"：就是关闭 VRP 播放器时 VRP 窗口的销毁过程。

（2）键盘映射函数：响应键盘消息,用于处理 A-Z 键按下、弹起等事件的响应。

① 按键：选择字母按键,以针对此按键设置脚本功能。字母范围为 A～Z。

② 事件：指键盘按键处于某一状态时执行某一事件脚本函数。事件类型为按下、弹起、按下继续、弹起继续。

（3）鼠标映射函数：响应鼠标消息,用于鼠标左键、中键和右键的按下、弹起等事件的响应。

① 事件：选择相应的鼠标映射事件,设置其处于某一状态时执行某一事件脚本函数。

② 事件类型：鼠标左键按下、鼠标左键弹起、鼠标右键按下、鼠标右键弹起、鼠标中键按下、鼠标中键弹起、鼠标滚轮、鼠标移动。

（4）方向盘映射函数：响应方向盘消息,用于处理方向盘按钮 1～12 按下、弹起等事件的响应（该函数的使用须系统先安装外设方向盘）。

① 事件：指方向盘按键处于某一状态时执行某一事件脚本函数。

② 事件类型："♯方向盘按钮 1 按下"至"♯方向盘按钮 12 按下"、"♯方向盘按钮 1 弹起"至"♯方向盘按钮 12 弹起"。

说明：用户可不可以使用方向盘跟用户的编辑器是否带游戏模块有关系。如果用户的编辑器中不带游戏模块,则无法使用方向盘;反之,可以使用方向盘。

如果虚拟环境的演示现场没有鼠标、键盘,用户就可以将键盘上的按键功能映射到方向盘上,通过方向盘上的按钮实现键盘按键功能。

（5）MMO 事件映射函数：此函数需要用户的编辑器中支持 MMO 多人在线模块;

反之,将不能执行该函数。

（6）VPPIE 事件:此函数需要用户的编辑器中支持 VRPIE 模块;反之,将不能执行该函数。

例 8.10 设置可视距离。

（1）启动 VRP 编辑器,导入 VRP 系统自带的 simple.vrp 文件。单击键盘上的 F7 键,打开脚本编辑器窗口。

（2）单击"系统函数"选项卡,单击"新建"按钮。在打开的"系统函数类型"对话框中,单击"消息窗口函数"按钮,在打开的对话框中,事件选择"♯初始化"。

（3）单击"确定"按钮,返回脚本编辑器窗口,单击"插入语句"按钮,打开"VRP 命令行编辑器"对话框,单击"调试"→"设置可视距离",在可视距离框中输入 1000,如图 8.6-3 所示。单击"确定"按钮,返回脚本编辑器窗口。

图 8.6-3　VRP 命令行编辑器窗口

（4）单击"保存"按钮,关闭脚本编辑器,按键盘上的 F5 键启动运行,可以看到距离近的小球显示完全,但超出距离的小球没有显示,如图 8.6-4 所示。

例 8.11 设置背景音乐。

（1）继续使用 simple.vrp。启动 VRP 系统并打开 simple.vrp 文件。单击键盘上的 F7 键,打开脚本编辑器窗口。

（2）单击"系统函数"选项卡,单击"插入语句"按钮,打开"VRP 命令行编辑器"对话框,单击"音乐"→"播放音乐",打开播放音乐面板,在音乐文件框中可添加 mp3 或 wav 等类型的音乐文件。方法是单击旁边的小按钮,打开音乐设置对话框,找到音乐文件后单击"确定"按钮。在重复次数框中输入 0＝0,表示无限循环播放,如图 8.6-5 所示。

（3）单击"确定"按钮,返回脚本编辑器窗口,单击"保存"按钮,关闭脚本编辑器,按 F5 键启动运行,可听到背景音乐。

图 8.6-4　设置可视距离脚本运行效果

图 8.6-5　"VRP 命令行编辑器"对话框

8.6.3　触发函数与自定义函数

触发函数是用来对某一个物体或按钮设置一个触发事件的脚本函数。而自定义函数则是用户自己定义的一组脚本函数。下面通过两个实例说明它们的应用方法。

例 8.12　触发函数应用。

（1）启动 VRP 系统并打开 simple. vrp 文件。按 F7 键，打开脚本编辑器窗口。

（2）单击"触发函数"选项卡，单击"新建"按钮，打开"创建物体事件触发函数"对话框，单击物体名称框边的小按钮，可选择当前场景中的某个对象，本例中选择"绿球"。在事件框中,设置为鼠标左键按下,如图 8.6-6 所示。

图 8.6-6　"创建物体事件触发函数"对话框

（3）单击"确定"按钮,返回脚本编辑器窗口,单击"插入语句"按钮,打开"VRP 命令行编辑器"对话框,单击"音乐"→"播放音乐",打开播放音乐面板,在音乐文件框中添加一个音乐文件,方法同例 8.11。

（4）单击"确定"按钮,返回脚本编辑器窗口,单击"保存"按钮,关闭脚本编辑器,按 F5 键启动运行,单击场景中的绿球,可以听到背景音乐。

例 8.13　自定义函数应用。

（1）继续使用 simple.vrp。启动 VRP 系统并打开 simple.vrp 文件。按 F7 键,打开脚本编辑器窗口。

（2）单击"自定义函数"选项卡,单击"新建"按钮,打开"请输入一个自定义函数名称"对话框,在该对话框中输入 stop,如图 8.6-7 所示。单击"确定"按钮,返回脚本编辑器窗口。

图 8.6-7　自定义函数名称对话框

（3）单击"插入语句"按钮,打开"VRP 命令行编辑器"对话框,单击"音乐"→"停止所有音乐",如图 8.6-8 所示。单击"确定"按钮,返回脚本编辑器窗口。

图 8.6-8　设置停止音乐

（4）单击"插入语句"按钮，打开"VRP 命令行编辑器"对话框，单击"脚本文件"→"执行内部函数"，在弹出的函数名称框中输入 stop，如图 8.6-9 所示，单击"确定"按钮，返回脚本编辑器窗口。

图 8.6-9　设置内部函数

（5）单击"保存"按钮，关闭脚本编辑器，按 F5 键启动运行，当单击绿球听到背景音乐后，单击菜单中的"脚本"→"函数"→stop 命令，停止音乐，如图 8.6-10 所示。

图 8.6-10　自定义函数效果

8.7　VRP 物理引擎介绍

随着 Internet 的飞速发展及 3D 软件技术的日益成熟,人们已经不能满足现有的虚拟展示与漫游式交互技术,而是更多地希望将真实生活中的物理碰撞与真实的粒子效果融入到虚拟场景中。于是,中视典数字科技在原有 VRP 三维互动软件的基础上,又成功地开发了中国第一款具有完全知识产权的物理引擎系统。由于该三维物理引擎系统的推出,导致了虚拟现实中的物体不仅具有三维的数据存储方式,还能实时地展现在用户面前。因为三维物理引擎具有操作实时渲染技术,使得用户与计算机虚拟的物体才有了真正意义上的交互,由此,中视典的 VRP＋物理引擎也将主导中国的 3D 图形引擎以后的发展方向。

8.7.1　物理引擎概述

物理引擎和 3D 图形引擎是两个截然不同的引擎,但两者又有着密不可分的联系,它们一起创造了虚拟现实的世界。在虚拟现实世界中,人们的需求已经从观看离线渲染的 3D 动画片的方式过渡到使用实时渲染技术的 VR 交互浏览方式,这一步的迈进主要归功于 3D 图形引擎的发展。然而,只有图形引擎的 VR 模拟远远不能反映真实世界的复杂景观,因为图形引擎只是一些三角形面片的涂色显示而已,虚拟世界中的物体只具有一个外表,没有内在的实体,就像一堆幽灵彼此之间无法相互作用,用户更不能和它们产生具有逼真的动作交互。物理引擎,简单地说就是计算 3D 场景中物体与场景之间、物体与角色之间、物体与物体之间的运动交互和动力学特性。在物理引擎的支持下,VR 场景中的模型有了实体,一个物体可以具有质量,可以受到重力,可以落在地面上,可以和别的物体发生碰撞,可以反映用户施加的推力,可以因为压力而变形,可以有液体在表面上流动等。

8.7.2　VRP+ 物理引擎的特性

1. 高效的碰撞检测算法

作为物理引擎的基础,VRP 的物理引擎系统具有优秀的碰撞检测属性。进行物理模拟之前,VRP 会重新组织模型面片到一种最优化的计算格式,并且能存储为文件,让再次模拟时无需重新计算。碰撞检测之前也经过数次过滤:场景过滤→碰撞组过滤→动/静物体过滤→包围和过滤→碰撞检测,最大可能地排除碰撞检测时的计算冗余。

2. 可逼真地模拟刚体特性

VRP 场景能够模拟真实的刚体运动,运动物体具有密度、质量、速度、加速度、旋转角速度、冲量等各种现实的物理动力学属性。在发生碰撞、摩擦、受力的运动模拟中,不同的动力学属性能得到不同的运动效果,如图 8.7-1 所示。

图 8.7-1 模拟刚体特性

3. 任意的运动材质

VRP 运动物体可以具有不同的运动材质（如橡皮、铁球、冰块），用户可以任意指定物体的弹性、静摩擦力、动摩擦力、空气摩擦阻尼等多种参数，达到模拟世界万物在刚体运动中的不同效果。

4. 支持多种高速运算的碰撞替代体

除了对模型的面片进行预处理参与碰撞检测，VRP 还提供了盒形、球形、圆柱形、胶囊形、凸多面体 5 种在模型形状大致相同的情况下可以使用的替代碰撞体，这些碰撞体拥有高效的碰撞计算效率，大大提高了物理模拟的实时性。

5. 多种动力学交互手段

用户和物理场景的交互，VRP 不仅提供了自由的、真实的动力学交互手段，如用户可以对任意物体的任意位置施加推力、扭力、冲力等；也可以对物体动态设置速度、角速度、密度等参数。

6. 支持连续碰撞检测

如果某个物体运行速度过快，可能会导致该物体无法得到正确的碰撞检测。例如，当一个运动速度很快的子弹穿越了一个钢板，因为运动速度过快而无法检测到碰撞的通道效应将会产生。连续碰撞检测可以将物体每两帧之间的碰撞检测连续化，保证在运动路线中出现的物体都能参与到碰撞检测。

7. 在大规模运动场景中可进行局部调度计算

物理引擎和图形引擎在局部调度方面的不同是，当看不见一个物体时，它仍然在运动，也就说仍然在计算。当物理场景过大，运动刚体数量过多时，这样的计算量是庞大的。VRP 的物理引擎中，可以让运动稳定的物体（如静止下来的物体、匀速转动的物体、匀速运动的物体）在碰撞检测组和非碰撞检测组之间动态地调度，排除了在不会产生碰撞的物体之间进行碰撞计算的计算冗余（如两个静止下来的物体）。同时，VRP 还提供了脚本接口让用户也能参与到动态调整物体碰撞管理。

8. 提供多种物体的运动约束连接

VRP 物理引擎中，允许在运动物体之间添加连接约束。例如，一扇门通过合页连接到门框后,门只能围着轴线方向运动,而其他方向的受力将会通过合页传递到门框;又如人们使用的铁锁链,同样也是一环扣一环地连接上的。连接可以存在于动态运动物体之间,也可以把动态的运动物体连接到一个静态物体(实际上是连接到场景)上。要创造两个物体之间的连接约束,可以先切换到物体连接标签,然后在场景中连续选择这两个物体,进而单击新建按钮,选择需要创建的连接类型,即可构造一个新的连接。在连接的两个物体被删除或者取消刚体角色的时候,该连接也会自动删除。

1)锚点和连接轴

无论什么类型的连接,虚拟时都需要设置一个连接锚点,锚点是两个连接相互传递力和扭矩的位置,也是一些连接类型在旋转时的中心点。锚点在场景中以蓝色菱形的标记显示。对于某些连接类型(如合页、圆柱、直轨),一个锚点不足以表达其连接位置和受力情况,所以还需要确定一个连接轴。连接轴均是一条通过锚点的无限长的直线,根据连接类型的不同,连接轴所代表的含义也不同,在连接类型的介绍中,会详细说明连接轴的含义。

2)连接类型

根据约束的不同,物体的连接分为很多种约束,VRP 中提供了最常用的 6 种连接方式。

(1)合页连接。被这种连接类型相连接的两个物体,只会以连接轴为轴产生相对旋转的角位移,约束了在轴向上产生的相对移动,也约束了其他方向的旋转、平移,如图 8.7-2 所示。

(2)粘合连接。该连接可以让两个物体像胶水一样粘贴在一起,无法产生任何相对移动和旋转。该连接类型没有轴。

(3)柱形连接。被这种连接类型相连接的两个物体,可以围绕其连接轴产生相对旋转的角位移,而且也能在轴向上产生相对移动,其他方向的相对旋转、平移均被约束。

图 8.7-2 物体的合页连接

(4)球形连接。被这种连接类型相连接的两个物体,可以在围绕锚点的方向上产生 3 自由度的任意旋转,但是约束了平移的相对移动。

(5)直轨连接。被这种连接类型相连接的两个物体,只能在其连接轴的轴向上产生相对位移,无法在其他方向上产生相对位移或者任意方向的相对旋转。

(6)可断连接。在连接时,受力均由锚点传递。如果锚点传递的力度过大,VRP 物理引擎提供中断连接的功能。例如,一扇门和门框以合页的方式连接在了一起,如果有一股很大的力把门踢开,因为力度过大合页中断,导致门脱离门框飞了出去,这就是运动连接中断。因为物体能承受的扭矩和拉力是不同的,所以在 VRP 物理引擎中,可以分别设置某个连接能承受的最大扭矩或拉力。

默认状态下,两个连接体之间是没有碰撞检测的,如果希望门不至于嵌入门框,那么可以打开连接体碰撞。

9．可以模拟场景重力、环境阻尼等环境特性

作为虚拟现实的优势，可以模拟一些难以达到的或者不存在的物理环境，如在水下、太空、月球上的运动模拟。通过对场景的重力、环境阻尼等因素进行调节，能模拟各种物理试验环境。

基于物理引擎的该特点，用户可以进行虚拟的工程试验，通过虚拟环境来表现复杂结构的受力情况，进行自动的复杂分析计算。当不同的杆件通过各种连接约束构造出一个结构后，物理引擎能够轻松地模拟出该结构体的力学传递。当结构受到某个方向的破坏力时，虚拟结构能从最脆弱的部位开始崩溃。从而可以辅助工程人员决策工程重点、预防结构坍塌，在杆件搭建、桥梁施工等工程中都起着既经济又快速高效的重要作用。

10．逼真的流体模拟

VRP 系统提供了模拟流体的属性，场景中的流体粒子不仅能够参与碰撞，还具有流体自己的动力学特性，粒子之间可表现出吸附力、排斥力、流动摩擦力等，可达到逼真的流体效果，如在管道、排水系统、喷泉、泄洪等案例的应用之中，如图 8.7-3 所示。

通过该技术，在数字化城市建设方面，可以较好地模拟城市的网管系统，给、排水系统的分布，以及规划方面和城市的防洪抗旱的调配等，都可以发挥重要的模拟作用。

11．支持硬件加速

支持 PPU 加速，通过提高硬件性能来支持大规模运动的模拟。

12．支持各种碰撞事件的自定义设置和实时响应

在场景中的物体发生碰撞时，用户可以获得通知，可以自己设置感兴趣的碰撞对象并对事件绑定脚本，这样可以实现在碰撞发生时产生声音、接触发生时播放动画的效果。

图 8.7-3　模拟排水系统

由于物理引擎能够支持各种碰撞事件的自定义设置和实时响应，这为用户开发各类游戏创造了条件，特别是游戏中的打斗过程，往往很难模拟真实过程中的碰撞现象，而通过物理引擎的该特点来实现就能够很好地进行模拟，另外，该技术也可以应用在军事上。例如，军事上常常需要进行大规模的实战演习，但是成本非常高，而采用虚拟现实的兵棋推演方式，就可以降低演习成本，在布置实战战术方面都有着相当重要的参考作用，在美国早已将虚拟军事训练作为士兵培训的必修训练。

物理引擎在军事模拟中的作用如此重要，有一个案例可以说明。例如，在一个战场地形中，虚拟的炸弹在某个地方产生爆炸后，物理引擎能计算出各个虚拟陆战队员的位置被该爆炸波及的程度，结构脆弱的掩体将会因为该爆炸而塌陷，从而通过虚拟演示能更好地规划战壕、掩体或者进攻线路的抉择。通过物理引擎的模拟，虚拟演示可以精确到每一颗具有不同穿透力的子弹打在目标后的反映，手雷因受重力和空气阻尼在空中飞行轨迹以及落地后的影响范围，不同威力的炸弹能导致不同的破坏结果等。

13．真实的布料模拟

VRP 具有相当方便的布料模拟系统。用户可以将任何三角形网格的模型设置为布料,模拟过程中,布料以模型顶点为基础,实时生成顶点动画,每个三角形面片都将参与碰撞检测与力反馈。布料模拟中,不仅可以设置布料的抗弯系数、抗拉系数来模拟不同材质的布料,还能给封闭的布料充满气体形成气球。布料能轻松与用户发生交互,甚至可以在受到破坏力的时候被撕裂,如图 8.7-4 所示。

图 8.7-4　布料模拟

对于布料的模拟,可以通过不同的参数设置,使得布料具有不同的属性效果,这为用户制作不同属性的服装、开发不同的布料提供了很好的研究工具和研究环境。因此,物理引擎给虚拟现实技术带来了革命性的突破。

14. 自由力场的模拟

自由力场的模拟能在场景中模拟刮风、水流的现象。物体处于力场中,可以因为角度不同,受到的力大小也不同。例如,在迎风站立时受到较大的风力,侧风站立时则受到较小的风力。力场所作用的范围也可以随意定制,可以让用户在出门以后受到风力场,而进屋以后却没有风,感觉家的温暖。

由于物理引擎能够对各种自然力的模拟,这为游戏开发,模拟自然环境创造了便利,同时,在虚拟教学中,过去的动画效果在表现自由落体方面很难达到逼真的演示,而物理引擎可以很容易地完成。在科研方面,更是具有无比的优越性,特别是模拟太空环境中人体失重的效果等方面都可以较好地模拟。

15. 汽车等交通工具模拟

能随意地构造汽车结构,可以根据需要由任意车轮来驱动、导向行驶,具有实时的碰撞检测和碰撞力度的反馈,如图 8.7-5 所示。

图 8.7-5　构造汽车结构

基于上述原理,由此可以运用虚拟现实技术开发具有新型结构的汽车,也可以运用虚拟现实技术构建具有物理引擎的虚拟驾驶系统,当用户驾驶着虚拟的汽车驶过地上的一个坑道、在高低不平的地面行驶、撞车时的受力方位和车体的变形、撞到行人、汽车、树桩、广告牌的感受和表现也迥然不同,转弯时汽车的打滑现象、造成的轮胎磨损程度等都能一一反映。不仅如此,物理引擎还可以收集每次虚拟驾驶过程中的某些关键力学数据作为对一个学员的考核参考。所以物理引擎将虚拟现实技术带到了一个新的技术层面,使人们在体验虚拟现实技术的特殊效果时,真正感受到身临其境。

8.7.3　物理引擎的发展

引擎源于人们对汽车发动机的习惯称呼,众所周知的是引擎是汽车的心脏,决定着汽车的性能和稳定性,汽车的速度、操纵感等直接与司机相关的指标都是建立在引擎的基础上的。引申到了虚拟世界的游戏中,玩家所体验到的剧情、关卡、美工、音乐、操作等内容都是由游戏的某个框架系统直接驱动和控制的,它扮演着中场发动机的角色,把游戏中的所有元素捆绑在一起,在后台指挥它们的同时有序地工作。于是人们把该系统称为游戏引擎。简单地说,引擎就是"用于控制所有游戏功能的主程序,从计算碰撞、物理系统和物体的相对位置,到接受玩家的输入,以及按照正确的音量输出声音等"。

由此可见,引擎并不是什么玄乎的东西,无论是 2D 游戏还是 3D 游戏,无论是角色扮演游戏、即时策略游戏、冒险解谜游戏还是动作射击游戏,哪怕是一个只有 1MB 的小游戏,都有这样一段起控制作用的代码。经过不断的进化,如今的游戏引擎已经发展为一套由多个子系统共同构成的复杂系统,从建模、动画到光影、粒子特效,从物理系统、碰撞检测到文件管理、网络特性,还有专业的编辑工具和插件,几乎涵盖了开发过程中的所有重要环节,以下就对引擎的一些关键部件做一个简单的介绍。

首先是光影效果,即场景中的光源对处于其中的人和物的影响方式。游戏的光影效果完全是由引擎控制的,折射、反射等基本的光学原理以及动态光源、彩色光源等高级效果都是通过引擎的不同编程技术实现的。

其次是动画,目前游戏所采用的动画系统可以分为两种:一是骨骼动画系统,二是模型动画系统,前者用内置的骨骼带动物体产生运动,比较常见,后者则是在模型的基础上直接进行变形。引擎把这两种动画系统预先植入游戏,方便动画师为角色设计丰富的动作造型。引擎的另一重要功能是提供物理系统,这可以使物体的运动遵循固定的规律。例如,当角色跳起的时候,系统内定的重力值将决定他能跳多高,以及他下落的速度有多快,子弹的飞行轨迹、车辆的颠簸方式也都是由物理系统决定的。

碰撞探测是引擎物理系统的核心部分,它可以探测游戏中各物体的物理边缘。当两个 3D 物体撞在一起时,这种技术可以防止它们相互穿过,这就确保了当用户撞在墙上的时候,不会穿墙而过,也不会把墙撞倒,因为碰撞探测会根据人和墙之间的特性确定两者的位置和相互的作用关系。

渲染是引擎最重要的功能之一,当 3D 模型制作完毕,美工会按照不同的画面把材质贴图赋予模型,这相当于为骨骼蒙上皮肤,最后再通过渲染引擎把模型、动画、光影、特效等所有效果实时计算出来并展示在屏幕上。渲染引擎在引擎的所有部件中是最复杂的,它的强大与否直接决定着最终的输出质量。

引擎还有一个重要的职责就是负责玩家与计算机之间的沟通,处理来自键盘、鼠标、摇杆和其他外设的信号。如果游戏支持联网特性,网络代码也会被集成在引擎中,用于管理客户端与服务器之间的通信。

其后引擎技术进入了一个不断改进、发展与完善的过程,许多引擎技术不仅限于游戏的应用,而是更多地进入教育、建筑、军事等领域。到了 20 世纪末,游戏中的图像技术方面发展到了一个近乎完美的高度,接下来的发展方向因此很难再朝着视觉方面进行。开发者们不得不从其他方面寻求突破,随着计算机硬件的不断前进,人们寄希望于更加宏大的场景,更加绚丽的画面,在新的游戏世界中,如地面、建筑物等场景不再像以往的游戏那样仅仅作为游戏场景的装饰存在,而是像真实世界一样可与角色产生互动,具有与真实世界一样的物理属性,于是就有了物理引擎的概念。

物理引擎通过为刚性物体赋予真实的物理属性的方式来计算它们的运动、旋转和碰撞反应。为每个游戏使用物理引擎并不是完全必要的,因为简单的"牛顿"物理(如加速和减速)也可以在一定程度上通过编程或编写脚本来实现。然而,当游戏需要比较复杂的物体碰撞、滚动、滑动或者弹跳的时候(如赛车类游戏或者保龄球游戏),通过编程的方法就显得比较困难了。物理引擎使用对象属性(动量、扭矩或者弹性)来模拟刚体行为,这不仅可以得到更加真实的结果,对于开发人员来说也远比编写行为脚本要更加容易掌握。

一款好的物理引擎允许有复杂的机械装置,像球形关节、轮子、汽缸或者铰链支持。此外,也有些支持非刚性体的物理属性,如流体、软体等。

目前物理引擎无论在工业仿真、游戏开发还是动画制作等各方面都起着关键的作用,在虚拟现实的世界中更是具有举足轻重的地位。然而在过去的虚拟现实发展过程中,物理引擎由于受硬件限制,相对于图形引擎来说还处于一种初级阶段。随着计算机硬件的发展以及 CPU 与 GPU 计算速度的大幅度提高,物理计算的比例也将逐步加大,更是由于 PPU 的出现,物理计算将会具有统一的行业标准。目前,Intel、AMD、NVIDIA、Ageia、Havok 等众多的世界知名大公司都在竞争成为该标准的制定者,Microsoft 也计划在未来的 DirectX 版本中添加物理 API,激烈的竞争将会带来的是物理引擎技术的迅猛发展。目前最新的 3D 游戏大作、动画大片、虚拟现实引擎无一不展现着物理引擎的身影,并且物理引擎所带来的震撼效果也让观众更加重视,大家不仅想要一个可以观看的虚拟世界,还需要一个活生生的能互动的虚拟世界,而物理引擎正是这个虚拟世界生命的核心。

思　考　题

1. 简述烘焙的作用。
2. 简述 CompleteMap 与 LightingMap 的区别。
3. 试述相机的种类和相机的作用。
4. 试述角色与锚点的关系。
5. 物理引擎的作用有哪些?

参 考 文 献

[1] 申蔚,曾文琪. 虚拟现实技术[M]. 北京：清华大学出版社,2009.

[2] 刘光然. 虚拟现实技术[M]. 北京：清华大学出版社,2012.

[3] 陈怀友,张天驰,张青. 虚拟现实技术[M]. 北京：清华大学出版社,2012.

[4] 张金钊,张金锐,张金镝. X3D 增强现实技术[M]. 北京：北京邮电大学出版社,2012.

[5] 张金钊,张金锐,张金镝. 虚拟现实与游戏设计[M]. 北京：冶金工业出版社,2007.

[6] 龚声蓉,许承东. 计算机图形学[M]. 北京：中国林业出版社,北京大学出版社,2006.

[7] 王克伟. 3ds Max 7 实用教程[M]. 北京：北京希望电子出版社,2006.

[8] 段海朋,关振华. 3ds Max 2010 完全学习手册[M]. 北京：清华大学出版社,2010.

[9] 李儒茂,郭翠翠. VRP12 虚拟现实编辑器标准教程[M]. 北京：印刷工业出版社,2013.

[10] 刘向群,吴彬. 虚拟现实案例教程[M]. 北京：中国铁道出版社,2012.

[11] 谭雪松,李如超,袁云华. 3ds Max 2010 基础教程[M]. 北京：人民邮电出版社,2010.

[12] 袁阳,马永强. 3ds Max 9 中文标准教程[M]. 北京：中国青年出版社,2007.

[13] 张曜. 中文 3ds Max 9 基础与实例教程[M]. 北京：冶金工业出版社,2007.

[14] 秦国防. 基于虚拟现实的数字三维全景技术的研究与实现[EB/OL]. [2016-06-10].
http://www.doc88.com/p-0307333227055.html.

[15] 火欲寒冰博客：三维全景图生成技术开发[EB/OL]. [2016-09-10].
http://huoyuhanbingxl.blog.163.com/blog/static/74754762009410103141375/.

[16] 伍春洪,杨扬,游福成. 三维全景图像生成技术[EB/OL]. [2016-09-10].
http://wenku.baidu.com/view/5caeedf7f61fb7360b4c6569.html.

[17] 王玉琼. 三维全景漫游技术及应用研究[EB/OL]. [2016-09-10].
http://www.docin.com/p-779587859.html.

[18] 王红霞,伍春洪,杨扬,张兰. 计算机生成三维全景图像研究现状与发展[2016-10-18].
http://www.docin.com/p-239835344.html.

[19] 天极网. VRML 节点技术指南[EB/OL][2016-10-18].
http://www.yesky.com/472/2972.shtml.

[20] 豆瓣小组. VRML 的概述[EB/OL]. [2016-10-18].
http://www.douban.com/group/topic/1121838/.

[21] 草研年华. VRML 与外界交互的方法[EB/OL]. [2016-10-18].
http://blog.sina.com.cn/u/1220184493.

[22] 草研年华. VRML 的基本几何造型及空间变换,光照,空间效果,复杂造型[EB/OL]. [2016-10-18].
http://blog.sina.com.cn/u/1220184493.

[23] 王昊鹏,贾书洪. VRML 三维造型的视点控制方法研究[EB/OL]. [2016-10-18].
http://www.docin.com/p-447432615.html

[24] 王东. 基于 Web3D 的 VRML 三维造型及动画技术研究[EB/OL]. [2016-10-18].
http://www.doc88.com/p-498984893444.html.

[25] 马小虎,潘志庚,石教英. 虚拟现实造型语言 VRML 及其使用方法[EB/OL]. [2016-10-18].
http://cpfd.cnki.com.cn/Article/CPFDTOTAL-ZGTT199805001093.htm.

［26］ 黄卫平,李林.在虚拟现实系统构建过程中使用 3ds. Max［EB/OL］.［2016-09-10］.
http://www.studa.net/yingyong/060907/09441239-2.html.

［27］ 我的异常网：Web 3D 前程、应用、开发语言和工具［EB/OL］.［2016-09-10］.
http://www.myexception.cn/web/971446.html.

［28］ Web 3D 引擎［EB/OL］.［2016-09-10］.
http://blog.csdn.net/withiter/article/details/7304836.

［29］ 逍遥剑客.传统 3D 游戏引擎的 Web 化［EB/OL］.［2016-09-10］.
http://blog.csdn.net/xoyojank/article/details/8107373.

［30］ Cult3D 专题教程［EB/OL］.［2016-09-10］.
http://www.duote.com/tech/Cult3D/.

［31］ 濮青,徐云.应用 Cult3D 技术实现交互式三维人脸动画［EB/OL］.［2016-09-10］.
http://www.cnki.com.cn/Article/CJFDTotal-JSJF200403022.htm.

［32］ 尚东锋.Cult3D 软件背景及典型应用［EB/OL］.［2016-09-10］.
http://yfdf.blog.163.com/blog/static/1586768200961073541286/.

［33］ 尚东锋.3D 虚拟世界在我国的发展状况［EB/OL］.［2016-09-10］.
http://yfdf.blog.163.com/blog/static/1586768200961083218627/.

［34］ 尚东锋.具有代表性的几种 Web 3D 技术［EB/OL］.［2016-09-10］.
http://yfdf.blog.163.com/blog/static/15867682009610102656621/.

［35］ 忻军.在 Authorware 中使用 Cult3D 三维交互动画［EB/OL］.［2016-09-10］.
http://www.docin.com/p-40703275.html.

［36］ 知行网.谈 Cult3D 技术在 Authorware 中的应用［EB/OL］.［2016-09-10］.
http://www.zhixing123.cn/lunwen/24208.html.

［37］ 邓定华,颜武,朱莉,胡卓南.基于 Cult3D 实现交互式虚拟现实网页［EB/OL］.［2016-09-10］.
http://www.cnki.com.cn/Article/CJFDTotal-JYXH200608035.htm.

［38］ 360DOC 个人图书馆.VRP 简介和应用［EB/OL］.［2016-09-10］.
http://www.cnki.com.cn/Article/CJFDTotal-JYXH200608035.htm.

［39］ 360DOC 个人图书馆.VR-Platform 三维互动仿真平台［EB/OL］.［2016-09-10］.
http://www.360doc.com/content/06/1224/09/16242_304554.shtml.

［40］ 3D 教育.VRP 初级教程［EB/OL］.［2016-09-10］.
http://e.3ddl.net/goods.php? id＝4150.

［41］ 郝梅.烘焙技术在 VRP 中的应用［EB/OL］.［2016-09-10］.
http://www.cnki.com.cn/Article/CJFDTotal-ZSUX200901065.htm.

［42］ 聂艳芳.VRP 的数学模型及算法分析［EB/OL］.［2016-09-10］.
http://www.cnki.com.cn/Article/CJFDTotal-ZSUX200901065.htm.

［43］ 陈伊菲,刘军.仓储拣选作业路径 VRP 模型设计与应用［EB/OL］.［2016-09-10］.
http://www.cnki.com.cn/Article/CJFDTotal-JSGG200606061.htm.

［44］ Kjfcpua 物理引擎与游戏引擎［EB/OL］.［2016-09-10］.
http://blog.csdn.net/kjfcpua/article/details/8117542.

［45］ 开源的物理引擎［EB/OL］.［2016-09-10］.
http://www.ibm.com/developerworks/cn/opensource/os-physicsengines/.

［46］ 王维敏.Web 3D 技术探索及几种 Web 3D 技术的比较选择［EB/OL］.［2016-09-10］.
http://cdmd.cnki.com.cn/Article/CDMD-10486-2004113502.htm.

［47］ 南楠.基于 Web-3D 的 VR 虚拟社区的交互研究与设计［EB/OL］.［2016-09-10］.

http://cdmd.cnki.com.cn/Article/CDMD-10613-1011234435.htm.

[48] 高晓军.网上三维技术探索[EB/OL].[2016-09-10].
http://www.cnki.com.cn/Article/CJFDTOTAL-XDQB200204025.htm.

[49] 高春梅.家居虚拟现实系统的研究与构建[EB/OL].[2016-09-10].
http://cdmd.cnki.com.cn/Article/CDMD-10699-2004063410.htm.

[50] 林贵敏,孙苏榕.基于VRML技术的虚拟购物系统[EB/OL].[2016-09-10].
http://www.cnki.com.cn/Article/CJFDTOTAL-BFXB200403004.htm.

[51] 郝爱民,何兵,赵沁平.虚拟现实中的增强虚境技术[EB/OL].[2016-09-10].
http://www.cnki.com.cn/Article/CJFDTOTAL-BJHK200310016.htm.

[52] 于海森.全景图自动生成技术研究[EB/OL].[2016-09-10].
http://cdmd.cnki.com.cn/Article/CDMD-10288-2007197440.htm.

[53] 李自力.虚拟现实中基于图形与图像的混合建模技术[EB/OL].[2016-09-10].
http://www.cnki.com.cn/Article/CJFDTOTAL-BJHK200310016.htm.

[54] 朱江.增强现实与增强虚境中若干关键技术的研究[EB/OL].[2016-09-10].
http://cdmd.cnki.com.cn/Article/CDMD-10248-2010033551.htm.

[55] 段新昱.基于VRML的虚拟环境体系研究[EB/OL].[2016-09-10].
http://www.cnki.com.cn/Article/CJFDTOTAL-AYSF200305018.htm.

[56] 孙超.增强现实环境下基于手势的自然交互[EB/OL].[2016-09-10].
ttp://cdmd.cnki.com.cn/Article/CDMD-10335-1011056718.htm.

[57] 淮永建.虚拟场景中实时图形绘制关键技术研究[EB/OL].[2016-09-10].
http://cdmd.cnki.com.cn/Article/CDMD-10699-2003032291.htm.